高等职业教育系列教材

HTML5+CSS3网页设计与制作基础教程

主编　顾理琴　常村红　刘万辉

参编　支立勋　郑丽萍

机械工业出版社

本书以培养职业能力为核心，以工作实践为主线，以真实项目贯穿整个教学过程，基于现代职业教育课程结构模块化教学内容，面向网页前端工程师岗位细化课程内容。

本书采用模块化的编写思路，将 HTML5、CSS3 整合，最后引入了 JavaScript 的学习内容，本书共有网页设计与策划、网页效果图设计与制作、图文混排页面的实现、HTML5 文档的实现、层叠样式表的实现、网页美化效果的实现、网页布局的实现、表单的实现、利用 CSS 实现动态效果和利用 JavaScript 实现动态效果共 10 个教学模块。所有教学内容符合岗位需求，同时本书以企业案例应用项目贯穿各个知识模块，又以综合教学案例巩固了课程内容。初学者通过本书的学习和辅助项目实训的系统训练，必将胜任网页前端工程师的工作。

本书内容丰富，实用性强，可作为高职高专院校计算机软件技术、计算机维护、计算机应用技术、多媒体技术、电子商务等专业的“网页设计与制作”课程的教材，也可作为网页设计爱好者学习的参考书。

本书提供全程微课视频（共 107 个），读者可通过微信扫描书中二维码直接观看。另外，本书还提供源文件和电子课件，需要的教师可登录 www.cmpedu.com 免费注册、审核通过后下载，或联系编辑索取（QQ：1239258369，电话：010-88379739）。

图书在版编目（CIP）数据

HTML5+CSS3 网页设计与制作基础教程 / 顾理琴，常村红，刘万辉主编. —北京：机械工业出版社，2018.6（2024.8 重印）

高等职业教育系列教材

ISBN 978-7-111-60165-4

Ⅰ. ①H… Ⅱ. ①顾… ②常… ③刘… Ⅲ. ①超文本标记语言－程序设计－高等职业教育－教材②网页制作工具－高等职业教育－教材 Ⅳ. ①TP312.8 ②TP393.092.2

中国版本图书馆 CIP 数据核字（2018）第 124182 号

机械工业出版社（北京市百万庄大街 22 号　邮政编码 100037）

策划编辑：鹿　征　　责任编辑：鹿　征

责任校对：张艳霞　　责任印制：单爱军

北京虎彩文化传播有限公司印刷

2024 年 8 月第 1 版第 8 次印刷

184mm×260mm · 15.75 印张 · 384 千字

标准书号：ISBN 978-7-111-60165-4

定价：49.00 元

凡购本书，如有缺页、倒页、脱页，由本社发行部调换

电话服务

服务咨询热线：（010）88379833

读者购书热线：（010）88379649

网络服务

机 工 官 网：www.cmpbook.com

机 工 官 博：weibo.com/cmp1952

教育服务网：www.cmpedu.com

金 书 网：www.golden-book.com

高等职业教育系列教材
计算机专业编委会成员名单

出 版 说 明

党的二十大报告首次提出“加强教材建设和管理”，表明了教材建设国家事权的重要属性，凸显了教材工作在党和国家事业发展全局中的重要地位，体现了以习近平同志为核心的党中央对教材工作的高度重视和对“尺寸课本、国之大者”的殷切期望。教材作为教育目标、理念、内容、方法、规律的集中体现，是教育教学的基本载体和关键支撑，是教育核心竞争力的重要体现。建设高质量教材体系，对于建设高质量教育体系而言，既是应有之义，也是重要基础和保障。为落实立德树人根本任务，发挥铸魂育人实效，机械工业出版社组织国内多所职业院校（其中大部分院校入选“双高”计划）的院校领导和骨干教师展开专业和课程建设研讨，以适应新时代职业教育发展要求和教学需求为目标，规划并出版了“高等职业教育系列教材”丛书。

该系列教材以岗位需求为导向，涵盖计算机、电子信息、自动化和机电类等专业，由院校和企业合作开发，由具有丰富教学经验和实践经验的“双师型”教师编写，并邀请专家审定大纲和审读书稿，致力于打造充分适应新时代职业教育教学模式、满足职业院校教学改革和专业建设需求、体现工学结合特点的精品化教材。

归纳起来，本系列教材具有以下特点：

1）充分体现规划性和系统性。系列教材由机械工业出版社发起，定期组织相关领域专家、院校领导、骨干教师和企业代表开展编委会年会和专业研讨会，在研究专业和课程建设的基础上，规划教材选题，审定教材大纲，组织人员编写，并经专家审核后出版。整个教材开发过程以质量为先，严谨高效，为建立高质量、高水平的专业教材体系奠定了基础。

2）工学结合，围绕学生职业技能设计教材内容和编写形式。基础课程教材在保持扎实理论基础的同时，增加实训、习题、知识拓展以及立体化配套资源；专业课程教材突出理论和实践相统一，注重以企业真实生产项目、典型工作任务、案例等为载体组织教学单元，采用项目导向、任务驱动等编写模式，强调实践性。

3）教材内容科学先进，教材编排展现力强。系列教材紧随技术和经济的发展而更新，及时将新知识、新技术、新工艺和新案例等引入教材；同时注重吸收最新的教学理念，并积极支持新专业的教材建设。教材编排注重图、文、表并茂，生动活泼，形式新颖；名称、名词、术语等均符合国家有关技术质量标准和规范。

4）注重立体化资源建设。系列教材针对部分课程特点，力求通过随书二维码等形式，将教学视频、仿真动画、案例拓展、习题试卷及解答等教学资源融入到教材中，使学生学习课上课下相结合，为高素质技能型人才的培养提供更多的教学手段。

由于我国高等职业教育改革和发展的速度很快，加之我们的水平和经验有限，因此在教材的编写和出版过程中难免出现疏漏。恳请使用本系列教材的师生及时向我们反馈相关信息，以利于我们今后不断提高教材的出版质量，为广大师生提供更多、更适用的教材。

机械工业出版社

前　言

在当前的信息时代，Internet 使人们的生活丰富多彩，网站可以被看作信息交流的载体，网页则是人与人交流的主要窗口，而网页设计前端技术层出不穷，HTML5 与 CSS3 技术已经成为主流的前端技术。因此，作为计算机相关专业的学生，无论是专业的网站设计人员，还是网站爱好者，都应该掌握一定的网站建设与制作技术。

本书以培养职业能力为核心，以工作实践为主线，以真实项目贯穿整个教学过程，基于现代职业教育课程结构模块化教学内容，面向网页前端工程师岗位细化课程内容。

本书采用模块化的编写思路，将 HTML5、CSS3 整合，最后引入了 JavaScript 的学习内容，本书共有网页设计与策划、网页效果图设计与制作、图文混排页面的实现、HTML5 文档的实现、层叠样式表的实现、网页美化效果的实现、网页布局的实现、表单的实现、利用 CSS 实现动态效果和利用 JavaScript 实现动态效果共 10 个教学模块。所有教学内容符合岗位需求，同时本书以企业案例应用项目贯穿各个知识模块，又以综合教学案例巩固了课程内容。初学者通过本书的学习和辅助项目实训的系统训练，必将胜任网页前端工程师的工作。

本书由顾理琴、常村红、刘万辉主编。编写分工为：顾理琴编写第 1、3、4、5、10 章，刘万辉编写第 2 章，常村红编写第 6、7 章，支立勋编写第 8 章，郑丽萍编写了第 9 章。

本书在编写过程中，得到了淮安市优博文化传播有限公司苗健研究员的指导并对全书进行了修订，在此表示衷心的感谢。

本书**提供全程微课视频（共 107 个），读者可通过微信扫描书中二维码直接观看**。本书配套的资料还包括项目案例与源文件以及电子课件，读者可在机械工业出版社教育服务网 www.cmpedu.com 下载。

由于时间仓促，书中难免存在不妥之处，请读者原谅，并提出宝贵意见。

编　者

目　录

第1章　网页设计与策划

1.1　网页和网站

1.1.1　网页和网站的概念

网页（Web Page）实际上是一个文件，网页里可以有文字、图像、声音及视频信息等。网页可以看成是一个单一体，是网站的一个元素。

网站（Web Site）是一个存储在网络服务器上的完整信息的集合体。它包含一个或多个网页，这些网页以一定的方式链接在一起，成为一个整体，用来描述一组完整的信息或实现某种期望的宣传效果。有的网站内容众多，如网易、搜狐等门户网站；有的网站只有几个页面，如个人博客。平常大家所说的“百度”“淘宝”“网易”等，即是俗称的“网站”。而当大家访问这些网站的时候，最直接访问的就是“网页”。

网页通常有以下两种分类方式。

按网页在网站中的位置进行分类，可以分为主页和内页。

主页：用户进入网站时看到的第一个页面就是主页。

内页：通过主页中的链接，打开的网页就是内页。

按网页的表现形式进行分类，可以分为静态网页和动态网页。

静态网页：是指使用 HTML 语言编写的网页，其内容是预先确定的，并存储在 Web 服务器或者本地计算机/服务器之上。

动态网页：是取决于由用户提供的参数，并根据存储在数据库中的网站上的数据创建的页面。通常用 ASP、PHP、JSP、ASP.NET 等网页制作技术开发的网页，可以与浏览者进行交互，也称为交互式网页。

通俗地讲，静态页是照片，每个人看到的都是一样的，而动态页则是镜子，不同的人（不同的参数）看到的都不相同。

网页是由各个板块构成的，在一般情况下一个网页都有 logo 徽标、导航条、banner、内容板块、版尾版权板块等。

logo 是徽标或者标志，起到对徽标拥有公司的识别和推广的作用，通过形象的 logo 可以让消费者记住公司主体和品牌文化。网络中的 logo 徽标主要是各个网站用来与其他网站链接的图形标志，代表一个网站或网站的一个板块。例如，腾讯网的标志如图 1-1 所示。

图 1-1　logo 徽标

导航条是网站的重要组成组成部分，如同窗口中的菜单，它链接着各个页面。合理安排导航条可以帮助浏览者快速地查找所需的信息与内容。

图 1-2 所示为腾讯网的导航栏，单击导航条上的按钮，即可进入相应的网页页面。

新闻 图片 军事 视频 热剧 综艺 娱乐 明星 电影 汽车 车型 购物 科技 数码 手机 教育 课程 出国 公益 佛学
财经 证券 理财 体育 NBA CBA 时尚 健康 育儿 房产 家居 家电 游戏 儿童 星座 文化 大家 文学 拍客 更多

图 1-2 导航条

banner 是网页中的广告，目的是展示网站内容，吸引用户。图 1-3 所示为腾讯网的广告条。

暴恐音视频举报 网络监督专区

图 1-3 网页 banner

内容板块是网站的主体部分，通常内容板块包含文本、图像、超级链接、动画等媒体。图 1-4 所示为腾讯网的财经、科技模块的主体部分。

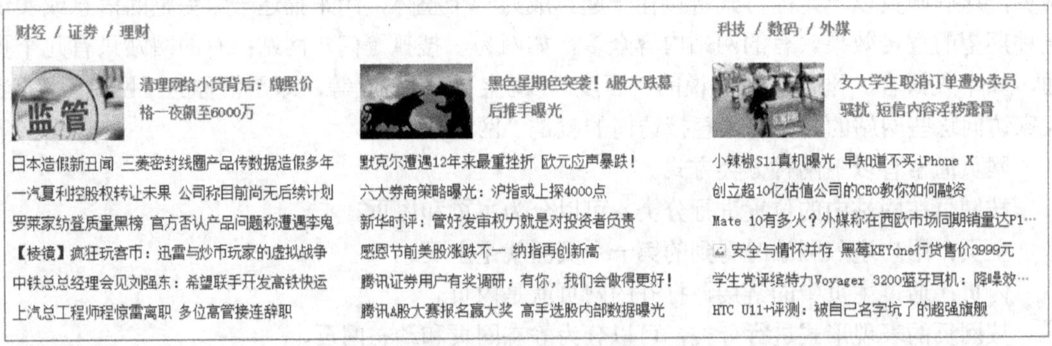

财经 / 证券 / 理财

清理网络小贷背后：牌照价格一夜飙至6000万

黑色星期色突袭！A股大跌幕后推手曝光

科技 / 数码 / 外媒

女大学生取消订单遭外卖员骚扰 短信内容淫秽露骨

日本造假新丑闻 三菱密封线圈产品传数据造假多年
一汽夏利控股权转让未果 公司称目前尚无后续计划
罗莱家纺登质量黑榜 官方否认产品问题称遭遇李鬼
【棱镜】疯狂玩客币：迅雷与炒币玩家的虚拟战争
中铁总总经理会见刘强东：希望联手开发高铁快运
上汽总工程师程惊雷离职 多位高管接连辞职

默克尔遭遇12年来最重挫折 欧元应声暴跌！
六大券商策略曝光：沪指或上探4000点
新华时评：管好发审权力就是对投资者负责
感恩节前美股涨跌不一 纳指再创新高
腾讯证券用户有奖调研：有你，我们会做得更好！
腾讯A股大赛报名赢大奖 高手选股内部数据曝光

小辣椒S11真机曝光 早知道不买iPhone X
创立超10亿估值公司的CEO教你如何融资
Mate 10有多火？外媒称在西欧市场同期销量达P1…
安全与情怀并存 黑莓KEYone行货售价3999元
学生党评缤特力Voyager 3200蓝牙耳机：降噪效…
HTC U11+评测：被自己名字坑了的超强旗舰

图 1-4 网页主体部分

版尾板块就是网页最底端的板块，通常设置网站的版权信息。图 1-5 所示为腾讯网的版尾部分。

关于腾讯 | About Tencent | 服务协议 | 隐私政策 | 开放平台 | 广告服务 | 商务洽谈 | 腾讯招聘 | 腾讯公益 | 客服中心 | 网站导航 | 客户端下载 | 版权所有
深圳举报中心 | 深圳公安局 | 抵制违法广告承诺书 | 阳光·绿色网络工程 | 版权保护投诉指引 | 广东省通管局
粤网文[2017]6138-1456号 新出网证（粤）字010号 网络视听许可证1904073号 增值电信业务经营许可证：粤B2-20090059 B2-20090028
新闻信息服务许可证 粤府新函[2001]87号 违法和不良信息举报电话：0755-83765566-9 粤公网安备 44030002000001号
Copyright 1998 - 2017 Tencent. All Rights Reserved

图 1-5 网页版尾部分

1.1.2 网页的常用技术

1. 静态网页技术

HTML、CSS、JavaScript 三项技术是静态网页设计、制作的核心技术。

HTML（Hypertext Markup Language，超文本标记语言）是标准通用标记语言下的一个应用，也是一种规范，一种标准，它通过标记符号来标记要显示的网页中的各个部分。网页文件本身是一种文本文件，通过在文本文件中添加标记符，可以告诉浏览器如何显示其中的内容（如文字如何处理，画面如何安排，图片如何显示等）。

CSS（Cascading StyleSheet，级联样式表）是一种用来表现 HTML 或 XML（标准通用标记语言的一个子集）等文件样式的计算机语言。CSS 不仅可以静态地修饰网页，还可以配合各种脚本语言动态地对网页各元素进行格式化。

JavaScript 是一种直译式脚本语言，是一种动态类型、弱类型、基于原型的语言，内置支持类型。它的解释器被称为 JavaScript 引擎，为浏览器的一部分，广泛用于客户端的脚本语言，最早是在 HTML 网页上使用，用来给 HTML 网页增加动态功能。

2. 动态网页制作技术

PHP、JSP、ASP、ASP.NET 是目前主流动态网页制作技术。

1）PHP 即 Hypertext Preprocessor（超文本预处理器），它是当今最火热的脚本语言，其语法借鉴了 C、Java、Perl 等语言，但只需要很少的编程知识就能使用 PHP 建立一个真正交互的 Web 站点。

2）JSP 即 Java Server Pages（Java 服务器页面），它是由 Sun 公司（后被 Oracle 收购）于 1999 年 6 月推出的新技术，是基于 Java Servlet 以及整个 Java 体系的 Web 开发技术。

3）ASP 即 Active Server Pages，是微软公司开发的服务器端脚本环境，可用来创建动态交互式网页并建立强大的 Web 应用程序。当服务器收到对 ASP 文件的请求时，它会处理包含在用于构建发送给浏览器的 HTML（Hyper Text Markup Language，超文本置标语言）网页文件中的服务器端脚本代码。除服务器端脚本代码外，ASP 文件也可以包含文本、HTML（包括相关的客户端脚本）和 com 组件调用。

4）ASP.NET 又称为 ASP+，它不是 ASP 的简单升级，而是微软公司推出的新一代脚本语言。ASP.NET 基于.NET Framework 的 Web 开发平台，不但吸收了 ASP 以前版本的最大优点并参照 Java、VB 语言的开发优势加入了许多新的特色，同时也修正了以前的 ASP 版本的运行错误。

1.2 网站开发流程

1.2.1 前期策划与组织

网站前期策划与组织是一项比较专业的工作，包括了解客户需求，客户评估、网站功能设计、网站结构规划、页面设计、内容编辑，撰写“网站功能需求分析报告”，提供网站系统硬件、软件配置方案，整理相关技术资料和文字资料等，网站策划是指在网站建设前对市场进行分析、确定网站的目的和功能，并根据需要对网站建设中的技术、内容、费用、测试、维护等做出规划。网站规划对网站建设起到计划和指导的作用，对网站的内容和维护起到定位作用。

通过前期策划，确定网页的主题和风格，规划好网站栏目并确定网站的色彩、网页版面布局等。

1.2.2 网页效果图的设计制作

网页效果图的设计通常会使用图像设计软件和一些其他的软件，应用较为广泛的主要是 Adobe 公司出品的 Photoshop。图 1-6 所示为使用 Photoshop 软件设计完成的“淘宝马年活动首页”网页整体形象效果图，该图为 PSD 分层效果，展现了新年店铺、优惠券、红包、马年用品牌、马上有钱、福袋、金元宝、聚光灯、价格标签、淘宝春节团购模板、红色背景等。

图 1-6　页面草图效果

1.2.3 网页制作

有了网页效果图后，可以根据参考页面来绘制的项目网页的框架结构图，再将所对应的效果图通过常用的网页编辑软件制作成网页。常用的网页编辑软件主要分为两个类型：其一是纯文本编辑工具，如记事本、Notepad++、HBuilder、eclipse 等。其二是所见即所得的网页编辑软件，如 Dreamweaver，同时要结合 Photoshop 图像处理软件来制作网页的背景、标题图片、按钮、动画等。

1.2.4 网站测试与发布

制作好网页后，需要对站点进行测试。可根据浏览器的种类、客户端的要求以及网站的大小进行站点测试，通常是将站点移到一个模拟调试服务器上进行测试或编辑。在测试站点的过程中应该注意如下问题。

➢ 检查链接功能是否可用。检查是否存在应该设置的链接没有设置，由于在网页制作中需要反复修改调整，可能会使某些链接所指向的页面被移动或删除，所以要检查站点中是否有断开的链接。若有，则要修复它们。

- 为了使页面对不支持的标签、样式、插件等在浏览器中能兼容且显示正常，需要进行浏览器兼容性的检查。

如果是软件项目的开发，完成了静态页面后，交付给软件工程师即可。如果采用 CMS（Content Management System，内容管理系统）快速开发网站，则需要在发布站点之前，在 Internet 上申请一个主页空间，以存储网页文档并确定主页在 Internet 上的位置。进行网页发布时通常使用 FTP（File Transfer Protocol，文件传输协议）软件上传网页到服务器中申请的网址目录下，这样速度比较快。

1.3 常用网页制作软件

1.3.1 网页图形图像处理工具

网页图形图像处理与常规图像处理一样，就是对图像的大小、色彩、格式等的修饰。网页设计师常常运用网页图形图像处理工具来设计网站的各个页面。目前，主要使用 Photoshop 软件。

Photoshop 是 Adobe 公司旗下最为出名的图像处理软件之一，是集图像扫描、编辑修改、图像制作、广告创意，图像输入与输出于一体的图形图像处理软件，深受广大平面设计人员，尤其是网页设计师的喜爱。Photoshop CC 的操作界面如图 1-7 所示。

图 1-7　Photoshop CC 的操作界面

1.3.2 网站页面的编辑工具

下面分别介绍常用的工具 Dreamweaver 和 HBuilder 软件。

1．Dreamweaver

Dreamweaver 是当前最主流的网页编辑工具。用于对 Web 站点、Web 页和 Web 应用程序进行设计、编码和开发。另外，借助 Dreamweaver 还可以使用服务器语言（如 ASP、ASP.NET、ColdFusion 标记语言、JSP 和 PHP）生成支持动态数据库的 Web 应用程序。

Dreamweaver 的最新版本是 Adobe Dreamweaver CC。利用 Dreamweaver CC 的可视化编辑功能，用户可以轻松地完成设计、开发和维护网站的全过程。Dreamweaver CC 的主工作区由菜单栏、文档窗口、属性面板、面板组等部分组成，如图 1-8 所示。

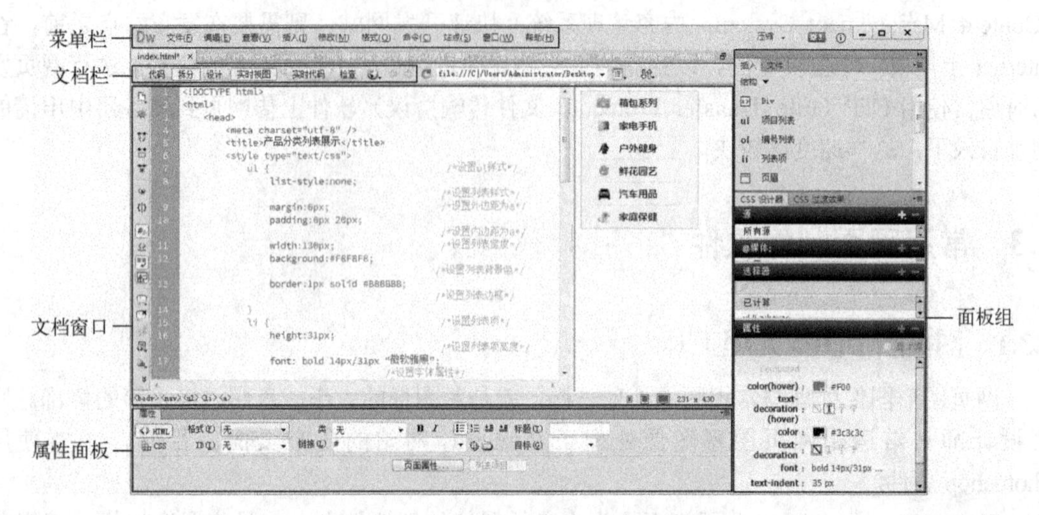

图 1-8　Dreamweaver CC 的工作界面

2．HBuilder

HBuilder 是 DCloud（数字天堂）推出的一款支持 HTML5 的 Web 开发 IDE。HBuilder 的编写用到了 Java、C、Web 和 Ruby。HBuilder 本身主体由 Java 编写，它基于 Eclipse，所以顺其自然地兼容了 Eclipse 的插件。通过完整的语法提示和代码输入法、代码块等，大幅提升 HTML、JS、CSS 的开发效率。图 1-9 所示为 HBuilder 的工作界面。

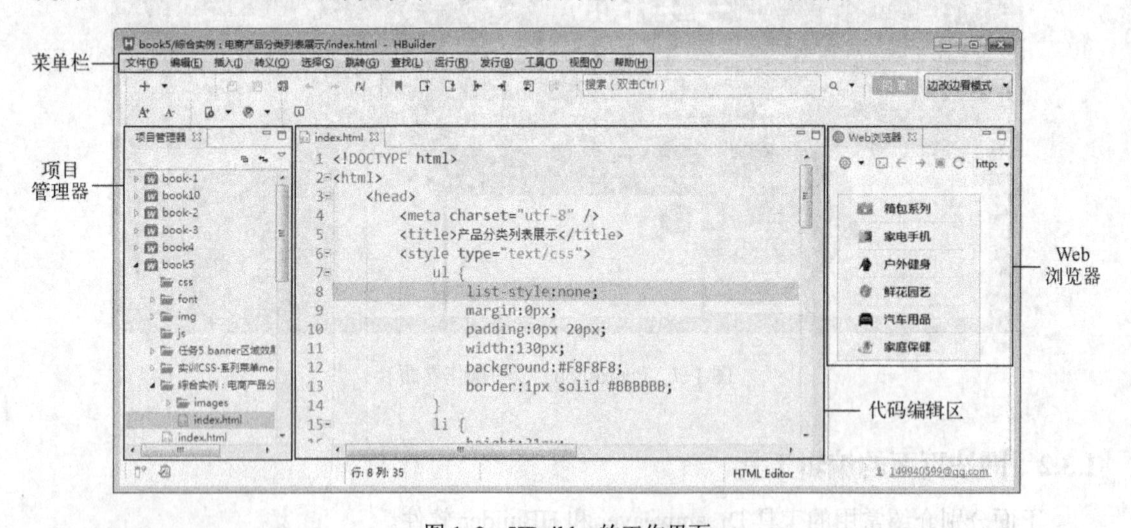

图 1-9　HBuilder 的工作界面

1.4 项目实战：淮安蒸丞文化传媒有限公司网站设计策划

1.4.1 网站开发需求

淮安蒸丞文化传媒有限公司是一家做文化活动策划、会议策划；灯光、音响、舞台的设计与设备租赁；影视广播设备的租赁及技术开发，礼仪庆典策划，舞台艺术造型策划，会议服务，承办展览展示等，为婚庆、演出、会议、展览提供室内外 LED 显示屏、LED 彩幕、灯光、音响及其他特效设备和技术服务的策划公司。企业尊崇踏实、拼搏、责任的企业精神，并以诚信、共赢、开创经营理念，创造良好的企业环境，以全新的管理模式、完善的技术、周到的服务、卓越的品质为生存根本，始终坚持用户至上，用心服务于客户，坚持用自己的服务去打动客户。

该企业网站的结构导航为首页、业务范围、公司简介、设备租赁、经典案例、优势展示、行业资讯、联系我们等栏目。

1.4.2 同类网站搜索

打开百度网，输入“文化传媒有限公司”或“文化传媒公司”关键字，然后开始搜索，搜索结果举例如下。

- 中国对外文化集团公司网址：http://www.caeg.cn/
- 同力成传媒网址：http://www.tonglicheng.com/
- 深圳森威文化传媒有限公司网址：http://www.chinaotttv.com/
- 山东中动文化传媒有限公司网址：http://www.zdcgi.com/
- 北京冰封传媒有限公司网址：http://www.likemusic.cn/index.html

同类型网站的搜索有利于开发者系统全面地掌握网站的基本需求和客户的需求，更有利于开发高质量的项目。

例如本次搜索中的山东中动文化传媒有限公司网站，如图 1-10 所示。

图 1-10 山东中动文化传媒有限公司网站主页

北京冰封传媒有限公司网站，如图 1-11 所示。

冰封传媒
4000-540-010
We are related to music
我们，与音乐有关！
我们的案例
CASE OF US

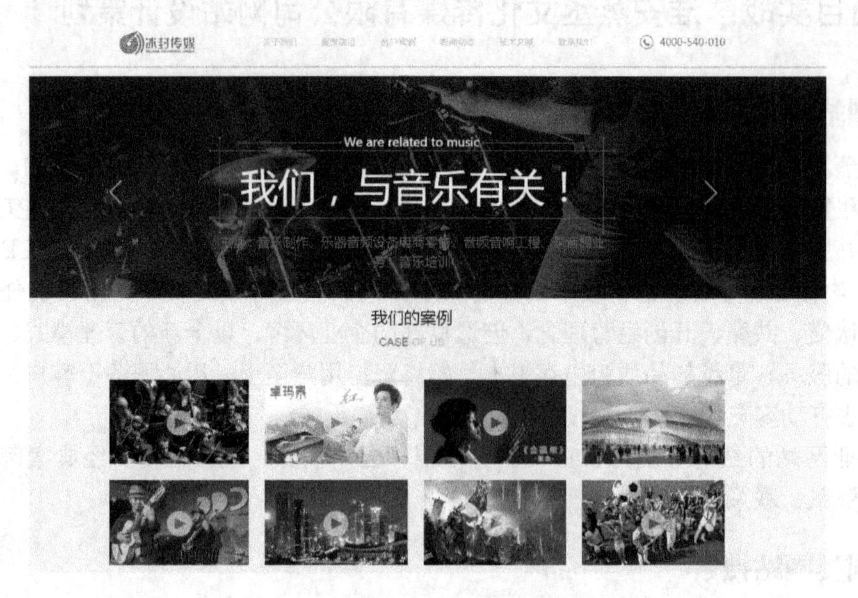

图 1-11　北京冰封传媒有限公司网站主页

1.4.3　网站草图绘制

依据项目需求以及同类网站的参考，本网站绘制草图如图 1-12 所示。

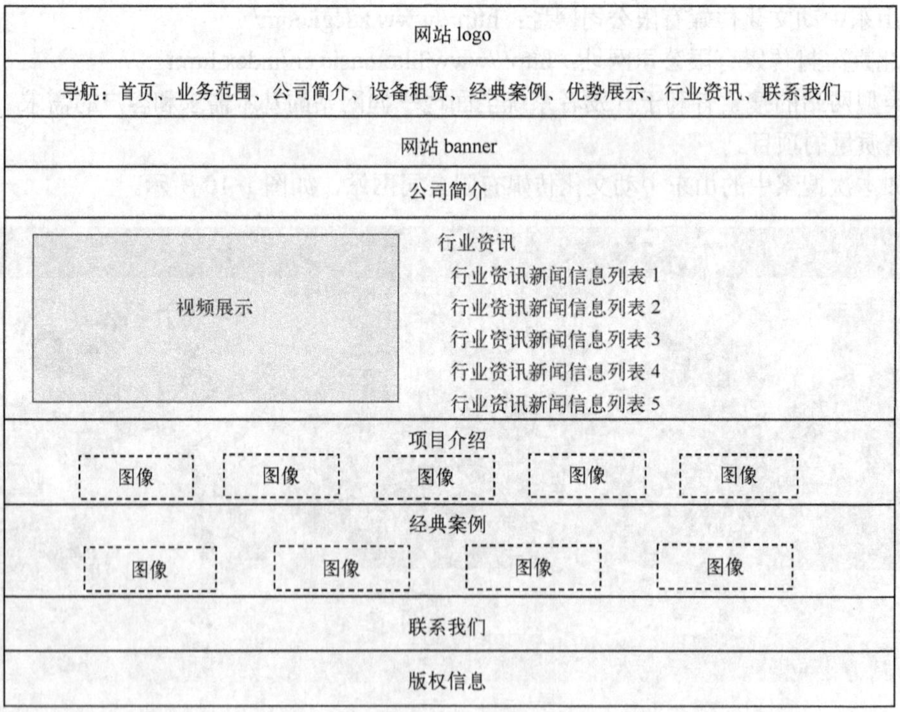

网站 logo
导航：首页、业务范围、公司简介、设备租赁、经典案例、优势展示、行业资讯、联系我们
网站 banner
公司简介
视频展示
行业资讯
行业资讯新闻信息列表 1
行业资讯新闻信息列表 2
行业资讯新闻信息列表 3
行业资讯新闻信息列表 4
行业资讯新闻信息列表 5
项目介绍
图像
图像
图像
图像
图像
经典案例
图像
图像
图像
图像
联系我们
版权信息

图 1-12　网站草图设计

1.4.4 建立站点

作为一个专业的网页制作人员，资料收集好后，就可以进行网页制作了。首先要做的就是准备工作，主要包括建站。

“站点”对于制作维护一个网站很重要，它能够帮助用户系统地管理网站文件。一个网站，通常由 HTML 网页文件、图片、CSS 样式表等构成。简单地说，建立站点就是定义一个存储网站中零散文件的文件夹。这样，可以形成明晰的站点组织结构图，方便增减站内文件夹及文档等，这对于网站本身的上传维护、内容的扩充和移植都有着重要的影响。下面将详细讲解建立站点的步骤。

1. 创建网站根目录

1）在计算机本地磁盘任意盘符下创建网站根目录。这里在 D 盘文件夹下的新建一个文件夹作为网站根目录，命名为“zhengchengwenhua”，如图 1-13 所示。

2）在根目录下新建文件，打开网站根目录 zhengchengwenhua，在根目录下新建 css、images 文件夹，分别用于存储网站所需的 CSS 样式表和图像文件，如图 1-14 所示。

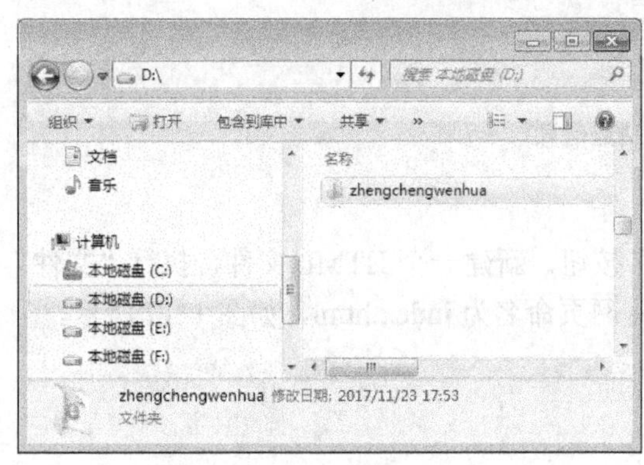

图 1-13 根目录的建立

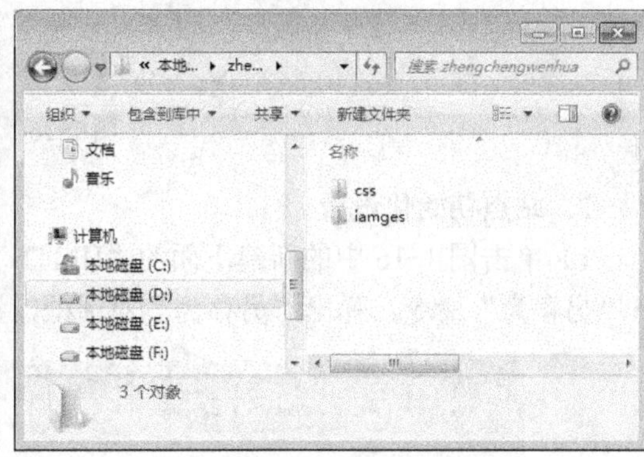

图 1-14 样式表和图片所在文件夹

3）新建站点。打开 Dreamweaver 工具，在菜单栏执行“站点”→“新建站点”命令，在弹出的窗口中输入站点名称。然后，浏览并选择站点根目录的储存位置，如图 1-15 所示。

值得注意的是，站点名称既可以使用中文也可以使用英文，但名称一定要有很高的辨识度。例如，本项目开发的是“蒸丞文化页面”，将站点名称设为“蒸丞文化网站”。

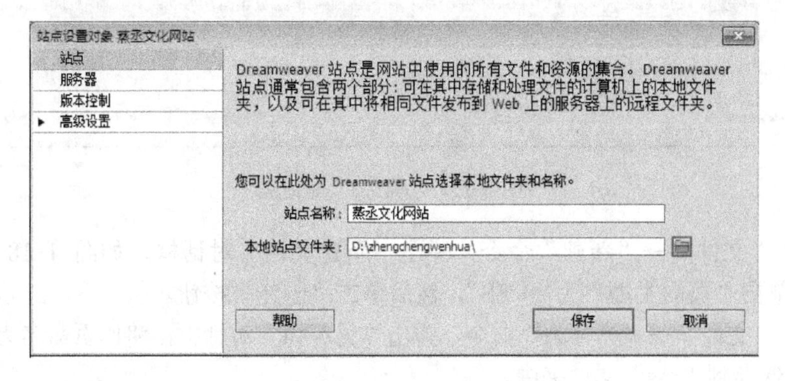

图 1-15 新建站点

4）站点建立完成。单击图 1-15 所示界面中的“保存”按钮，这时，在 Dreamweaver 工具面板组中可查看到站点的信息，表示站点创建成功，如图 1-16 所示。

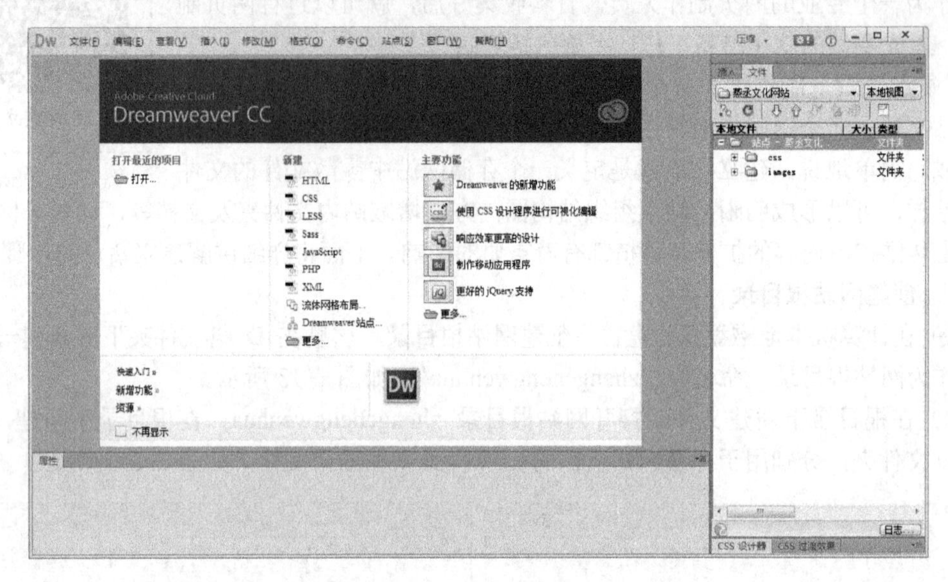

图 1-16　站点信息

2．站点初始化设置

1）单击图 1-16 中的新建下面的“HMTL”按钮，新建一个 HTML 文件，执行“文件”→“另存为”命令，弹出“另存为”对话框，将网页命名为 index.html，如图 1-17 所示。

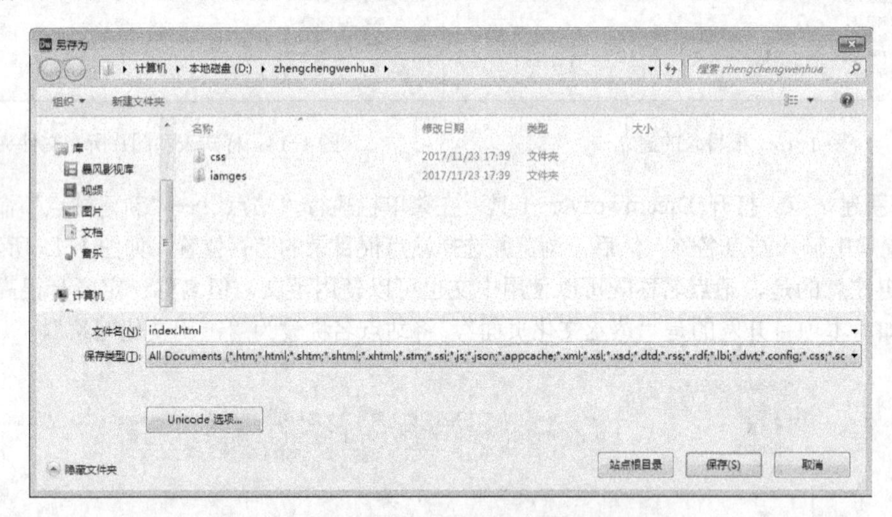

图 1-17 “另存为”对话框

2）执行“文件”→“新建”命令，弹出“新建文档”对话框，如图 1-18 所示。选择“空白页”，单击“页面类型”为“CSS”，然后单击“创建”按钮。

3）执行“文件”→“另存为”命令，弹出“另存为”对话框，将网页命名为 index.css，将 CSS 页面保存到“css”文件夹中。

页面创建完成后，网站形成了明晰的组织结构关系，站点文件夹结构如图 1-19 所示。

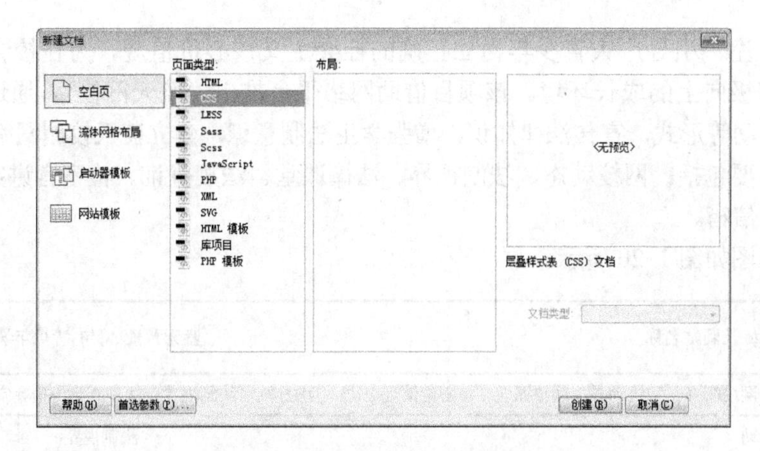

图 1-18 “新建文档”对话框

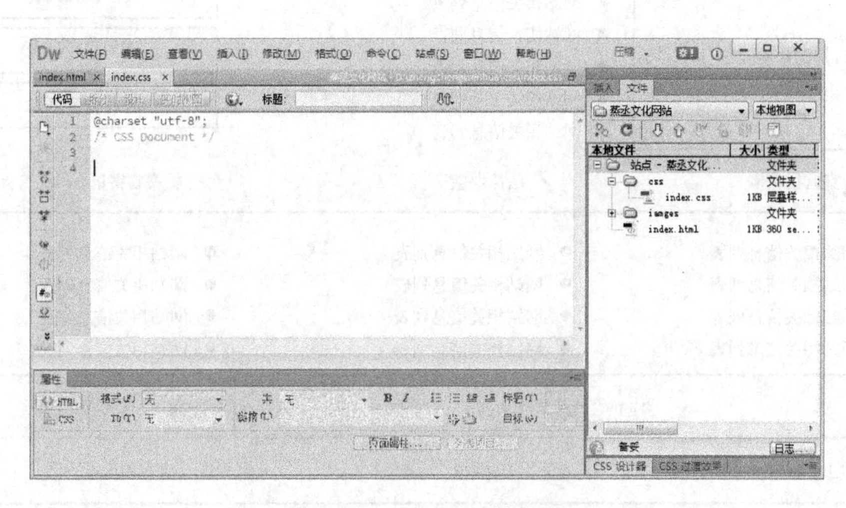

图 1-19 站点文件夹结构图

站点建好后，用户就可以运用 HTML5 和 CSS3 来建立网页了。

1.5 习题与项目实践

1．选择题

（1）HTML 是一种页面（　　）型的语言。

A．程序设计　　B．执行　　C．编译　　D．描述

（2）下面（　　）不是动态网页制作技术。

A．PHP　　B．JSP　　C．ASP.NET　　D．CSS

（3）站点名称命名时（　　）。

A．可以使用中文　　B．可以使用英文

C．既可以使用中文，也可以使用英文　　D．都不对

2．实践项目：网站策划与草图设计

蓝天校园工程是检察机关推广的关爱青少年系列项目之一，旨在用法律护航，打造校园

一片蔚蓝的天空，引导广大青少年树立正确的社会主义核心价值观，为在校青少年创造安全、健康和积极向上的成长环境。该项目借助网络平台推出“蓝天网校”，通过介绍典型案例、与学生互动等形式，宣传法律知识，增强学生法制意识，建立蓝天校园网络天空。

具体栏目要包括：网校动态、法制视界、法律课堂、法规查询、检察官讲案例、检察官寄语、检察官信箱。

本站的草图如图 1-20 所示。

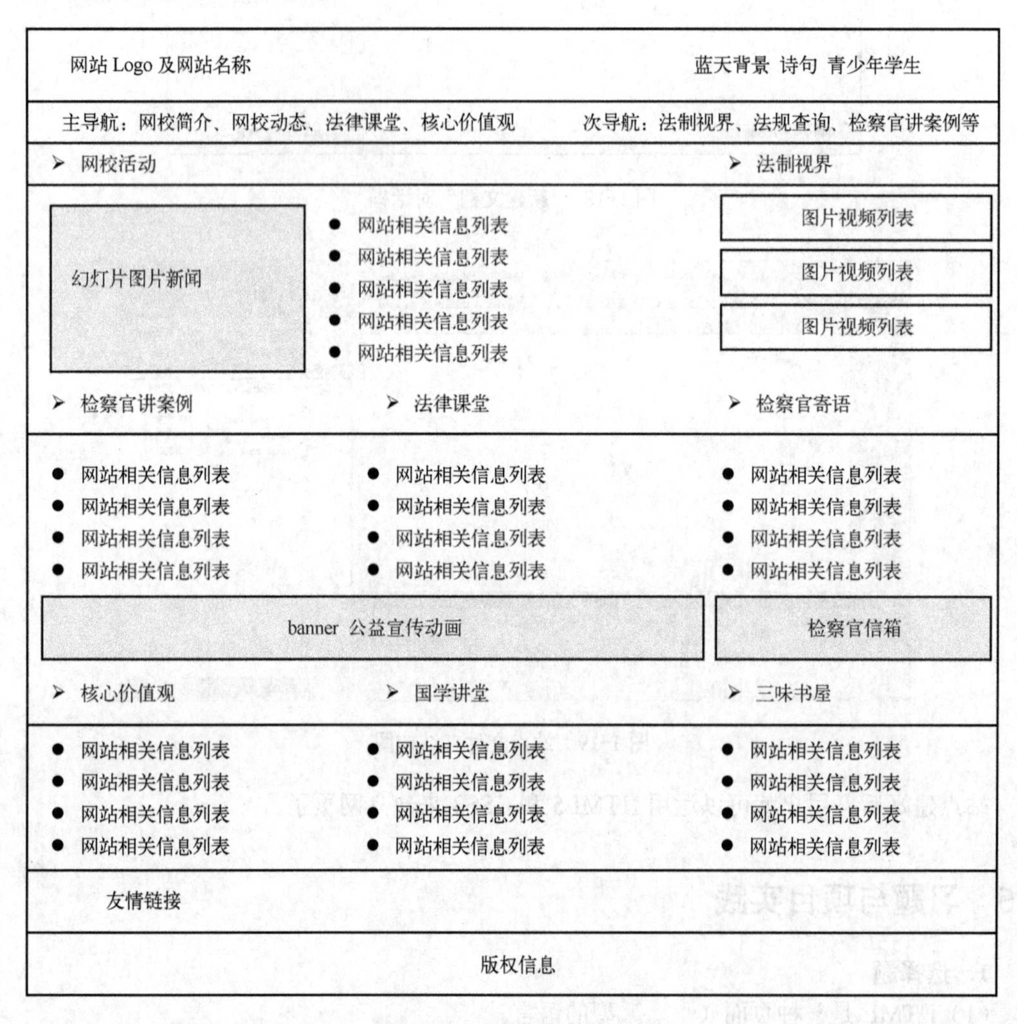

图 1-20 蓝天网校网站草图

请根据项目的具体需求自己查找资料，搜集相关站点完成蓝天校园网站自己的草图设计方案。

第 2 章　网页效果图设计与制作

2.1　Photoshop 应用基础

Photoshop CC 的操作界面

2.1.1　认识 Photoshop CC 界面

Photoshop CC 的工作界面主要由菜单栏、工具箱、工具属性栏、面板栏、文档窗口、状态栏等组成，如图 2-1 所示。

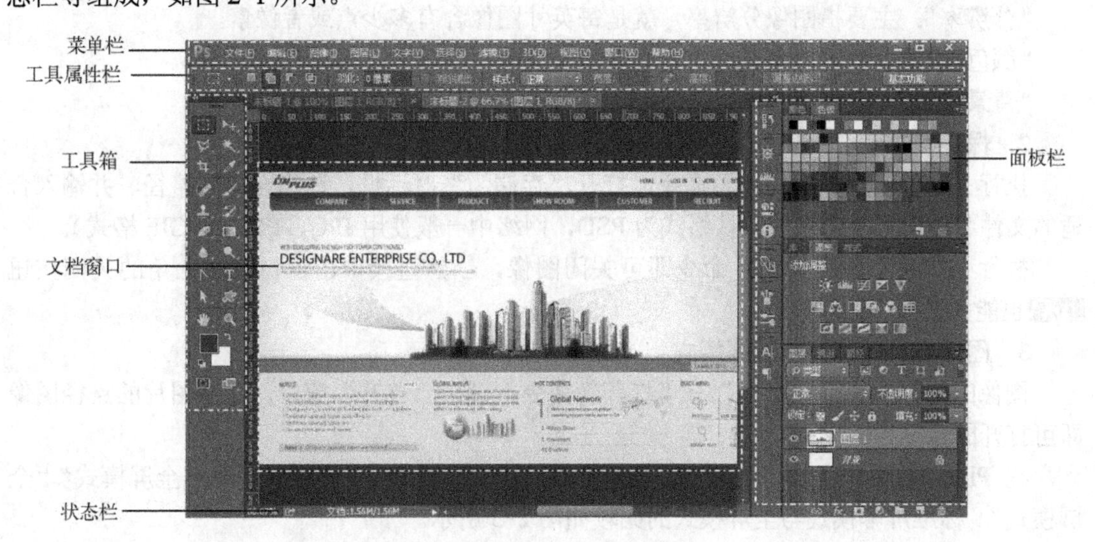

图 2-1　Photoshop CC 软件界面

2.1.2　Photoshop CC 的基本操作

Photoshop CC 的基本操作主要包括图像文件的创建、保存、图像大小与画布大小的修改以及基本工具的使用。

图像文件的操作

1．图像文件的创建

执行“文件”→“新建”命令，打开“新建”对话框，如图 2-2 所示，单击“确定”按钮即可完成图像文件的创建。“新建”对话框中各参数含义如下。

“名称”：设置图像的文件名。

“文档类型”：指定新图像的预定义设置，可以直接从下拉框中选择预定义好的参数。

“宽度”和“高度”：用于指定图像的宽度和高度的数值，在其后的下拉列表框中可以设置计量单位（“像素”“厘米”“英寸”等），数字媒体、软件与网页界面设计一般用“像素”

作为单位，应用于印刷的设计一般用“厘米”作为单位。

图 2-2 “新建”对话框

“分辨率”：主要指图像分辨率，就是每英寸图像含有多少点或者像素。

“颜色模式”：网页界面设计主要用 RGB（主要用于屏幕显示）颜色模式。

“背景内容”：该项有“白色”“背景色”“透明”3 种选项。

2．保存与关闭

执行“文件”→“存储为”命令，打开“存储为”对话框，选择合适的路径，并输入合适的文件名即可保存图像（默认格式为 PSD，网络中一般使用 JPG、PNG 或 GIF 格式）。

执行“文件”→“关闭”命令即可关闭图像，当然直接单击窗口的右上角的关闭按钮 也能完成同样的功能。

3．图像文件的打开与屏幕模式

图像的打开：执行“文件”→“打开”命令，调出“打开”窗口，选择图片的路径图像即可打开图像文档。

在 Photoshop 中有 3 种不同的显示模式：“标准屏幕模式”“带有菜单的全屏模式”“全屏模式”，标准屏幕模式与全屏模式的比较如图 2-3 所示。

a)

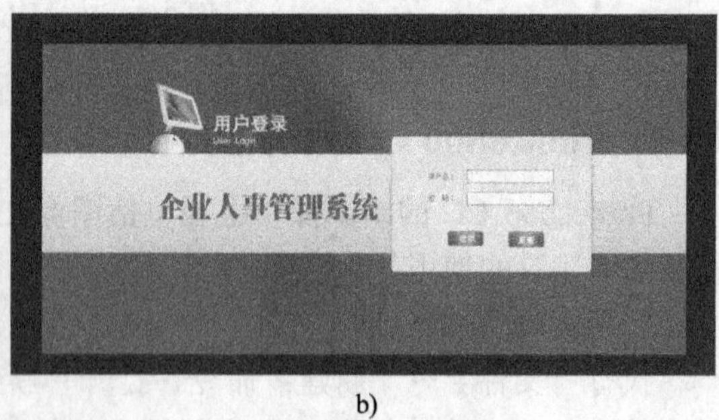

b)

图 2-3 屏幕模式比较

a) 标准屏幕模式 b) 全屏模式

更改屏幕显示模式可以通过执行“视图”→“屏幕模式”下的其他命令来完成，也可以通过“工具栏”中的按钮 来切换。

通常通过快捷键〈F〉来实现，连续按快捷键〈F〉可以在这 3 种模式间快速切换。为了更好地显示图像的效果还可以按快捷键〈Tab〉来隐藏“工具箱”和“面板栏”。

4．图像与画布大小的操作

图像大小就是所做的图像的尺寸大小和像素大小，改变分辨率大小图像就随之改变大小。画布大小就是所做的图像的尺寸大小，与分辨率没有关系，意思是不管怎么改画布，分辨率也不会增加，也不会减少，但画布会增加或者减小。

打开一幅图片“login.psd”（图 2-3 中浏览的图像），执行“图像”→“图像大小”命令，可以看到图像的基本信息，如图 2-4 所示。

可以看到这张图片的图像大小，宽度为 748 像素，高度 350 像素，文档大小中宽度为 26.39 厘米，高度为 12.35 厘米，分辨率为 72 像素/英寸（1 英寸=2.54 厘米）。通过修改图像大小可以完成图像的放大与缩小。

修改画布大小的方法是执行“图像”→“画布大小”命令，即可显示图 2-5 所示的“画布大小”对话框，它可用于添加现有的图像周围的工作区域，或减小画布区域来裁切图像。

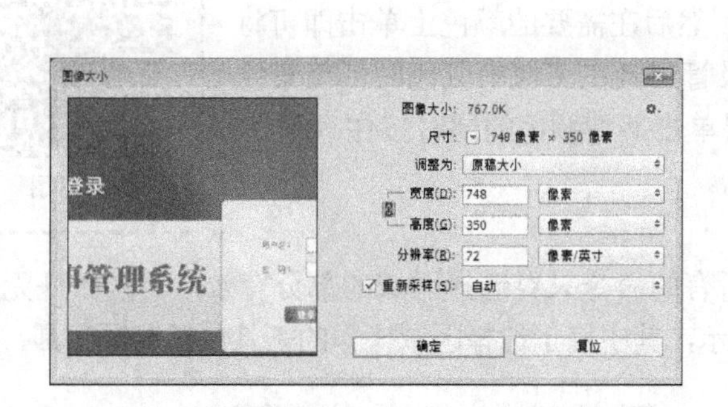

图 2-4 “图像大小”面板

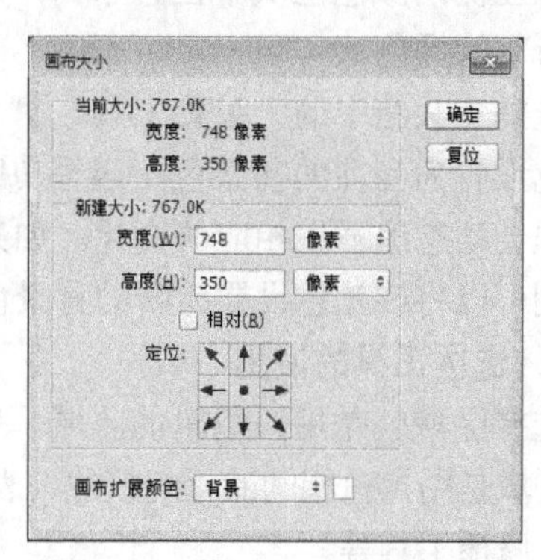

图 2-5 “画布大小”对话框

在“宽度”和“高度”框中输入所需的画布尺寸，从“宽度”和“高度”框旁边的下拉菜单中可以选择度量单位。

如果选择“相对”复选框，在输入数值时，则画布的大小相对于原尺寸进行相应的增加与减少。输入的数值如果为负数表示减少画布的大小。对于“定位”，点按某个方块以指示现有图像在新画布上的位置。从“画布扩展颜色”下拉列表中可以选择画布的颜色。

在“画布大小”窗口中设置好参数后，单击“确定”按钮，修改就完成了。

5．前景色与背景色的设置

Photoshop 使用前景色绘图、填充和描边选区，使用背景色进行渐变和填充图像中的被擦除的区域。工具箱的前景色与背景色的设置按钮在工具箱中，如图 2-6 所示。

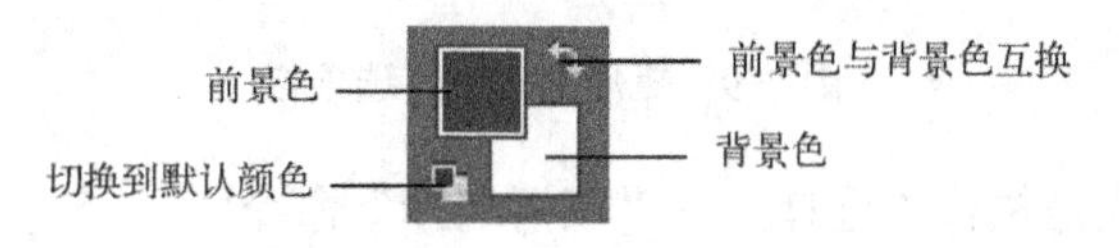

图 2-6 设置前景色与背景色

用鼠标单击前景色或背景色颜色框，即可打开“拾色器”对话框，如图 2-7 所示。

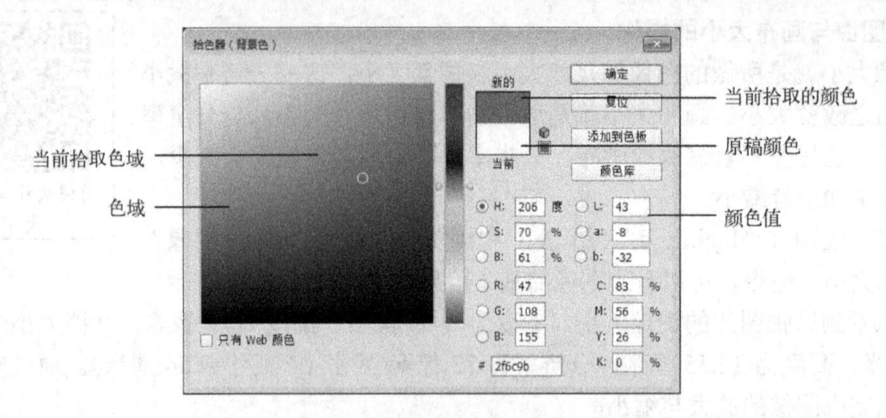

图 2-7 “拾色器”对话框

在左侧的颜色色块中任意单击，或者在右侧对话框中输入其中一种颜色模式的数值均可得到所需的颜色。

选择工具箱中的“吸管工具”，然后在需要的颜色上单击即可将该颜色设置为当前的前景色，当拖曳吸管工具在图像中取色时，前景色选择框会动态地发生相应的变化。如果单击某种颜色的同时按住〈Alt〉键，则可以将该颜色设置为新的背景色。

6. 选区工具的使用

选择区域就是用来编辑的区域，所有的命令只对选择区域的部分有效，对区域外无效。选择区域是用黑白相间的“蚂蚁线”表示，其中用于选择区域操作的工具包括选框工具、套索工具、魔棒工具等。

（1）矩形选框工具

使用矩形选框工具可以方便地在图像中制作出长宽随意的矩形选区。操作时，只要在图像窗口中拖曳鼠标即可建立一个简单的矩形选区（可以复制、粘贴），如图 2-8 所示。

图 2-8 建立矩形选区

矩形选框工具

在选择了矩形选区工具后，Photoshop 的工具选项栏会自动变换为“矩形选框工具”参数设置状态，该选项栏分为选择方式、羽化、消除锯齿和样式 4 部分，如图 2-9 所示。

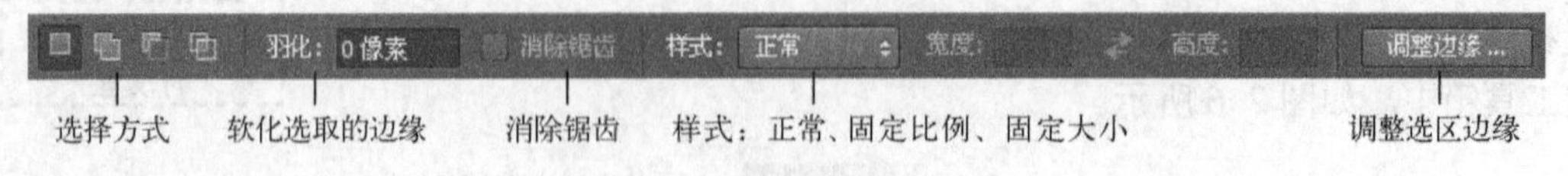

图 2-9 矩形选框工具选项栏

取消蚂蚁线的方式是执行“选择”→“取消选择”命令。

选择方式又分为以下 4 种功能。

● 新选区：清除原有的选择区域，直接新建选区。这是 Photoshop 中默认的选择方式，使用起来非常简单。
● 添加到选区：在原有的选区的基础上，添加新的选择区域。
● 从选区减去：在原来选区中，减去与新的选择区域交叉的部分。
● 与选区交叉：使原有选区和新建选区相交的部分成为最终的选择范围。

羽化：设置羽化参数可以有效地消除选择区域中的硬边界并将它们柔化，使选择区域的边界产生朦胧的渐隐效果。对图 2-8 中的选取内容进行羽化前后的对比效果如图 2-10 所示。

a)

b)

图 2-10　矩形选取工具的“羽化”选择方式

a) 未进行羽化　b) 羽化后的效果

样式：当需要得到精确的选区的长宽特性时，可通过选区的“样式”选项来完成。样式分为 3 种：正常、固定比例、固定大小，大家可以选取固定比例与固定大小的精确选区。

调整边缘：这是针对做好了的选区而言，可以收缩或扩张，主要是为了抠图时不留下黑白边或者让边缘更融合的方法。

技巧：在拖动鼠标时按住〈Shift〉键，就会绘制出一个正方形。按住〈Alt〉键，将不是从左上角开始绘制矩形，而是从中心开始。按住空格键，就会“冻结”正在绘制的矩形，可以在屏幕上任意拖动，松开空格键后可以继续绘制矩形。

（2）椭圆形选框工具

使用椭圆形选框工具可以在图像中制作半径随意的椭圆或圆形选区。它的使用方法和矩形选框工具大致相同。

椭圆形选框工具

技巧：在拖动鼠标时按住〈Shift〉键，会绘制出一个标准的圆。按住〈Alt〉键，将不是从左上角开始绘制椭圆，而是从中心开始。按住空格键，就会“冻结”正在绘制的椭圆，可以在屏幕上任意拖动，松开空格键后可以继续绘制椭圆。

单行单列选框工具

（3）单行和单列选框工具

选区工具中还包括两个工具，一个是“单行选框工具”，另一个是“单列选框工具”。使用“单行选框工具”可以在图像上建立一个只有 1 个像素高的水平选区，而使用“单列选框工具”可以在图像上建立一个只有 1 个像素宽的垂直选区。

在网页设计中用它来分割大的图像，可以进行网页的区块布局，或者来创建网页背景图。

（4）套索工具

套索工具

套索工具可以创建手绘的选择边框，只要沿着图像拖曳鼠标即可建立需要的选区。使用该命令时要注意几点。

如果选择时曲线的起点与终点未重合，则 Photoshop 会自动将曲线封闭。

如果要绘制直边选区，可按住〈Alt〉键，并在合适的位置单击鼠标即可，此时可以在套索工具和多边形套索工具之间切换。

按住〈Delete〉键，可以删除最近所画的所有的线条，直到剩下想要保留的部分，松开〈Delete〉键即可。

（5）多边形套索工具

多边形套索工具

多边形套索工具可以制作折线轮廓的多边形选区，使用时，先将鼠标移到图像中单击以确定折线的起点，然后再陆续单击其他折点来确定每一条折线的位置。最终当折线回到起点时，光标会出现一个小圆圈，表示选择区域已经封闭，这时再单击鼠标即可完成操作。

技巧： 图像抠取过程中如果图像超出窗口时，可以按住键盘上的“空格”键切换到“抓手工具”对图像进行移动，松开“空格”键后回至“多边形套索工具”继续操作。

针对图 2-8，采用多边形套索工具将建筑物抠取出来，如图 2-11 所示。

a)

b)

图 2-11　多边形套索工具抠取图像

a) 多边形套索工具绘制选区　b) 抠取图像的效果

如果单击多边形套索工具的“调整边缘”命令，也可调整图像的选区边缘。

（6）魔棒工具

魔棒工具

魔棒工具能够把图像中颜色相近的区域作为选区的范围，以选择颜色相同或相近的色块。使用起来很简单，只要用鼠标在图像中单击一下即可完成操作。“魔棒工具”主要用在颜色反差相对较大的图像中，完成的选区如图 2-12 所示。

图 2-12　魔棒工具的选择结果

魔棒工具的选项栏中包括选择方式、容差、消除锯齿、连续和对所有图层取样等，如图 2-13 所示。

取样大小：取样点　容差：32　消除锯齿　连续　对所有图层取样　调整边缘...

图 2-13　魔棒工具选项栏

在这里介绍一下容差，容差是用来控制魔棒工具在识别各像素色值差异时的容差范围。可以输入 0～255 之间的数值，输入较小的值可选择与所点按的像素非常相似的较少的颜色，或输入较高的值可选择更宽的色彩范围。

（7）修改选区

选区的修改可以执行“选择”→“修改”命令，然后执行想要的选区控制方式：“边界”“扩展”“收缩”“平滑”“羽化”。

（8）变换选区

“变换选区”命令可以对选区进行缩放、旋转、斜切、扭曲和透视等操作。先创建一个选区，然后执行“选择”→“变换选区”命令，则进入选区的“自由变换”状态，在自由变换选区状态下，单击鼠标右键，或者执行“编辑”→“变换”命令，则可以对选取范围进行缩放、斜切、扭曲和透视等操作，如图 2-14a 所示，执行“水平翻转”命令，即可实现建筑物的水平翻转，如图 2-14b 所示。

a)

b)

图 2-14　自由变换-水平变换

a) 水平翻转前　b) 水平翻转后

7. 绘图工具的使用

（1）渐变工具的使用

“渐变工具”的作用是产生逐渐变化的色彩，在设计中经常使用到色彩渐变。

在图像中选择需要填充渐变的区域，起点（按下鼠标处）和终点（松开鼠标处）会影响外观，具体取决于所使用的渐变的工具。

从工具箱中选择“渐变工具”，取前景色为#159ee7（浅蓝色），背景色# 035495（深蓝色），接着在选项栏中选取渐变填充（线性渐变），鼠标从起点 1 拖曳到终点 2 后的效果，如图 2-15 所示右侧效果。

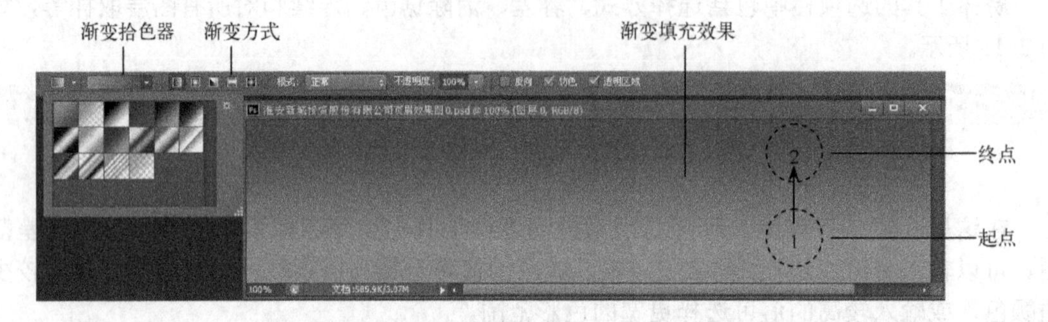

图 2-15　渐变工具选项栏与线性渐变填充效果

单击渐变样本旁边的三角可以挑选预设的渐变填充。如果在这里找不到合适的渐变颜色，可以单击“可编辑渐变”按钮，将打开“渐变编辑器”，如图 2-16 所示。

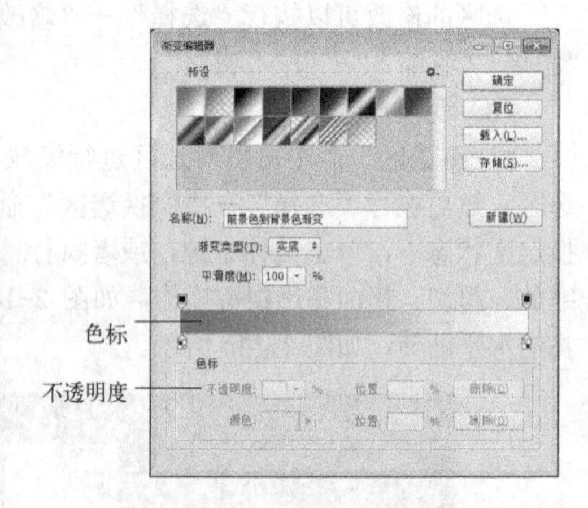

图 2-16　渐变编辑器

在“渐变填充”按钮包括了“线性渐变”（以直线从起点渐变到终点）、径向渐变（以环形图案从起点到终点）、角度渐变（围绕起点以逆时针扇形扫描方式渐变）、对称渐变（使用均衡的线性渐变在起点的任一侧渐变）、菱形渐变（以菱形方式从起点向外渐变）。

（2）油漆桶工具的使用

“油漆桶工具”的使用是为某一块区域着色，着色的方式为填充前景色和图案。使用的方式很简单，首先选择一种前景色，然后在工具箱中选择“油漆桶工具”，最后在所需的选区中单击即可，如果想填充复杂的效果，可以设置相应的参数，如图 2-17 所示。

图 2-17　油漆桶工具选项栏

（3）文字工具的使用

在网页设计中，文字有很重要的地位，一些重要的信息一般都是通过文字来传达的，如果给文字加上一些特效，网页就会起到画龙点睛的作用，在 Photoshop 中，有 4 种文字工具，分别为“横排文字工具”“直排文字工具”“横排文字蒙版工具”“直排文字蒙版工具”。文字是以文本图层的形式单独存在的。

文字工具组

利用“横排文字工具”可以在图像中添加水平方向的文字，从工具箱中选择该工具后，其选项栏如图 2-18 所示。

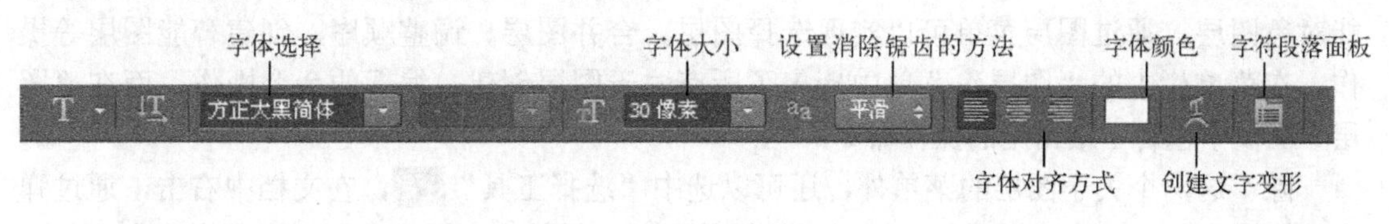

图 2-18　文字工具选项栏

在蓝色渐变背景上输入“淮安新城投资控股有限公司”文本后，效果如图 2-19 所示。

图 2-19　文字工具的使用

2.1.3　图层的相关应用

图层就好比一层透明的玻璃纸，透过这层纸，可以看到纸后的东西，而且无论在这层纸上如何涂画都不会影响其他层的内容。

现在通过打开一个 Photoshop 合成的图像（网站页眉效果图.psd），如图 2-20 所示，通过“图层”面板来认识一下图层以及“网站页眉效果图.psd”相应的结构，如图 2-21 所示。

图层与图层的操作

下面介绍一下图 2-21 中“图层”面板的功能。

图 2-20　Photoshop 作品“网站页眉效果图.psd”

图 2-21　“图层”面板

图层的混合模式：用于设置图层的混合模式。

图层锁定：分别表示锁定透明像素、锁定图像像素、锁定位置、锁定全部。

图层可见性：表示图层的显示与隐藏。

链接图层：表示多个图层的链接。

图层样式：用于设置图层的各种效果。

图层蒙版：用于创建蒙版图层。

填充或者调整图层：用于创建新填充或者调整图层。

创建新组：用于创建图层文件组。

创建新图层：能创建新的图层。

删除图层：用于删除图层。

常见的图层主要有背景图层、普通图层、文本图层、调整图层、形状图层、图层组和智能对象图层。通过图层菜单可以实现选择图层、合并图层、调整顺序、创建智能图层等操作。在菜单栏中的“图层”菜单中聚集了所有关于图层创建、编辑的命令操作，而在“图层”面板中包含了最常用的操作命令。

除了这两个关于图层的菜单外，还可以选中“选择工具”，在文档中右击，通过弹出的快捷菜单，可以根据需要选择所要编辑的图层。另外在“图层”面板中右击，也可以打开关于编辑图层、设置图层的快捷菜单，使用这些快捷菜单，可以快速、准确地完成图层操作，以提高工作效率。

2.1.4 图层样式的应用

图层样式的应用

图层样式是创建图像特效的重要手段，Photoshop 提供了多种提出样式效果，可以快速更改图层的外貌，为图像添加阴影、发光、斜面、叠加和描边等效果，从而创建具有真实质感的效果。应用于图层的样式将变为图层的一部分，在“图层”面板中，图层的名称右侧将出现图标，单击图标旁边的三角形，可以在调板中展开样式，以查看并编辑样式。

例如，图 2-20 中的文字“新城控股”，正常状态下的页面效果如图 2-22 所示，单击“图层”面板中的图标，选择“渐变叠加”命令，弹出“图层样式”对话框，设置颜色为白色向黄色的渐变，页面设置如图 2-23 所示。

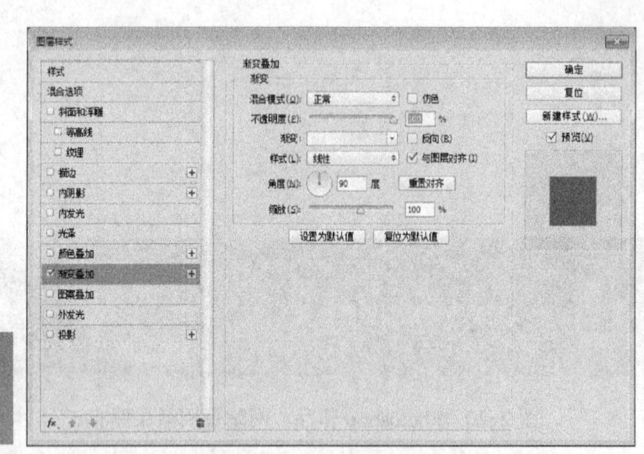

图 2-22 纯文本效果　　图 2-23 “图层样式”对话框

当为图层添加图层样式后，既可以通过双击图标打开对话框并修改样式，也可以通过菜单命令将样式复制到其他图层中，并根据图像的大小缩放样式；还可以将设置好的样式保存在“样式”面板中，方便重复使用。

2.1.5 图层混合模式的应用

网页设计效果图制作过程中混合图像时，图层的混合模式是最为有效的技术之一，恰当地在两幅或多幅图像间使用混合模式，能够轻松地制作出图像间相互隐藏、叠加，混融为一体的效果。

Photoshop 将混合模式分为 6 大类 20 多种混合形式，即：组合模式（正常、溶解），加深混合模式（变暗、正片叠底、颜色加深、线性加深），减淡混合模式（变亮、滤色、颜色减淡、线性减淡），对比混合模式（叠加、柔光、强光、亮光、线性光、点光、实色混合），比较混合模式（差值、排除），色彩混合模式（色相、饱和度、颜色、亮度）。现进行介绍如下。

绘制的渐变图像与书法作品进行混合，如图 2-24 所示。

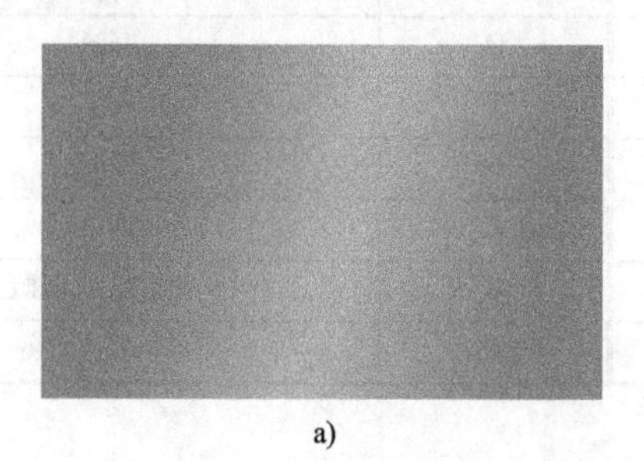

a)

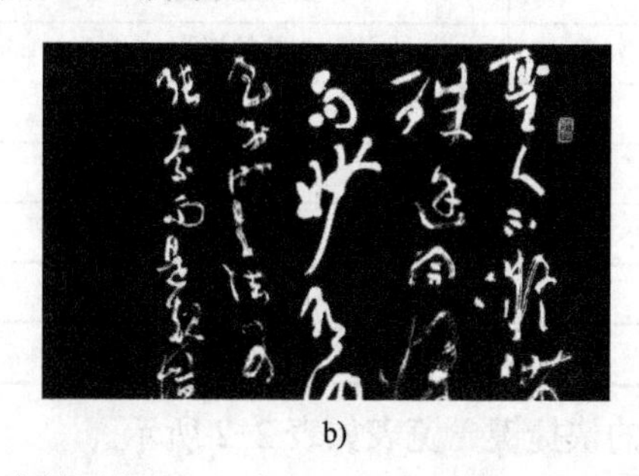

b)

图 2-24 素材图片

a) 背景图片 b) 书法素材

图 2-25 为混合前的效果。

混合模式设置为柔光混合后的效果如图 2-26 所示。

图 2-25 正常模式下图层 1 与书法图层的显示效果

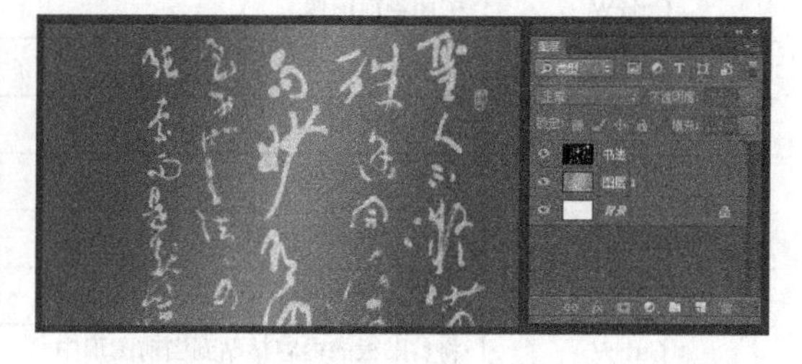

图 2-26 柔光模式下书法与图层 1 的显示效果

混合模式设置为柔光混合，并设置不透明度为 20%的效果，如图 2-27 所示。

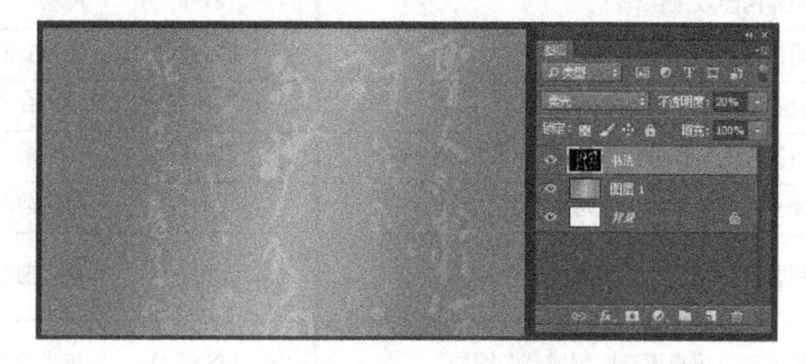

图 2-27 柔光模式下图层 1 与图层 2 的显示效果（不透明度 20%）

2.1.6 Photoshop CC 的常用快捷键

高效的 Photoshop 操作基本都是左手摸着键盘，右手按着鼠标，很快就完成了一个作品，简直令人叹为观止，常用工具快捷键一览表如表 2-1 所示。

表 2-1 Photoshop CC 常用工具快捷键一览表

快捷键	功能与作用	快捷键	功能与作用
M	选框	L	套索
V	移动	W	快速选择
J	污点修复画笔	B	画笔
I	吸管	S	仿制图章
Y	历史记录画笔	E	橡皮擦
R	旋转视图	O	减淡
P	钢笔	T	文字
U	矩形	G	渐变
H	抓手	Z	缩放
D	默认前景和背景色	X	切换前景和背景色
Q	编辑模式切换	F	显示模式切换

常用的快捷键一览表如表 2-2 所示。

表 2-2 Photoshop CC 常用快捷键一览表

快捷键	功能与作用	快捷键	功能与作用
Ctrl+N	新建图形文件	Tab	切换显示或隐藏所有的控制板
Ctrl+O	打开已有的图像	Shift+Tab	隐藏其他面板（除工具箱）
Ctrl+W	关闭当前图像	Ctrl+A	全部选择
Ctrl+D	取消选区	Shift+BackSpace	弹出“填充”对话框
Ctrl+Shift+I	反向选择	Ctrl++	放大视图
Ctrl+S	保存当前图像	Ctrl+-	缩小视图
Ctrl+ X	剪切选取的图像或路径	Ctrl+0	满画布显示
Ctrl+ C	复制选取的图像或路径	Ctrl+L	调整色阶
Ctrl+V	将剪贴板的内容粘贴到当前图形中	Ctrl+M	打开曲线调整对话框
Ctrl+ K	打开“预置”对话框	Ctrl+U	打开“色相/饱和度”对话框
Ctrl+ Z	还原/重做前一步操作	Ctrl+Shift+U	去色
Ctrl+Alt+ Z	还原两步以上操作	Ctrl+I	反相
Ctrl+ Shift + Z	重做两步以上操作	Ctrl+J	通过复制建立一个图层
Ctrl+T	自由变换	Ctrl+E	向下合并或合并联接图层
Ctrl+Shift+Alt+T	再次变换复制的像素数据并建立一个副本	Ctrl+[	将当前层下移一层
Delete	删除选框中的图案或选取的路径	Ctrl+]	将当前层上移一层
Ctrl+BackSpace 或 Ctrl+Del	用背景色填充所选区域或整个图层	Ctrl+Shift+[	将当前层移到最下面
Alt +BackSpace 或 Alt +Del	用前景色填充所选区域或整个图层	Ctrl+Shift+]	将当前层移到最上面

2.1.7 案例：企业 Logo 设计

案例：企业 Logo 设计

以淮信科技 Logo 的设计为例，具体的实施步骤如下。

1）启动 Photoshop 软件，然后执行“文件”→“新建”命令，创建“淮信科技 Logo.psd”文件，宽度为 230 像素，高度为 100 像素，分辨率为 72 像素/英寸，颜色模式为 RGB 颜色，背景内容为白色。

2）执行“编辑”→“首选项”→“单位与标尺”命令，修改标尺的单位为“像素”，执行“编辑”→“首选项”→“参考线、网格、切片”命令，将网格线间距修改为 20 像素，执行“视图”→“标尺”命令显示标尺，执行“视图”→“显示”→“网格”命令显示网格，最后执行“视图”→“新参考线”命令，会弹出“新建参考线”对话框（如图 2-28 所示），依次新建两条水平参考线（20 像素，80 像素）与两条垂直参考线（10 像素，220 像素），新建完成后效果如图 2-29 所示。

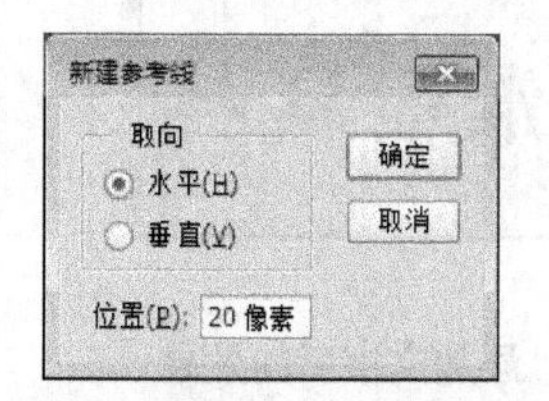

图 2-28 “新建参考线”对话框

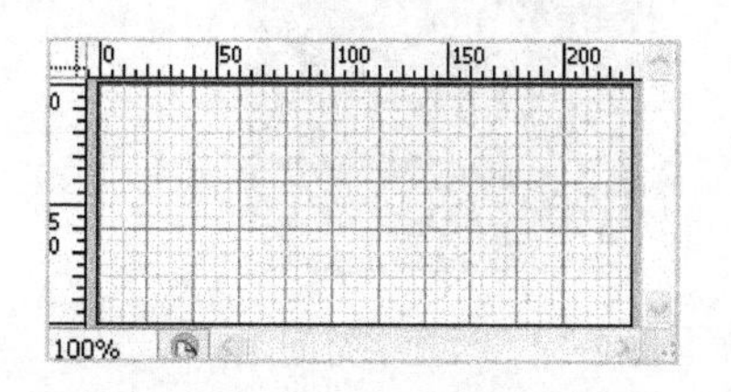

图 2-29 网格标尺定位显示

3）新建一个图层，放大图像然后使用多边形套索工具，依次选取坐标 1（10，20）、坐标 2（25，30）、坐标 3（30，50）、坐标 4（25，80）、坐标 5（10，80）、坐标 6（15，50）形成闭合选区，如图 2-30 所示，最后设置前景色为蓝色（RGB 值为 15，40，140），并填充到选区中，如图 2-31 所示。

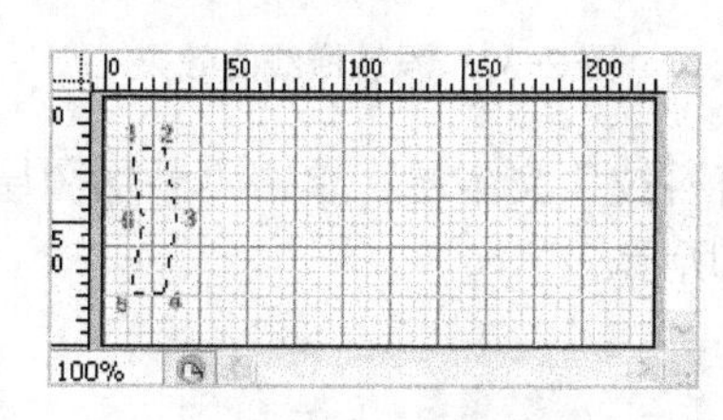

图 2-30 绘制不规则选区

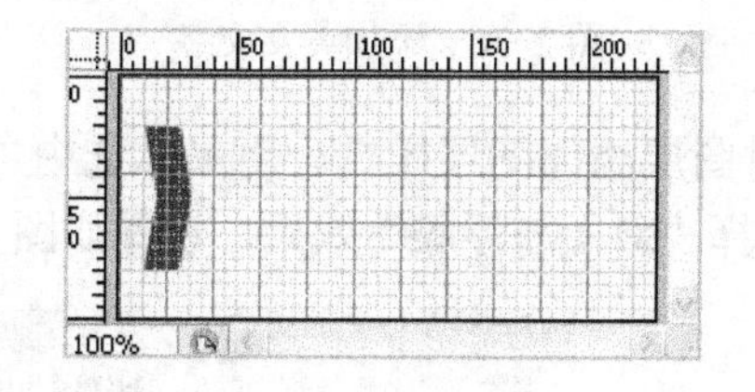

图 2-31 填充选区

4）复制图层 1 并命名为“图层 2”，然后执行“编辑”→“自由变换”命令，在变换区域内单击鼠标右键，执行“水平翻转”命令，最后将图层 2 向右移动 25 像素，如图 2-32 所示。

5）新建图层 3，选择椭圆套索工具，设置属性中的样式为固定大小，宽为 20 像素，高为 20 像素，绘制选区后填充为红色（RGB 值为 255，0，0），用方向键调整其位置，使之在图层 1 与图层 2 中间，如图 2-33 所示。

6）使用文本工具输入“淮信科技”，设置字体为“方正大黑简体”，36 点，蓝色，单击字符段落标记，设置字符间距为 100（如图 2-34 所示），文字效果如图 2-35 所示。

7）采用同样的方法输入文本“Huaixin Science and Technology”，设置字体为 Arial Black，8 点，蓝色（RGB 值为 15，40，140），如图 2-36 所示。

8）新建图层 4，使用铅笔工具绘制一条线，调整位置放在中文与英文之间，如图 2-37

所示（隐藏网格与辅助线后的效果）。

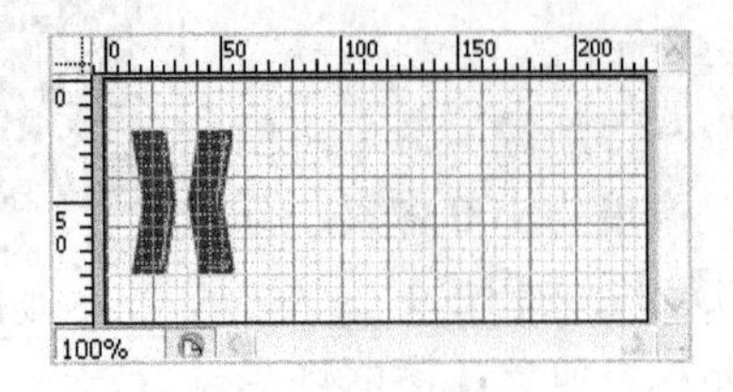

图 2-32　绘制不规则选区

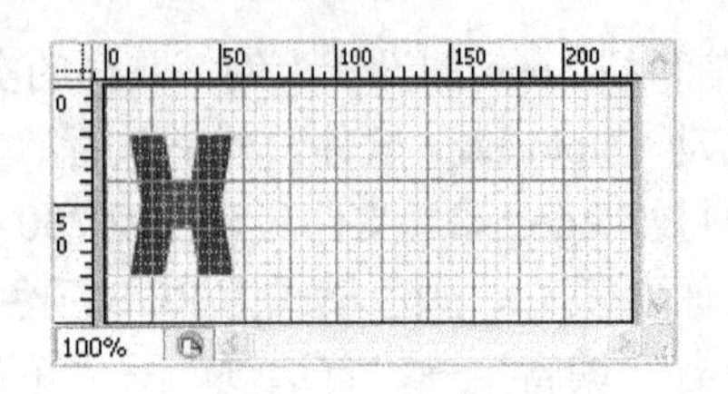

图 2-33　填充选区

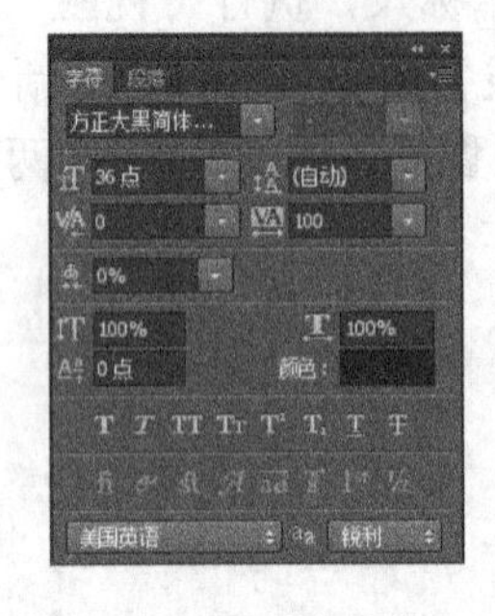

图 2-34　设置字符间距

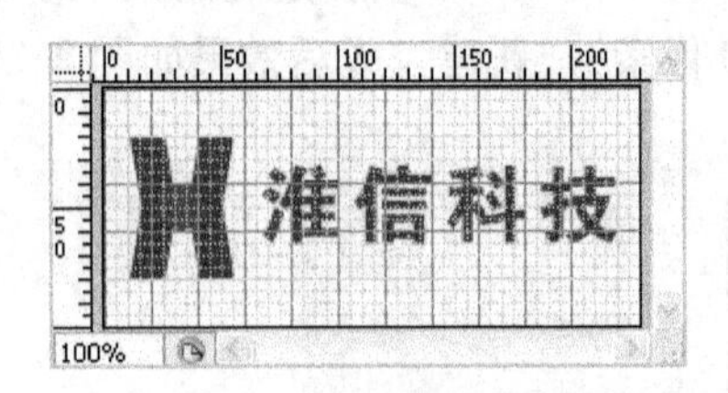

图 2-35　添加文字后的效果

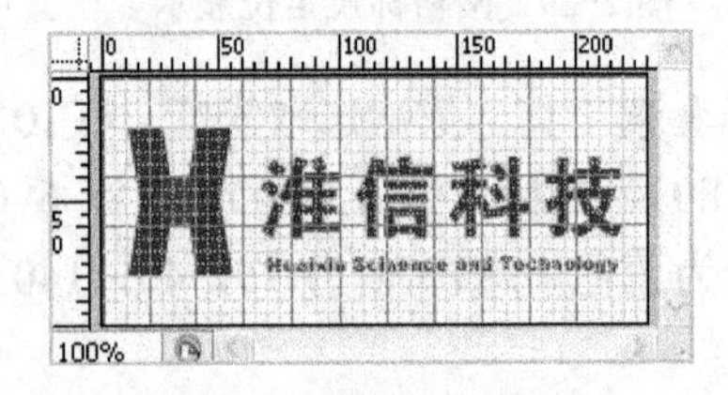

图 2-36　添加英文文字

图 2-37　添加横线的效果

9）对图层添加图层样式。用鼠标选中“淮信科技”文本层，单击“添加图层样式”按钮 fx，选择“斜面与浮雕”效果，设置如图 2-38 所示。

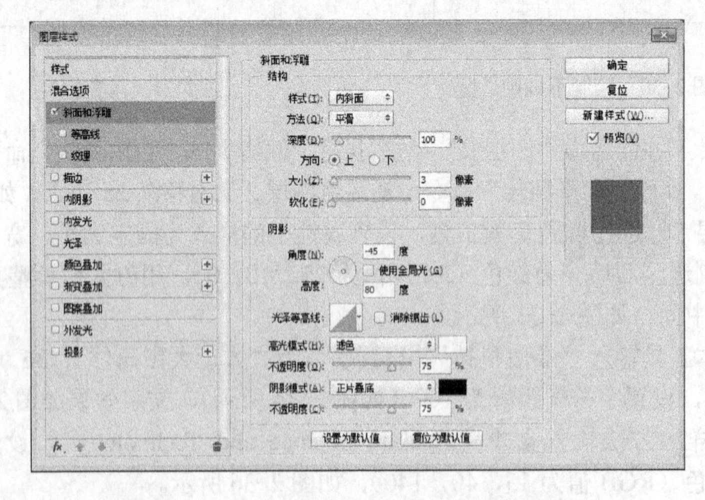

图 2-38　为“淮信科技”设置“斜面与浮雕”

10）在图层面板中，选中“淮信科技”文本层，然后把鼠标放在“效果”上右击，执行“拷贝图层样式”命令，然后选中图层 1，右击执行“粘贴图层样式”命令，依次对图层 2、图层 3 组同样的操作，最后给图层 3 添加“描边”效果，如图 2-39 所示。

11）调整各个图层的位置，淮信科技 Logo 就完成了，效果图如图 2-40 所示。

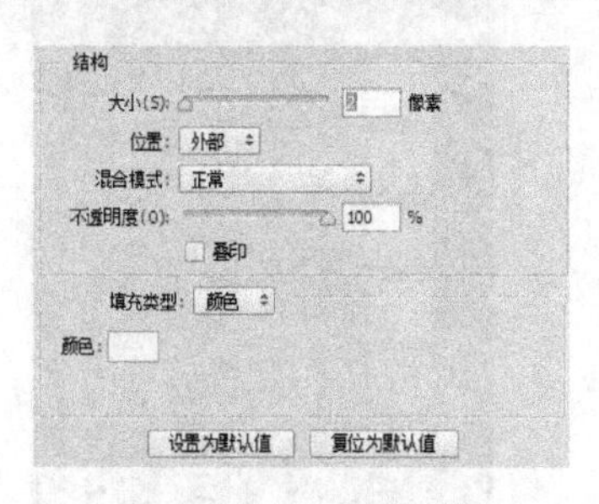

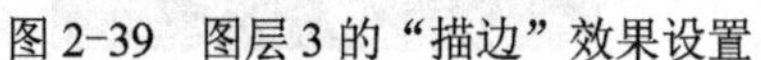

图 2-39　图层 3 的“描边”效果设置　　　图 2-40　淮信科技 Logo 效果展示

使用通道抠取图像

2.2　Photoshop CC 高级应用

2.2.1　通道的概念与使用技巧

在 Photoshop 中通道被用来存储图像的颜色信息以及自定义的选区，不仅可以使用通道得到非常特殊的选区，以辅助制作效果图，还可以通过改变通道中存储的颜色信息来调整图像的色调。无论是新建文件、打开文件或扫描文件，当一个图像文件被调入 Photoshop 后，Photoshop 就将为其建立图像固有的颜色通道或称原色通道，原色通道的数目取决于图像的色彩模式。图 2-41 展示了 RGB 模式的图像 3 个原色通道与一个复合通道。

a)

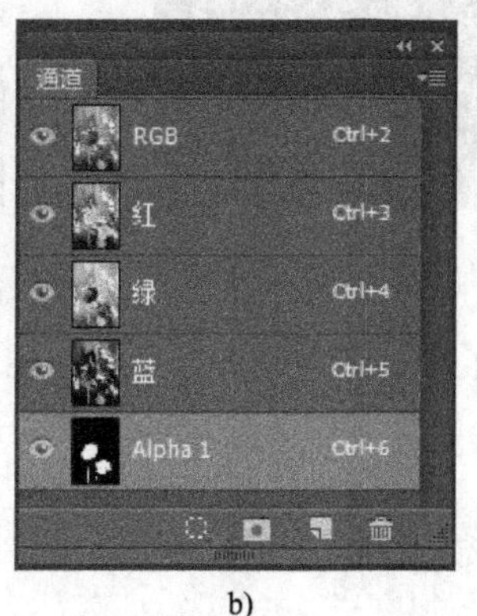

b)

图 2-41　图像及“通道”面板

a) 图像　b)“通道”面板

通道分为颜色通道、专色通道、Alpha 通道、临时通道。

使用通道抠取水珠的方法如下。

1）打开素材文件夹中的“水珠.jpg”文件（如图 2-42a 所示），切换至“通道”面板，分别浏览“红”“绿”“蓝” 3 个通道，找出一个水珠与背景对比度最高的通道，对比后可以看出红色通道比较符合上述条件。复制“红”色通道得到“红 拷贝”（如图 2-42b 所示）。

2）选择“红 拷贝”通道，执行“图像”→“调整”→“反相”命令（快捷键〈Ctrl+I〉），效果如图 2-43 所示。

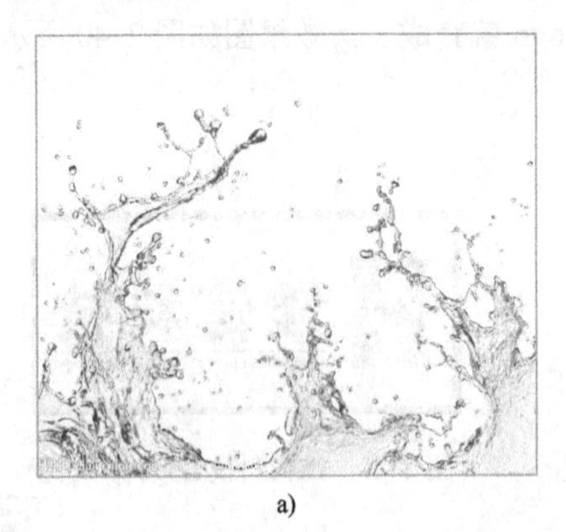

a)

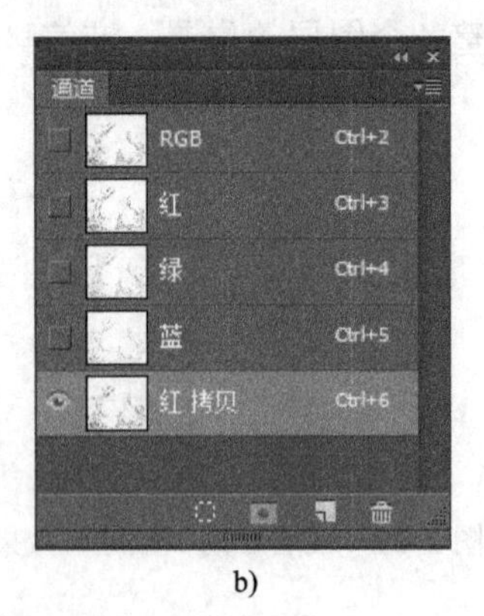

b)

图 2-42 “水珠”素材图像及“通道”面板

a) 图像 b)“通道”面板

3）按〈Ctrl〉键并单击通道“红 拷贝”的缩略图以调出其存储的选区（白色区域），按快捷键〈Ctrl+C〉键执行选区复制操作。打开素材文件夹中的“绿色城市.jpg”文件（如图 2-44 所示），按快捷键〈Ctrl+V〉键执行选区通道的粘贴操作，效果如图 2-45 所示。

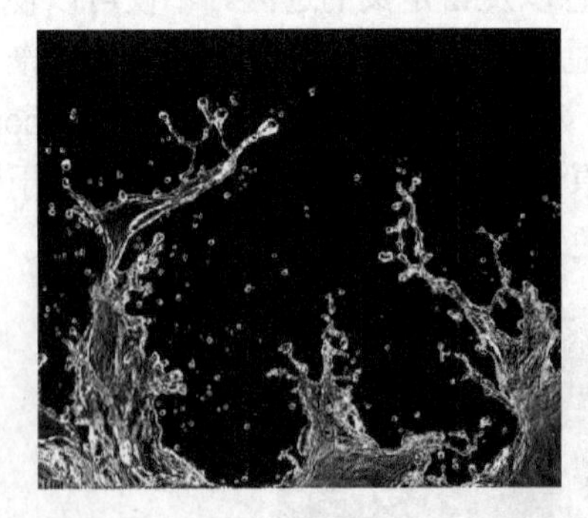

图 2-43 执行“反相”操作后的效果

图 2-44 “绿色城市.jpg”图片

4）打开素材文件夹中的“汽车.psd”文件，将“汽车”图层拖入图 2-45，调整图层后的效果如图 2-46 所示。

图 2-45 添加水珠后的效果

图 2-46 最终效果

2.2.2 蒙版的概念与使用技巧

蒙版是一种遮盖工具，就像是在图像上用来保护图像的一种“膜”，可以分离和保护图像的局部区域。换句话说，蒙版是与图层捆绑在一起、用于控制图层中图像的显示与隐藏层的蒙版，在此蒙版中装载的全部为灰度图像，并以蒙版中的黑、白图像来控制图层缩略图中图像的隐藏或显示。图层蒙版的最大优点是在显示与隐藏图像时，所有的操作均在蒙版中进行，不会影响图层中的像素。

需要注意的是，蒙版只能在图层上新建，在背景层上是无法建立图层蒙版的。现在打开一幅图像，激活图层 2，然后单击“图层”面板下方的“添加图层蒙版”按钮，就可以新建一个蒙版。此时的“图层”面板如图 2-47 所示，其中各项含义如下。

- 蒙版和图层的链接：表明蒙版和该图层处于链接状态。处于链接状态时，可以同时移动或者复制该图层及其蒙版。如果单击图标，可取消链接，这时只能单独移动图层或蒙版。
- 添加图层蒙版：单击此按钮，即可给当前图层添加一个新的图层蒙版。
- 图层蒙版缩略图：浏览缩略图，可以随时查看或编辑蒙版。

蒙版的应用实例步骤如下。

1）首先执行“文件”→“打开”命令，打开两幅素材图像，如图 2-48 和图 2-49 所示。

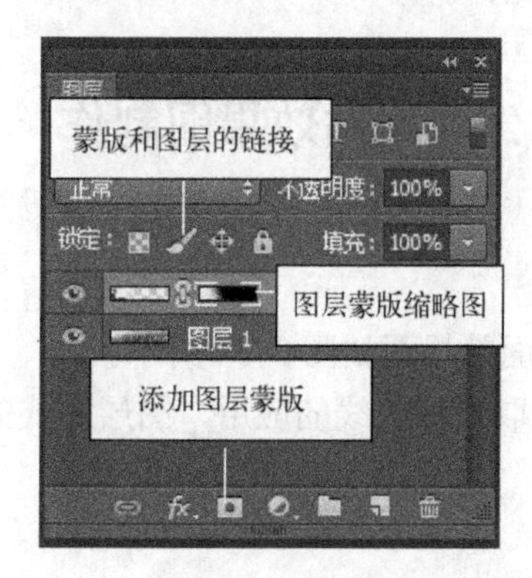

图 2-47　图层蒙版后的“图层”面板

图 2-48　素材 1“华表.jpg”

图 2-49　素材 2“长城.jpg”

2）使用“移动工具”将素材 1 拖至素材 2，调整大小与位置后效果如图 2-50 所示。

图 2-50　图像简单组合

3）单击“图层”面板中的“添加图层蒙版”按钮，为上面图层创建图层蒙版，如图 2-51 所示。

4）在工具箱中将“前景色”设置为“黑色”，然后选择“渐变工具”，在蒙版图层上填充渐变。蒙版如图 2-52 所示，最终效果如图 2-53 所示。

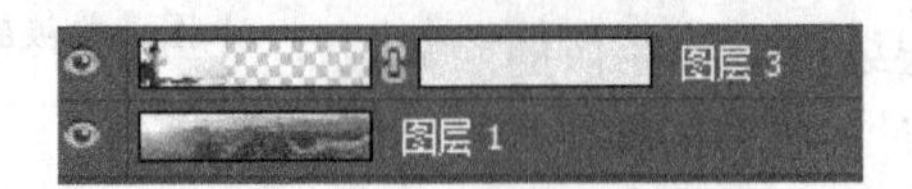

图 2-51　添加图层蒙版图

图 2-52　改变蒙版

图 2-53　用蒙版隐藏区域中的图像

在上面的例子中间不难发现，图层蒙版中填充黑色的地方是让图层图像完全隐藏的部分；填充白色的地方是让图层完全显示的部分；从黑色到白色过渡的“灰色区域”则是让图层处于半透明效果，这是使用图层蒙版的一个重要规则。

2.3　项目实战：淮安蒸丞文化传媒有限公司网站效果图制作

2.3.1　网站效果图展示

依据第 1 章中项目设计的草图，本任务制作的页面效果图如图 2-54 所示。

本效果图设计中用到的主要知识包括：图像的抠取、辅助线的应用、图层样式的应用、图层混合模式的应用、蒙版的应用等。

2.3.2　网站首部与导航栏的制作

1）打开 Photoshop 软件，新建文件并命名为“蒸丞文化.psd”，设置宽为 1280 像素，高为 3000 像素，背景色为“#f2f2f2”，执行“视图”→“新建参考线”命令，添加 2 条垂直辅助线（依次为 140 像素，1140 像素），添加 2 条水平辅助线（依次为 100 像素，150 像素），在“图层”面板中单击“创建新组”按钮，命名为“top 与 nav”，新建一个图层，然后使用矩形选框工具选中顶部区域，将其填充为白色，如图 2-55 所示。

2）执行“选择”→“取消选择”命令（快捷键〈Ctrl+D〉）取消白色区域的选区蚂蚁线，执行“文件”→“置入嵌入的智能对象”命令，选择“素材”文件夹下的“logo.png”图片，调整其位置，效果如图 2-56 所示。

3）使用横排文字工具，输入“咨询热线：0517-88888888”，设置字体为“微软雅黑”，字体大小为 15 像素，“咨询热线”为黑色，“0517-88888888”为深红色（#c20e0e），用同样的方法添加文本“联系电话：13888888888”和“联系电话：18881234567”，效果如

图 2-57 所示。

图 2-54　页面效果

图 2-55　网站首部与导航栏网辅助线分布

图 2-56　置入网站的 logo 图标

图 2-57　添加右侧资讯热线的效果

4）新建一个图层并命名为“导航背景”，使用矩形选框工具选中两条水平辅助线（100 像素，150 像素）之间的区域，使用快捷键〈Alt+Delete〉将其填充为深红色(#9f2b2d)，执行“选择”→“取消选择”命令（快捷键〈Ctrl+D〉）取消白色区域的选区蚂蚁线，使用横排文字工具输入“首页”，设置字体为“微软雅黑”，字体大小为 16 像素，然后再次使用横排文字工具，依次输入“公司简介”“业务范围”“设备租赁”“经典案例”“优势展示”“行业资讯”“联系我们”，并设置与“首页”相同的格式，如图 2-58 所示。

图 2-58　添加导航后的页面效果

5）使用“移动工具”调整“首页”和“联系我们”两个文本框的位置，然后在图层面板，按住〈Shift〉键，依次选择所输入的导航文本图层，单击“图层”面板下方的“链接图层”按钮（如图 2-59 所示），选择“移动工具”，在“移动工具”分别执行“顶端对齐”按钮和“水平居中分布”按钮即可，如图 2-60 所示效果如图 2-61 所示。

图 2-59　链接图层

图 2-60　设置顶端对齐与水平居中分布

图 2-61　添加导航后的页面效果

2.3.3　网站顶部的制作

1）在“图层”面板中单击“创建新组”按钮，创建一新组并命名为“banner”，添加一条水平辅助线（450 像素），新建一个图层，然后使用矩形选框工具选中 banner 区域，设置前景色为淡黄色（# fce699），背景色为橙色（#f96503），使用渐变工具，选择“径向渐变”，把鼠标从屏幕中间向边缘拖动，即可实现径向渐变，如图 2-62 所示。

图 2-62　添加 banner 区域的渐变背景

2）执行“选择”→“取消选择”命令（快捷键〈Ctrl+D〉）取消 banner 区域的选区蚂蚁线，执行“文件”→“打开”命令，选择“素材”文件夹下的“摄像机.png”图片，按快捷键〈Ctrl+A〉全选摄像机图片，按快捷键〈Ctrl+C〉切换进入“蒸丞文化.psd”页面，按快捷键〈Ctrl+V〉将“摄像机”图像粘贴进入新图层，执行“编辑”→“自由变换”命令（快捷键〈Ctrl+T〉），调整其大小与位置，效果如图 2-63 所示。

图 2-63　添加摄像机图像

3）在“图层”面板中单击“添加图层样式”按钮，在弹出的菜单中选择“外发光”命令，如图 2-64 所示，在弹出的“图层样式”面板中设置图素的扩展值为 15%，大小为 54 像素，如图 2-65 所示。

图 2-64　设置“外发光”样式

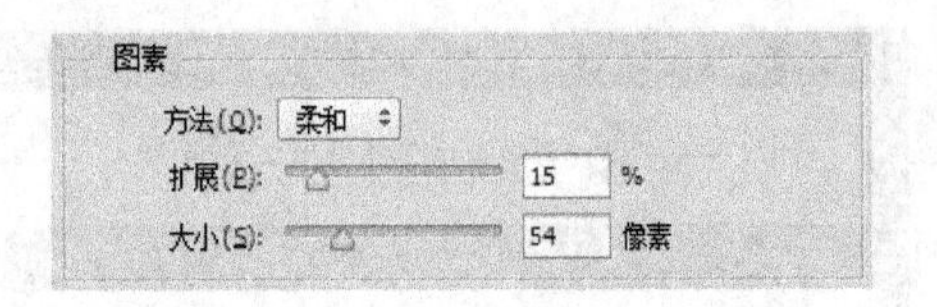

图 2-65　设置图素中的扩展与大小

4）使用横排文字工具输入“中小企业活动”，设置字体为“造字工房悦黑体”，大小为 48 像素，颜色为白色，然后再次使用横排文字工具输入“策划品牌”，设置字体为“方正粗宋简体”，大小为 48 像素，颜色为白色，调整位置，效果如图 2-66 所示。

图 2-66　banner 页面效果

2.3.4　公司简介的制作

1）在“图层”面板中单击“创建新组”按钮，创建一新组并命名为“公司简介”，添加两条水平辅助线（530 像素，700 像素），添加一条垂直辅助线（740 像素），使用横排文字工具输入“公司简介 Company Profile”，设置字体为“微软雅黑 Bold”，大小为 20 像素，颜色为黑色，调整位置水平居中。

2）使用横排文字工具绘制一个文本输入框，输入“淮安蒸丞文化传媒有限公司是……”相关文本，设置字体为“微软雅黑”，大小为 14 像素，颜色为黑色，调整位置，页面效果如图 2-67 所示。

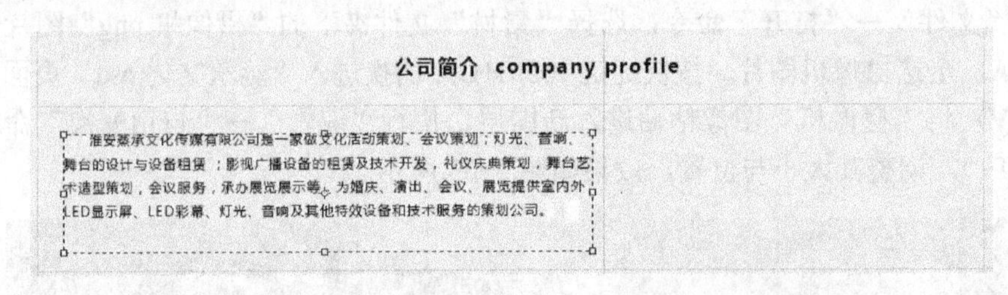

图 2-67　插入文本后的公司简介的效果

3）在“图层”面板中，新建一个图层，绘制一个矩形框（宽为 120 像素，高为 30 像素），执行“编辑”→“描边”命令，弹出“描边”面板，设置描边宽度为 1 像素，颜色为深灰色（#767676），位置为内部，如图 2-68 所示。使用“横排文字工具”输入文本“查看更多>>”，设置字体为“微软雅黑”，大小为 14 像素，颜色为深灰色（#767676），调整位置，效果如图 2-69 所示。

4）执行“文件”→“打开”命令，选择“素材”文件夹中的“企业宣传.jpg”图片，按快捷键〈Ctrl+A〉全选图片，按快捷键〈Ctrl+C〉，切换进入“蒸丞文化.psd”页面，按快捷键〈Ctrl+V〉将“企业宣传”图像粘贴进入新图层，执行“编辑”→“自由变换”命令（快捷键〈Ctrl+T〉），调整其大小与位置，效果如图 2-70 所示。

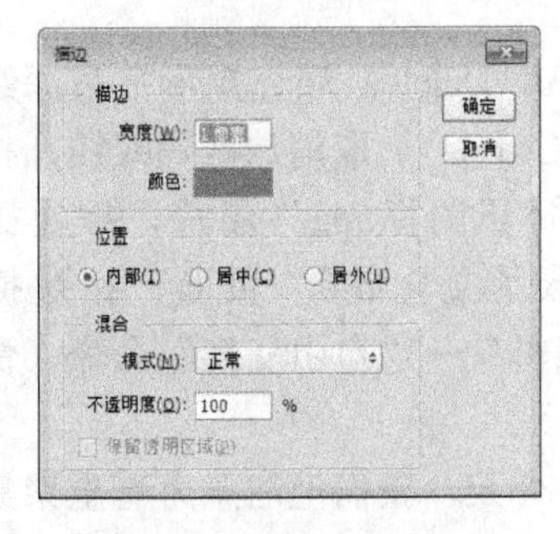

图 2-68　设置描边效果

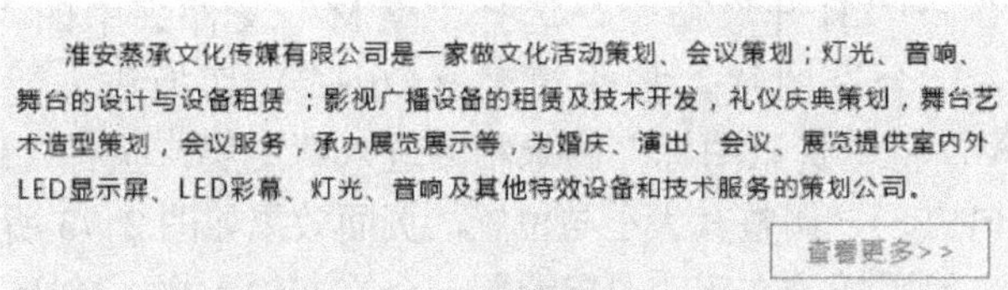

图 2-69　插入“查看更多>>”后的效果

图 2-70　公司简介的效果

2.3.5　行业资讯的制作

1）在“图层”面板中单击“创建新组”按钮，创建一新组并命名为“行业资讯”，添加一条水平辅助线（1100 像素），执行“文件”→“打开”命令，选择“素材”文件夹中的“video.png”图片，按快捷键〈Ctrl+A〉全选图片，按快捷键〈Ctrl+C〉切换进入“蒸丞文化.psd”页面，按快捷键〈Ctrl+V〉将“video.png”图像粘贴进入新图层，执行“编辑”→“自由变换”命令（快捷键〈Ctrl+T〉），调整其大小与位置。使用横排文字工具输入“行业资讯　Industry information”，设置字体为“微软雅黑 Bold”，大小为 20 像素，颜色为橙色，调整位置，页面效果如图 2-71 所示。

图 2-71　行业资讯的视频展示与标题效果

2）在“图层”面板中，新建一个图层，使用矩形选框工具，设置其样式为“固定大小”，宽度为 375 像素，高度为 100 像素，如图 2-72 所示。

图 2-72　矩形选框工具的设置

3）在新图层上绘制固定大小的矩形，使用快捷键〈Alt+Delete〉填充矩形框为深红色（#9f2b2d），执行“选择”→“取消选择”命令（快捷键〈Ctrl+D〉）取消选区蚂蚁线，执行“文件”→“打开”命令，选择“素材”文件夹中的“资讯图标.jpg”图片，按快捷键〈Ctrl+A〉全选图片，按快捷键〈Ctrl+C〉切换进入“蒸丞文化.psd”页面，按快捷键〈Ctrl+V〉将“资讯图标”图像粘贴进入新图层，执行“编辑”→“自由变换”命令（快捷键〈Ctrl+T〉），调整其大小与位置，页面效果如图 2-73 所示。

4）使用横排文字工具绘制一个文本输入框，输入“今天，我们把注意力着重聚集在‘展会’这样的一个关键词上。众所周知，淮安每一年都会举办很多大大小小的展……”相关文本，设置字体为“微软雅黑”，大小为 14 像素，颜色为白色，调整位置，页面效果如图 2-74 所示。

图 2-73　添加红框与图标

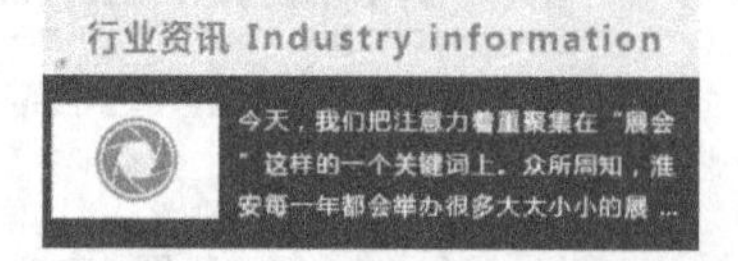

图 2-74　添加文本后的效果

5）选择画笔工具，执行“窗口”→“画笔”命令（快捷键〈F5〉），弹出“画笔”面板，调整画笔大小为 1 像素，间距为 300%，如图 2-75 所示，设置前景色为深灰色（#767676），新建一个图层，使用画笔工具，按住〈Shift〉键，绘制一条深灰色的虚线，切换为文本输入框，输入“活动策划人的成功靠脚而不是靠脑”文本，设置字体为“微软雅黑”，大小为 14 像素，字体颜色为深灰色（#232323），调整位置，使用矩形选框工具绘制一个宽和高都为 6 像素的正方形，按快捷键〈Ctrl+D〉，使正方形旋转 45 度，调整位置。复制虚线，依次添加其他文字后，页面效果如图 2-76 所示。

2.3.6　项目介绍的制作

1）在“图层”面板中单击“创建新组”按钮，创建新一新组并命名为“项目介绍”，添加 2 条水平辅助线（1180 像素，1350 像素），添加 3 条垂直辅助线（340 像素，540 像素，940 像素），使用横排文字工具输入“项目介绍 Project introduction”，设置字体为“微软雅黑 Bold”，大小为 20 像素，颜色为黑色，调整位置水平居中。

2）在“图层”面板中，新建一个图层，使用矩形选框工具，设置样式为“固定大小”，宽度为 160 像素，高度为 110 像素，绘制矩形选区，使用快捷键〈Alt+Delete〉填充矩形框的颜色为白色，执行“编辑”→“描边”命令，弹出“描边”面板，设置描边宽度为 1 像素，颜色为深灰色（#767676）。

3）执行“文件”→“打开”命令，选择“素材”文件夹中的“图标 1.png”图片，按快捷键〈Ctrl+A〉全选图片，按快捷键〈Ctrl+C〉切换进入“蒸丞文化.psd”页面，按快捷键〈Ctrl+V〉将“图标 1”图像粘贴进入新图层，执行“编辑”→“自由变换”命令（快捷键

〈Ctrl+T〉)，调整其大小与位置，页面效果如图 2-77 所示。

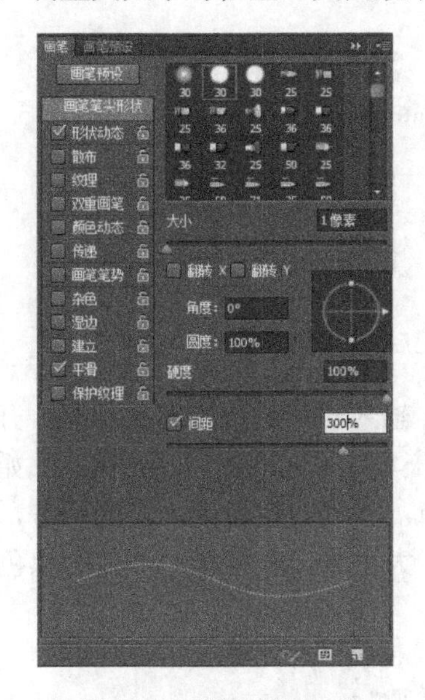

图 2-75　设置画笔工具

图 2-76　完成后的行业资讯效果

图 2-77　项目介绍局部效果

4）根据需要依次完成“商务会议”“设备租赁安装”“公关庆典”“演出服务”等其他几个模块，调整其大小与位置，页面效果如图 2-78 所示。

图 2-78　项目介绍的效果

5）在“图层”面板中选择单击“项目介绍”，执行“图层”→“复制组”命令，修改组名称为“项目介绍红色”，分别将背景颜色填充为深红色，将文本调整为白色，将图标执行“图像”→“调整”→“反相”命令（快捷键〈Ctrl+I〉)，页面效果如图 2-79 所示。

2.3.7　经典案例的制作

1）在“图层”面板中单击“创建新组”按钮，创建一新组并命名为“经典案例”，添加 3 条水平辅助线（1430 像素，1500 像素，1680 像素），使用横排文字工具输入“经典案例　Classic case”，设置字体为“微软雅黑 Bold”，大小为 20 像素，颜色为红色，调整位置水平居中。

图 2-79　鼠标放置在图标上后的页面效果

2）使用横排文字工具绘制一个文本输入框，输入“我们做过的案例有：开幕式、文化节、音乐剧、话剧、企业年会、新闻发布、开业庆典、文艺演出、展览展示、婚礼服务。我们有专业技术的团队，为您的活动圆满提供保障，一流的设备、一流的服务，让客户省心、放心！”相关文本，设置字体为“微软雅黑”，大小为 14 像素，颜色为黑色，调整位置，页面效果如图 2-80 所示。

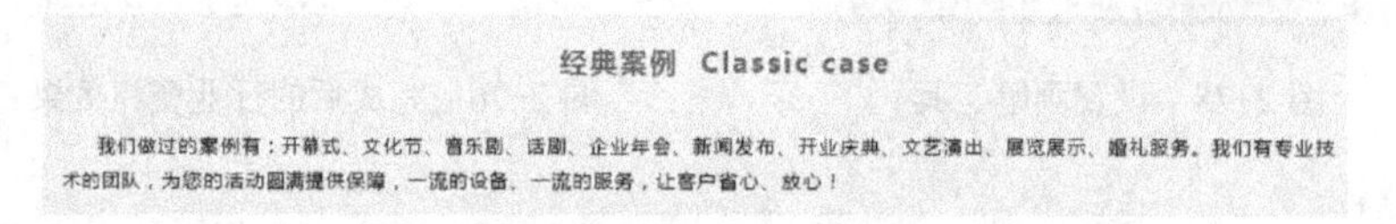

图 2-80　经典案例文本效果

3）执行“文件”→“打开”命令，选择“素材”文件夹中的“经典案例 1.jpg”图片，按快捷键〈Ctrl+A〉全选图片，按快捷键〈Ctrl+C〉切换进入“燕丞文化.psd”页面，执行〈Ctrl+V〉将“图标 1”图像粘贴进入新图层，执行“编辑”→“自由变换”命令（快捷键〈Ctrl+T〉），调整其大小与位置，依次将“经典案例 2.jpg”“经典案例 3.jpg”“经典案例 4.jpg”都放置到经典案例栏目，使用横排文字工具绘制一个文本输入框，输入“水城活动”“水上公园大型活动”“大会堂”“金色大厅”相关文本，设置字体为“微软雅黑”，大小为 16 像素，颜色为黑色，调整位置，页面效果如图 2-81 所示。

图 2-81　经典案例效果

2.3.8　联系我们的制作

1）在“图层”面板中单击“创建新组”按钮，创建一新组并命名为“联系我们”，添加 3 条水平辅助线（1760 像素，1810 像素，2160 像素），使用横排文字工具输入“联系我们”，设置字体为“微软雅黑 Bold”，大小为20像素，颜色为红色，调整位置水平居中。

2）使用横排文字工具T绘制一个文本输入框，输入“无论您是想咨询信息，解决问题，或者是对我们的服务提出建议，您都可以用多种方式联系我们。我们会尽我们所能为您服务！”相关文本，设置字体为“微软雅黑”，大小为 14 像素，颜色为黑色，调整位置，页面效果如图 2-82 所示。

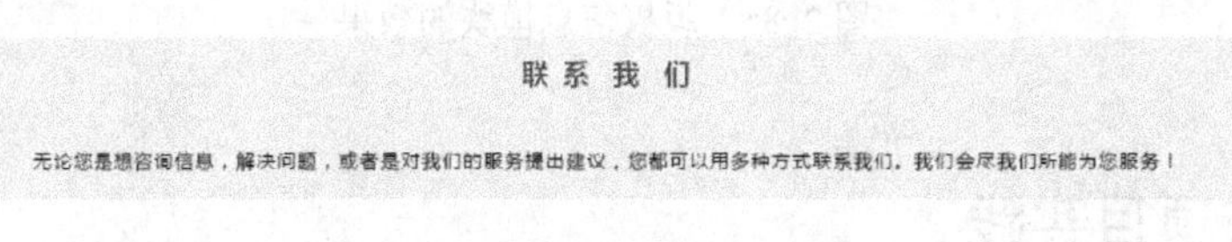

图 2-82　联系我们的文本效果

3）在“图层”面板中，新建一个图层，使用矩形选框工具，设置样式为“固定大小”，宽度为 420 像素，高度为 36 像素，绘制矩形选区，使用快捷键〈Alt+Delete〉填充矩形框的颜色为白色，执行“编辑”→“描边”命令，弹出“描边”面板，设置描边宽度为 1 像素，颜色为深灰色（#767676），调整位置。

4）使用横排文字工具T绘制一个文本输入框，输入“用户名”“电子邮件”相关文本，设置字体为“微软雅黑”，大小为 14 像素，颜色为黑色，调整位置，页面效果如图 2-83 所示。

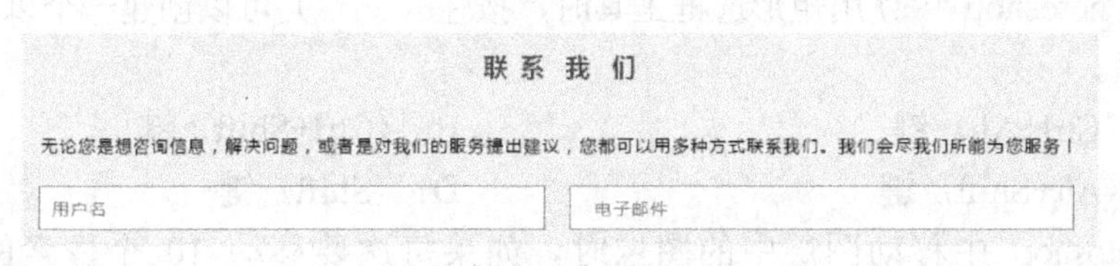

图 2-83　添加文本框后的效果

5）采用同样的方法添加文本框，制作按钮效果，联系我们模块的效果如图 2-84 所示。

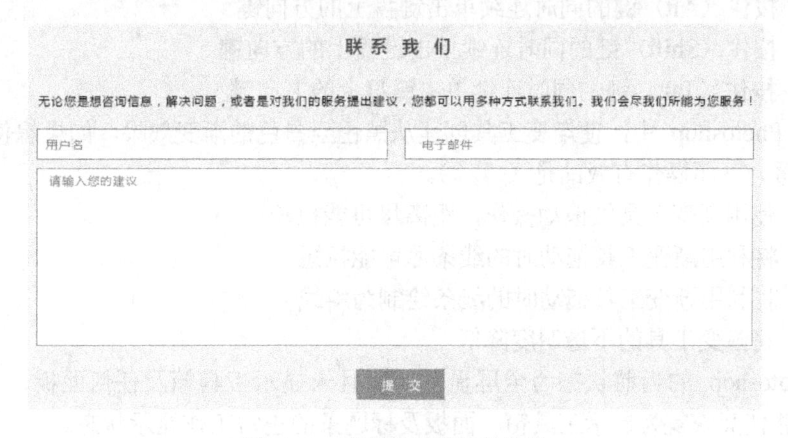

图 2-84　联系我们模块的效果

2.3.9　版权信息的制作

在“图层”面板中单击“创建新组”按钮，创建一新组并命名为“版权信息”，使用矩形选框工具选择最下方的版权区域，填充为深灰色（# 282828），使用横排文字工具输入“Copyright © 2017 淮安蒸丞文化传媒有限公司”，设置字体为“微软雅黑 Bold”，大小为 16 像素，颜色为白色，调整位置水平居中，页面效果如图 2-85 所示。

图 2-85　版权信息模块的效果

2.4　习题与项目实践

1．选择题

（1）下列（　　）是 Photoshop 图像最基本的组成单元。

A．节点　　B．色彩空间　　C．像素　　D．路径

（2）在 Photoshop 中将前景色和背景色恢复为默认颜色的快捷键是（　　）。

A．〈D〉键　　B．〈X〉键　　C．〈Tab〉键　　D．〈Alt〉键

（3）在 Photoshop 中，如果想绘制直线的画笔效果，应该按住（　　）。

A．〈Ctrl〉键　　B．〈Shift〉键　　C．〈Tab〉键　　D．〈Alt〉键

（4）在 Photoshop 中使用矩形选框工具时，按住（　　）可以创建一个以落点为中心的正方形的选区。

A．〈Ctrl+Alt〉键　　B．〈Ctrl+Shift〉键

C．〈Alt+Shift〉键　　D．〈Shift〉键

（5）Photoshop 中移动图层中的图像时，如果每次要移动 10 个像素的距离，应该（　　）。

A．按住〈Alt〉键的同时连续单击键盘上的方向键

B．按住〈Alt〉键的同时连续单击键盘上的方向键

C．按住〈Shift〉键的同时连续单击键盘上的方向键

D．按住〈Tab〉键的同时连续单击键盘上的方向键

（6）在 Photoshop 中，便渐变工具创建从黑色至白色的渐变效果，如果想使两种颜色的过渡非常平缓，下面操作有效的是（　　）。

A．使用渐变工具做拖动操作，距离尽可能拉长

B．将利用渐变工具拖动时的线条尽可能拉短

C．将利用渐变工具拖动时的线条绘制为斜线

D．将渐变工具的不透明度降低

（7）Photoshop 的当前状态为全屏显示，而且未显示工具箱及任何面板，在此情况下，（　　），能够使其恢复为显示工具箱、面板及标题条的正常工作显示状态。

A．先按〈F〉键，再按〈Tab〉键

B．先按〈Tab〉键，再按〈F〉键，但顺序绝对不可以颠倒

C．先按两次〈F〉键，再按两次〈Tab〉键

D．先按〈Ctrl+Shift+F〉键，再按〈Tab〉键

2．实践项目

1）使用百度搜索，搜索 5 幅蓝色科技公司的网页界面。

2）登录网页设计师联盟，搜索 5 个网页设计师岗位，明确岗位需求。

3）建立素材资源文件夹，然后搜索蓝色调、绿色调网页各 10 幅，并保存网页网址。

4）依据图 2-86 所示蓝天网校网站草图，搜集相关页面设计蓝天网校的网站效果图。

图 2-86　蓝天网校网站效果图

第3章 图文混排页面的实现

3.1 HTML5 的简介

HTML5 简介

3.1.1 HTML5 的发展史

HTML 的全称是 Hypertext Markup Language （超文本标记语言）。HTML 是用于描述网页文档的标记语言。

从 1993 到 2000 年短短的 7 年时间，HTML 语言有着很大的发展，包括：1993 年 IETF 团队的一个草案 HTML1.0；1995 年的 HTML2.0；1996 年 HTML3.2 成为 W3C 推荐标准；1997 年和 1999 年，作为升级版本的 4.0 和 4.01 也相继成为 W3C 的推荐标准。

HTML5 是 HTML 的第 5 次重大修改。HTML5 草案的前身名为 Web Applications 1.0，于 2004 年被 WHATWG（为了推动 Web 标准化运动的发展，一些公司联合起来，成立了一个叫作 Web Hypertext Application Technology Working Group，即 Web 超文本应用技术工作组的组织）提出，于 2007 年被 W3C 接纳，并成立了新的 HTML 工作团队。HTML5 的第一份正式草案于 2008 年 1 月 22 日公布。2012 年 12 月 17 日，万维网联盟（W3C）正式宣布 HTML5 规范已经正式定稿。2014 年 10 月 29 日，万维网联盟宣布，经过接近 8 年的艰苦努力，该标准规范终于制定完成。从而，HTML5 取代 HTML4.01、XHTML1.0 标准，实现了桌面系统和移动平台完美衔接。

3.1.2 HTML5 的优势

HTML5 兼容了 HTML 以及 XHTML，HTML5 增加了很多非常实用的新功能和新特性，下面具体介绍 HTML5 的优势。

1．解决跨浏览器问题

在 HTML5 之前，几大主流浏览器厂商为了争夺市场占有率，在各自的浏览器中增加各种各样的功能，没有统一的标准，从而使得使用不同的浏览器时，常常会看到不同的页面效果。在 HTML5 中，纳入了所有合理的扩展功能，具备良好的跨平台性能。针对不支持新标签的老式 IE 浏览器，只需要简单地添加 JavaScript 代码就可以使用新的元素标签。

2．新增多个特性

HTML5 新增的特性如下。

- 新增加了内容元素，如 header、nav、section、article、footer。
- 新增加了表单控件，如 calendar、date、time、email、url、search。
- 新增加了用于绘画的 canvas 元素。
- 新增加了用于媒体播放的 video 和 audio 元素。

- 更好地支持了本地离线储存。
- 支持地理位置、拖曳、摄像头等 API。

3．安全机制的设计

为保证安全性，在 HTML5 的规范中引入了一种新的基于来源的安全模型，该模型简单易用，同时对不同的 API（Application Programming Interface，应用程序编程接口）都可通用。使用这个安全模型，不需要借助于任何不安全的 hack 就能跨域进行安全对话。

4．内容和表现分离

在清晰分离内容与表现方面，HTML5 迈出了很大一步。为了避免可访问性差、代码复杂度高、文件过大等问题，HTML5 规范中更细致、清晰地分离了内容和表现。实际上，HTML5 规范已经不支持老版本的 HTML 的大部分表现功能的属性。

5．化繁为简的优势

HTML5 简化了 DOCTYPE，简化了字符声明，提供了简单而强大的 HTML5 API，使用浏览器原生能力替代复杂的 JavaScript 代码。

3.1.3 HTML5 的未来发展

HTML5 作为一项极具变革价值的新兴技术，凭借其强大的跨平台能力，以及引擎、工具的不断完善，为用户提高可用性和改进用户的友好体验，每年全球市场规模预达千亿美元。自诞生以来，HTML5 就受到了诸多程序应用的青睐。HTML5 的流行趋势又将发生如下变化。

1．更加移动优先

响应式设计显然是目前作为 HTML5 开发等 Web 前端领域的主要趋势之一，并且这一趋势还将持续一段时间。虽然现在的响应式设计大部分还是以 PC 版优先，但是许多 HTML5 开发者已经开始转向以移动优先方案来做他们的响应式设计和开发。

所以未来 HTML5 应该会优先在移动设备上更多应用。如今已经有一些大企业将 HTML5 应用于移动开发，表现非常出色，所以终将成为趋势。

2．更多使用快速原型开发工具

UXpin、Webflow、Invision 以及其他许多快速原型开发工具，让设计师不用写一行代码，就能为网站和服务快速创建低保真和高保真原型，便于设计师衡量它们的可用性和美观性。

3．简化的 Web 设计

简化的 Web 设计已经得到了广泛认可，事实上极简设计成为大部分行业的主要趋势。今后预期极简设计会继续流行，即使有变化也是一些微小的改变。

类似于基于文本内容文字填充的网页出现，它们合理地结合了留白和文本。视觉上简单而信息内容很丰富的网页，能带给用户更好的体验。

4．更多单页站点

由于用户更喜欢用滚屏方式浏览网页，各公司将会引起重视并停止浪费时间在设计和开发用户不喜欢的层层相套的子页面上。这一趋势将简化互联网，并带来更迷人和身临其境的网页浏览体验，每个人都会感觉到愉悦。

5．更加重视人工智能

Web 前端将与人工智能（Artificial Intelligence，AI）的碰撞带来更强大的网页，为网站和用户同时带来价值。

6．更加重视虚拟现实

虚拟现实（Virtual Reality，VR）已经渐渐进入到人们的生活，这意味着 Web 开发者将通过 VR 来吸引用户。一些公司如 Mozilla 和 Google 投资开发 VR 与 Web 之间的 API。接下来将有越来越多的 VR 应用程序相继问世。

3.1.4 浏览器介绍

浏览器是一种把在互联网上的文本文档和其他文件翻译成网页的软件，通过浏览器可以快捷地阅读 Internet 上的内容。常用的浏览器有 IE（Internet Explorer）、火狐（FireFox）、谷歌（Chrome）、Safari 和 Opera 等，这些浏览器都能很好地支持 HTML5。

常见浏览器的图标如图 3-1 所示。

图 3-1 常用的浏览器图标

目前，对 HTML5 和 CSS3 支持最好的是 Chrome，IE10 已经能和 Safari、Firefox、Opera 旗鼓相当了。总的来说，各大浏览器对 HTML5 和 CSS3 的支持正在不断完善，越来越多的企业和开发者也在尝试在项目中使用 HTML5 和 CSS3，特别是在移动互联网领域，已经有很多优秀的应用开发出来，未来的 Web 有很多令人期待的东西。

3.2 HTML5 基础

HTML5 基础

3.2.1 HTML5 基本结构

HTML 文档一般都应包含两部分：头部区域和主体区域。HTML 文档基本结构由 3 个标签负责组织：<html>、<head>和<body>。其中<html>标签标识 HTML 文档，<head>标签标识头部区域，而<body>标签标识主体区域。一个完整的 HTML 文档基本结构如下所示。

```
<!DOCTYPE html>
<html>
    <head>
        <meta charset="UTF-8">
        <title></title>
    </head>
    <body>
    </body>
</html>
```

1. <! DOCTYPE >标签

<! DOCTYPE >标签位于文档的最前面，用于向浏览器说明当前文档使用哪种 HTML 标准规范，HTML5 文档中的 DOCTYPE 声明非常简单，体现了 HTML5 的简洁性。

只有开头处使用<! DOCTYPE >声明，浏览器才能将该页面作为有效的 HTML 文档，并按指定的文档类型进行解析。只有使用 HTML5 的 DOCTYPE 声明，才会触发浏览器以标准兼容模式来显示页面信息。

2. <html>标签

<html>标签位于<! DOCTYPE >标签之后，也被称为根标签，用于告知浏览器其自身是一个 HTML 文档，<html>文档标志着 HTML 文档的开始，</html>标签标志着 HTML 文档的结束，在它们之间的是文档的头部<head>和主体<body>内容。

在 HTML 页面中，标签就是放在“< >”标签符号中表示某个功能的编码命令，也称为 HTML 标签或 HTML 元素。

通常将 HTML 标签分为两大类，分别是“双标签”与“单标签”，同时，需要了解标签属性的相关设置。

（1）双标签

双标签是指由开始和结束两个标签符号组成的标签。

语法：<标签名>内容</标签名>

其中，“<标签名>”表示标签作用开始，一般称作“开始标签”；“</标签名>”表示标签作用结束，一般称作“结束标签”。两者的区别就是在“结束标签”的前面加了“/”关闭符号。例如：

```
<h6>企业介绍</h6>
```

其中，<h6>表示标题标签的开始，而</h6>表示标题标签的结束。它们之间的“企业介绍”为标题内容信息。

（2）单标签

单标签也称空标签，是指用一个标签符号即可完整地描述某个功能的标签。

语法：<标签名>

例如：

```
<img >
```

其中，<img>为单标签，用于插入图片。

（3）标签的属性

使用 HTML 制作网页时，如果想让 HTML 标签提供更多的信息，可以使用 HTML 标签的属性来实现。例如，设置背景图片居中显示等。

语法：<标签名 属性 1="属性值 1" 属性 2="属性值 2" …/ >内容</标签名>

一个标签可以拥有多个属性，必须写在开始标签中，位于标签名后面，属性之间不分先后顺序，标签名与属性、属性与属性之间均以空格分开。任何标签的属性都有默认值，省略该属性则取默认值。

例如，标签<p>表示段落

```
<p align= "left" color="red">第一段内容</p>
```

其中，align 属性表示对齐方式，设置段落左对齐；color 属性表示字体颜色，设置段落颜色红色。

3．<head>标签

<head>标签用于定义 HTML 文档的头部信息，也称为头部标签，紧跟在<html>标签之后，主要用来封装其他位于文档头部的标签。<meta>标签中 charset="UTF-8"指定了代码的字符集为“UTF-8”。<title>标签可以显示网页的标题信息。

一个 HTML 文档只能含有一对<head>标签，绝大多数文档头部包含的数据都不会真正作为内容显示在页面中。

网页中经常设置页面的基本信息，如页面的标题、作者和其他文档的关系等。为此 HTML 提供了一系列的标签，这些标签通常都写在<head>标签内，因此被称为头部相关标签。

（1）标题标签<title>

HTML 文件的标题显示在浏览器的标题栏中，用以说明文件的用途。每个 HTML 文档都应该有标题，在 HTML 文档中，标题文字位于<title>和</title>标记之间．<title>和</title>标记位于 HTML 文档的头部，即<head>和</head>标记之间。

语法：<title>网页标题信息</title>

例如：

```
<title>淘宝网-淘！我喜欢</title>
```

淘宝网（www.taobao .com）的主页中的标题代码。

（2）元信息标签<meta>

meta 元素提供的信息是用户不可见的，它不显示在页面中，一般用来定义页面信息的名称、关键字、作者等。在 HTML 中，meta 标记不需要设置结束标记，在一个尖括号内就是一个 meta 内容，而在一个 HTML 头页面中可以有多个 meta 元素。meta 元素的属性有两种：name 和 http-equiv，其中 name 属性主要用于描述网页，以便于搜索引擎查找和分类。下面根据功能的不同分别介绍元信息标记的使用方法。

① 网页中可以通过语句来设定语言的编码方式，从而浏览器就可以正确地选择语言，而不需要手动选取。

语法：<meta charset="UTF-8"/>

UTF-8 是目前最常用的字符集编码方式，常用的字符集编码方式还有 gb2312。

② 设定作者信息。

在页面的源码中，可以显示出页面制作者的姓名及个人信息。这样可以在源代码中保留作者希望保留的信息。

语法：<meta name="author" content="张丽">

其中 name 属性的值为 author，用于定义搜索内容名称为网页的作者，content 属性的值用于定义具有的作者信息。

③ 设置页面描述。

设置页面描述也是为了便于搜索引擎的查找，可使用它来描述网页的主题等。

语法：<meta name="description" content="淘宝网 － 亚洲较大的网上交易平台，提供各类服饰、美容、家居、数码、话费/点卡充值……数亿优质商品，同时提供担保交易（先收货后付款）等安全交易保障服务，并由商家提供退货承诺、破损补寄等消费者保障服务，让你安心享受网上购物乐趣！" />

其中 name 属性的值为 description，用于定义搜索内容名称为网页描述，content 属性的值用于定义描述的具体内容。

④ 设置搜索关键字。

设置页面关键字是为了向搜索引擎说明这一网页的关键字，从而帮助搜索引擎对该网页进行查找和分类，它可以提高被搜索到的概率，一般可设置多个关键字，之间用逗号隔开。但是由于很多搜索引擎在检索时会限制关键字数量，因此在设置关键字时不要过多，应"一击即中"。

语法：<meta name="keyword" content="淘宝，网上购物，C2C，在线交易，交易市场，网上交易，交易市场，网上买，网上卖，购物网站，团购，网上贸易，安全购物，电子商务，放心买，供应，买卖信息，网店，一口价，拍卖，网上开店，网络购物，打折，免费开店，网购，频道，店铺" />

其中 name 属性的值为 keywords，用于定义搜索内容名称为网页关键字，content 属性的值用于定义关键字的具体内容，多个关键字内容之间可以用逗号"，"分隔。

⑤ 设置定时跳转。

在浏览网页时经常会看到一些欢迎信息的界面，经过一段时间后，这一页面会自动转到其他页面中，这就是网页的跳转。使用 HTTP 代码就可以轻松地实现这一功能。

语法：<meta http-equiv="refresh" content="2;url=http://www.taobao.com">

其中，http-equiv 属性的值为 refresh，content 属性的值为数值和 url 地址，中间用分号"；"隔开，用于指定在特定的时间后跳转至目标页面，该时间默认以秒为单位。

4．<body>标签

<body>标签用于定义 HTML 文档所要显示的内容，也称为主体标签。浏览器中显示的所有文本、图像、表单与多媒体元素等信息都必须位于<body>标签内，<body>标签内的信息才是最终展示给用户看的。

注意：一个 HTML 文档只能含有一对<body>标签，且<body>标签必须在<html>标签内，位于<head>头部标签之后，与<head>标签是并列关系。

3.2.2 HTML5 的基本语法

HTML5 以 HTML4 为基础，对 HTML4 进行了很大的优化。同时为了兼容各个浏览器，HTML5 采用宽松的语法格式，在设计和语法方面具体包括以下变化。

1．内容类型

HTML5 的文件扩展名与内容类型保持不变，文件扩展名仍为.html 和.htm，内容类型仍为 text/html。

2．文档类型声明

根据 HTML5 设计化繁为简的准则，文档类型和字符说明都进行了简化。DOCTYPE 是文件中必不可少的，位于文件第一行。在 HTML4 中，它的声明方法如下：

```
<!DOCTYPE html PUBLIC "-//W3C//DTD XHTML 1.0 Transitional//EN"
"http://www.w3. org/TR/xhtml1/DTD/xhtml1-transitional.dtd">
```

在 HTML5 中，刻意不使用版本声明，一份文档将会适用于所有版本的 HTML。HTML5 中的 DOCIYPE 声明方法（不区分大小写）如下：

```
<!DOCTYPE html>
```

3．字符编码

在 HTML5 中，使用<meta>元素直接追加 charset 属性的方式来指定字符编码，代码如下：

```
<meta charset="UTF-8"/>
```

4．不区分英文字母的大小写

HTML5 不区分英文字母的大小写，如果要兼顾 XHTML 的兼容性，建议采用小写英文字母。

5．代码的注释

HTML5 代码注释采用<!--·······-->标签，例如：

```
<!--这是一段注释。注释不会在浏览器中显示。-->
<h1>这是标题 1。</h1>
```

6．版本兼容性

（1）省略标签的元素

在 HTML5 中，元素的标签可以省略。具体包括 3 种类型：不允许写结束标签、可以省略结束标签、开始与结束标签都可以省略。

第一，不允许写结束标签的元素有：area、base、br、col、command、embed、hr、img、input、keygen、link、meta、param、source、track 和 wbr。

第二，可以省略结束标签的元素有：li、dt、dd、p、rt、rp、optgroup、option、colgroup、thead、tbody、tfoot、tr、td 和 th。

第三，开始与结束标签都可以省略的元素有：html、head、body、colgroup 和 tbody。

（2）省略引号

属性值两边既可以使用双引号，也可以使用单引号，还可以省略引号。例如下面的 3 行代码都是合法的：

```
<input type="text" />
<input type='text' />
<input type=text />
```

为了代码的完整性及严谨性，建议采用严谨的代码编写模式，这样更有利于团队合作及后期代码的维护。

（3）布尔值的属性

对于具有 boolean 值的属性，如 disabled 与 readonly 等，当只写属性而不指定属性值时，表示属性值为 true；如果想要将属性值设置为 false，可以不使用该属性。另外，要想将属性值设定为 true，也可以将属性名设置为属性值，或将空字符设定为属性值。例如：

```
<!--只写属性，不写属性值，代表属性为 false-->
<input type="checkbox"/>
<!--只写属性，不写属性值，代表属性为 true-->
<input type="checkbox" checked/>
<!--属性值=属性名，代表属性为 true-->
<input type="checkbox" checked="checked"/>
<!--属性值=空字符串，代表属性为 true-->
<input type="checkbox" checked=""/>
```

在 HTML5 中，可以省略属性值的属性有：checked、readonly、ismap、nohref、noshade、selected、disabled、multiple、noresize、required 等。

标题与段落标签

3.3 文字与段落标签

3.3.1 标题与段落标签

HTML 网页中一篇文章要结构清晰，就需要有标题和段落。

1．标题标签<hn>

为了使网页更具有语义化，在页面中经常会用到标题标签，HTML 提供了 6 个等级的标题，即<h1>、<h2>、<h3>、<h4>、<h5>和<h6>，从<h1>到<h6>重要性递减。

语法：<hn align= "对齐方式">标题内容</hn>

该语法中 *n* 的取值为 1 到 6，1 级标题字号最大，6 级标题字号最小。align 属性为可选属性（left 文本左对齐，center 文本居中对齐，right 文本右对齐），用于指定标题的对齐方式。

注意：通常一个页面只能使用一个<h1>标签，常常被用在网站名称部分。由于<hn>拥有确切的语义，请慎重选择恰当的标签来构建文档结构。一般不用<hn>标签来设置文字加粗或更改文字的大小。

2．段落标签<p>

为了排列整齐、清晰，在文字段落之间常用<p></p>来做标签。文件段落的开始由<p>来标签，段落的结束由</p>来结束标签，</p>是可以省略的，因为下一个<p>的开始就意味着上一个<p>的结束。

语法：<p align= "对齐方式">段落文本</p>

其中，align 属性为<p>标签的可选属性，和标题标签<h1>～<h6>一样，同样可以使用 align 属性来设置段落文本的对齐方式。

3．水平分隔线标签<hr/>

<hr>标签是水平线标签，用于段落与段落之间的分隔，使文档结构清晰明了，使文字的编排更整齐。

语法：<hr 属性="属性值" />

<hr>标签是单标签，通过设置<hr>标签的属性值，可以控制水平分隔线的样式。常用属性说明如表 3-1 所示。

表 3-1　<hr/>标签的属性

属　性	参　数	功　能	单　位	默 认 值
size		设置水平分隔线的粗细	pixel（像素）	2
align	left、center、right	设置水平分隔线的对齐方式		center
width		设置水平分隔线的宽度	pixel（像素）、%	100%
color		设置水平分隔线的颜色		black
noshade		设置水平分隔线的 3D 阴影		

**4．换行标签
**

在 HTML 中，一个段落的文字会从左到右依次排列，直到浏览器窗口的右端，然后自动换行。如果希望某段文本强制换行显示，就需要使用换行标签
。

【例 3-1】 文字与段落标签的使用。代码如下：

```
<body>
        <h2 align="center">游子吟</h2>
        <h3 align="center">孟郊</h3>
        <hr width=100% size="4" align="left" color="#0f0">
        <p align="left">慈母手中线，<br/>  游子身上衣。</p>
        <p  align="center">临行密密缝，<br/>意恐迟迟归。
</p>
        <p  align="right">谁言寸草心，<br/>报得三春晖。
</p>
        <hr width=60% size="4" align="right" color="#f00">
    </body>
```

运行后页面效果如图 3-2 所示。

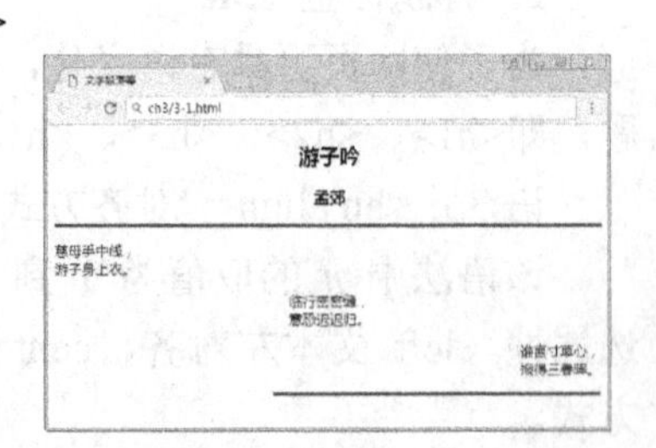

图 3-2　文字与段落标签

3.3.2　文本的格式化标签

HTML 网页中，为了让文字富有变化，或者为了着重强调某一部分，例如为文字设置粗体、斜体或下画线效果，为此 HTML 准备了专门的文本格式化标签，HTML 提供了一些标签来实现这些效果，表 3-2 列出了常用的标签。

表 3-2　常用文本格式化标签

属　性	说　明	示　例
<b>…</b>	粗体	**HTML 文本示例**
<strong>…</ strong >	表示强调，一般为粗体	**HTML 文本示例**
<i >…</i>	斜体	*HTML 文本示例*
<em>…</em>	表示强调，一般为斜体	*HTML 文本示例*
<del>…</del>	删除线	~~HTML 文本示例~~
<ins>…</ins>	加下画线	HTML 文本示例
<sup >…</sup >	上标	a^3+b^3
<sub >…</sub >	下标	H_2O

【例 3-2】 文本格式化标签的使用。代码如下：

```
<body>
    <h1 align="center">文本格式化</h1>
    <p><b>我是粗体</b></p>
    <p><i>我是斜体</i></p>
    <p><ins>下画线文本</ins></p>
    水的分子式：H<sub>2</sub>O<br/>
    数学公式： a<sup>3</sup>+b<sup>3</sup>=(a+b)(a<sup>2</sup>-ab+b<sup>2</sup>)
</body>
```

运行后页面效果如图 3-3 所示。

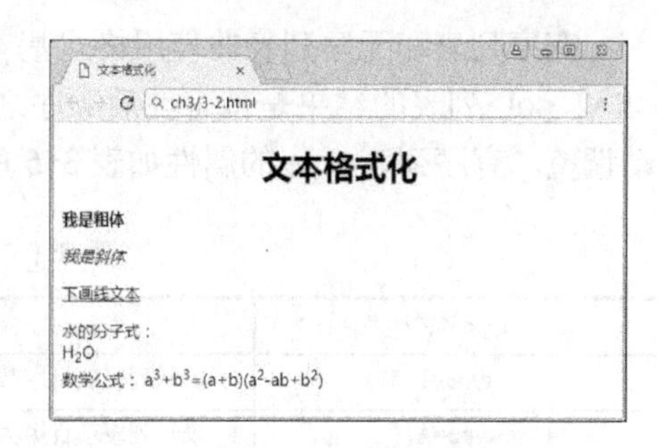

图 3-3 文本格式化

3.3.3 特殊字符标签

HTML 中有些字符无法直接显示出来，例如“©”。使用特殊字符可以将键盘上没有的字符表达出来，而有些 HTML 文档的特殊字符（如“<”等）在键盘上虽然可以得到，但浏览器在解析 HTML 文档时会报错，为防止代码混淆，必须用一些代码来表示它们，可以用字符代码来表示，也可以用数字代码来表示，HTML 常见特殊字符如表 3-3 所示。

表 3-3 HTML 常见特殊字符标签

特 殊 字 符	字 符 代 码	特 殊 字 符	字 符 代 码
空格		“	"
<	<	©	©
>	>	®	®
&	&	×	×

其他的特殊字符标签可以在网络上查找相关标签。

3.4 列表标签

3.4.1 无序列表

<ul> 标签定义无序列表，无序列表指没有进行编号的列表，每一个列表项前使用<li>，<li>的属性 type 决定列表的图标类型，其属性如表 3-4 所示。

表 3-4 无序列表 type 的属性

type 类型	描 述
type=disc	表示列表图标为实心圆，此选项为默认值
type=circle	表示列表图标为空心圆
type=square	表示列表图标为小方块

语法：

```
<ul type=编号类型>
    <li>第 1 项</li>
    <li>第 2 项</li>
    <li>第 3 项</li>
</ul>
```

3.4.2 有序列表

有序列表和无序列表的使用格式基本相同，它使用标签<ol></ol>，每一个列表项前使用<li>。<ol>列表的结果是带有前后顺序之分的编号。如果插入和删除一个列表项，编号会自动调整。有序列表 type 的属性如表 3-5 所示。

表 3-5 有序列表 type 的属性

type 类型	描 述
type=1	表示列表项目用数字标号（1,2,3,…）
type=A	表示列表项目用大写字母标号（A,B,C,…）
type=a	表示列表项目用小写字母标号（a,b,c,…）
type= Ⅰ	表示列表项目用大写罗马数字标号（Ⅰ,Ⅱ,Ⅲ,…）
type= ⅰ	表示列表项目用小写罗马数字标号（ⅰ,ⅱ,ⅲ,…）

此外，还使用 start 属性表示有序列表的起始值，而 reversed 属性表示顺序为降序。

语法：

```
<ol type=编号类型  start=value >
    <li>项目内容 1</li>
    <li>项目内容 2</li>
    <li>项目内容 3</li>
</ol>
```

3.4.3 嵌套列表

嵌套列表能将制作的网页页面分割为多层次，如图书的目录，让人觉得有很强的层次感。有序列表和无序列表不仅能自身嵌套，而且能互相嵌套。

【例 3-3】 列表的嵌套与使用方法。代码如下：

```
<body>
    <h3>嵌套列表</h3>
    <ul type="square">
        <li>童话故事</li>
        <li>寓言故事 </li>
            <ol type="A" start="2" >
                <li>东郭先生</li>
                <li>叶公好龙</li>
                <li>刻舟求剑</li>
```

```
                <li>画龙点睛</li>
            </ol>
        <li>励志故事</li>
        <li>名人故事</li>
    </ul>
</body>
```

运行后页面效果如图 3-4 所示。

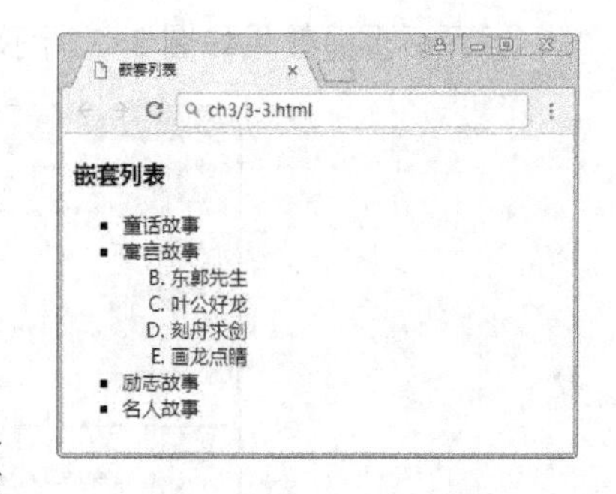

图 3-4 嵌套列表的使用

3.4.4 定义列表

使用<dl>标签定义了定义列表（definition list），定义列表多用于对术语或名词的描述，同时，定义列表项前面无任何项目符号。

<dl> 标签用于结合 <dt>（定义列表中的项目）和 <dd>（描述列表中的项目）。

语法：

```
<dl>
    <dt>第 1 项</dt><dd>注释 1</dd>
    <dt>第 2 项</dt><dd>注释 2</dd>
    <dt>第 3 项</dt><dd>注释 3</dd>
</dl>
```

【例 3-4】 定义列表的使用。代码如下：

```
<body>
<font color="#F00">如果可以让你有一种超能力，你会想要有哪一种?</font><br />
<ol type="A">
    <li>穿越时光术</li><br />
    <li>隐形透明术</li><br />
    <li>神秘读心术</li><br />
    <li>青春不老术</li><br />
</ol>
<hr color="#F00" size="3"/>
<dl>
    <dt>A:穿越时光术</dt>
    <dd>你的时间都浪费在发呆、胡思乱想、做白日梦：这类型的人个性很被动，想法天马行空，可是都只限于想而不实际行动。</dd>
    <dt>B:隐形透明术</dt>
    <dd>你的时间都浪费在看电视、上网瞎看一通：这类型的人个性内向不喜欢跟人有实际上的接触，凡事都跟人保持距离，不喜欢成为注目的焦点，宁愿躲在一边自己做自己的事情，但是都跟正事无关。</dd>
    <dt>C:神秘读心术</dt>
    <dd>你的时间都浪费在打牌、讲电话、闲聊八卦：这类型的人好奇心很强，喜欢吸收不同的信息，包括八卦，是一个小型的广播电台，而且很喜欢到处哈拉，常常跟朋友讲八卦讲到电话线都快烧掉了，要注意，你的电话费可能常常会暴增喔!</dd>
    <dt>D:青春不老术</dt><dd>你的时间都浪费在逛街、照镜子、保养身材：这类型的人非常自恋，他认为把自己打扮得美美的是一件很开心的事情，而且认为自己真的就是这么的美丽，永远保持美貌感觉是很棒的，根据很多统计喜欢自拍、喜欢照镜子等，这类型的占蛮多数的。</dd><br />
```

```
</dl>
</body>
```

运行后页面效果如图 3-5 所示。

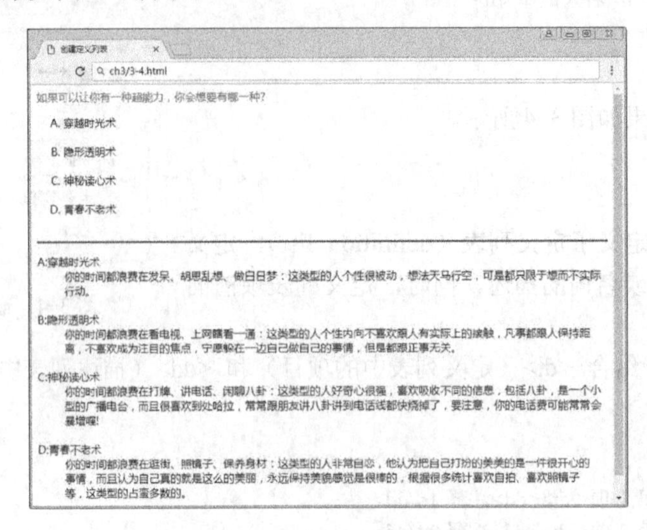

图 3-5　定义列表的使用

3.5　图像标签

图像标签

今天能看到如此丰富多彩的网页，都是因为图像的作用。图像在网页制作中是非常重要的一个方面，HTML 语言也专门提供了<img>标签来处理图像的输出。

语法：<img src= "图像 URL" />

该语法中 src 是 source 的缩写，这里是源文件的意思，src 属性用于指定图像文件的路径和文件名，它是 img 标签的必需属性。

如果要对插入的图片进行修饰，仅用这一个属性是不够的，还要配合其他属性来完成，<img>标签属性如表 3-6 所示。

表 3-6　<img>标签属性

属　性	描　述
src	图像的 URL 的路径
title	鼠标悬停时显示的内容
alt	提示文字
width	图像的宽度，通常只设为图片的真实大小以免失真
height	图像的高度，通常只设为图片的真实大小以免失真
align	图像和文字之间的对齐方式值可以是 top、middle、bottom、left、right
border	边框宽度
hspace	水平间距，设置图像左侧和右侧的空白
vspace	垂直间距，设置图像顶部和底部的空白

【例 3-5】 图像标签的使用。代码如下：

```
<body>
    <h2>花的语言</h2>
    <hr />
    <img src="img/flower1.jpg" width="230" border="2px" align="left" vspace="10px" hspace=
"20px" alt="花的语言 title="花之语网站"/>
    <p>花语是各国、各民族根据各种植物，尤其是花卉的特点、习性和传说典故，赋予的各种
不同的人性化象征意义。人们用花来表达人的语言，表达人的某种感情与愿望，在一定的历史条件下
逐渐约定俗成的，为一定范围人群所公认的信息交流形式。赏花要懂花语，花语构成花卉文化的核
心，在花卉交流中，花语虽无声，但此时无声胜有声，其中的含义和情感表达甚于言语。</p>
</body>
```

运行后页面效果如图 3-6 所示。

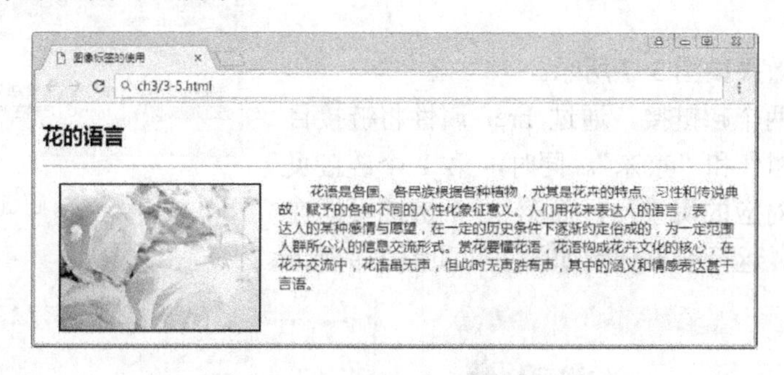

图 3-6　图像标签的使用

其中，alt 属性主要用于使看不到图像的用户了解图像内容。title 属性用于设置鼠标悬停时图像的提示文字，当鼠标放置图片上方时，图像上的文本“花之语网站”。图像的 width 和 height 属性用来设置<img/>标签的宽度和高度，如果不设置此属性，图片就会按照它的原始尺寸显示，如果同时设置两个属性，且其比例和原图大小的比例不一致，显示的图像就会变形或失真。border 属性是为图像添加边框，在默认情况下图像是没有边框的，当设置数值时，就会显示图片的边框，但边框颜色的调整仅仅通过 HTML 属性是不能够修改，需要 CSS 代码实现。图像的边距通过 vspace 和 hspace 属性可以分别调整图像的垂直边距 10 像素和水平边距 20 像素。本例中图像和文字的环绕效果为图像居左，文字环绕，所以设置对齐属性 align 为 left。

3.6 超链接标签<a>

超链接标签

超链接是网页页面中最重要的元素之一。一个网站是由多个页面组成的，页面之间依据链接确定相互的导航关系。链接能使浏览者从一个页面跳转到另一个页面，实现文档互联、网站互联。

超文本链接通常简称为超链接或链接。链接是指文档中的文字或者图像与另一个文档、文档的一部分或者一幅图像链接在一起，它是 HTML 的一个最强大、最有价值的功能。

1. 创建超链接

超链接主要通过<a></a>标签环绕链接对象创建。

语法：<a href="资源地址" target="窗口名称" title="链接提示文字">链接对象</a>

标签<a>表示超链接的开始，</a>表示超链接的结束。href 属性定义了这个链接所指的目标地址。目标地址是最重要的，一旦路径上出现差错，该资源就无法访问。target 属性用于指定打开链接的目标窗口，其取值有_self 和_blank 两种，其中_self 为默认值，意为在原窗口中打开，_blank 为在新窗口中打开。

【例 3-6】 超链接的创建。代码如下：

```
<body>
    <a href="http://www.taobao.com/" target="_self">淘宝网</a>
    使用"_self"方式在原窗口中打开淘宝网页<br />
    <a href="http://www.JD.com/" target="_blank">京东商城</a>
    使用"_blank"方式在新窗口中打开京东网页
</body>
```

运行后页面效果如图 3-7 所示。

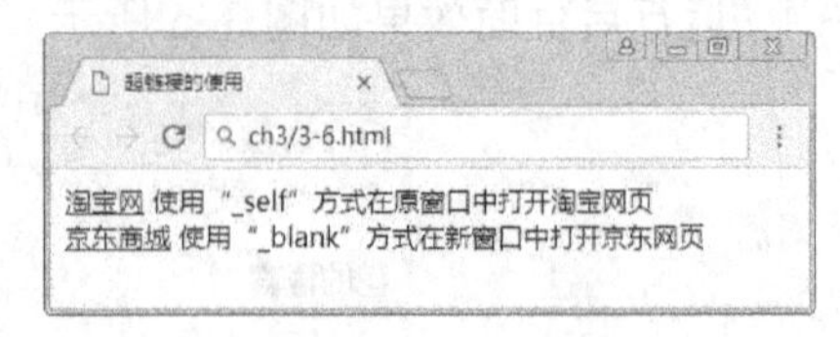

图 3-7　超链接的创建

本例创建了两个超链接，通过 href 属性将链接目标分别为"淘宝网"和"京东"。同时，第 1 个链接页面在原窗口打开对应的淘宝网，而第 2 个链接页面在新窗口打开京东。运行结果分别如图 3-8 和图 3-9 所示。

图 3-8　链接在原窗口中打开

图 3-9　链接在新窗口中打开

2．绝对路径和相对路径

（1）绝对路径

绝对路径就是主页上的文件或目录在硬盘上的真正路径。使用绝对路径定位链接目标文件比较清晰，但是其有两个缺点：一是需要输入更多的内容，二是如果该文件被移动了，就需要重新设置所有的相关链接。例如，设置路径为"D:\mr\3\3-1.html"，在本地可以找到该路径下的文件，但是到了网站上该文件不一定在该路径下了，所以就会出问题。

（2）相对路径

相对路径是最适合网站的内部链接的。只要是属于同一网站之下的，即使不在同一个目录下，相对链接也非常适合。文件相对地址是书写内部链接的理想形式。只要是处于站点文件夹之内，相对地址可以自由地在文件之间构建链接。这种地址形式利用的是构建链接的两个文件之间的相对关系，不受站点文件夹所处服务器位置的影响。因此这种书写形式省略了绝对地址中的相同部分。其用法如表 3-7 所示。

表 3-7　相对路径的用法

相对路径名	含　义
href="default.html"	default html 是本地当前路径下的文件
href="ch3/ default.html"	default html 是本地当前路径下称为“ch3”子目录下的文件
href="../ default.html"	default html 是本地当前目录的上一级子目录下的文件
href="../../ default.html"	default html 是本地当前目录的上两级子目录下的文件

如果链接到同一目录下，则只需要输入要链接文件的名称。

要链接到下级目录中的文件，只需先输入目录名，然后加“/”符号，再输入文件名。

要链接到上一级目录中的文件，则先输入“../”，再输入文件名。

3．锚点链接

在浏览页面的时候，如果页面的内容较多，页面过长，就需要不断地拖动滚动条，很不方便，如果要寻找特定的内容，就更加不方便。这时如果能在该网页或另外一个页面上建立目录，浏览者只要单击目录上的项目就能自动跳到网页相应的位置进行阅读。锚点链接就可以实现这一功能。

锚点可以与链接的文字在同一个页面，也可以在不同的页面。但要实现网页内部的锚点链接，都需要先建立锚点。通过建立的锚点才能对页面的内容进行引导和跳转。创建锚点链接分为两步，先定义锚点，再通过 id 名标注跳转到锚点目标的位置。

锚点的定义语法：<a name="锚点名称">文字</a> 或者 <a id="锚点名称">文字</a>

在该语法中，书签名称就是对后面跳转所创建的书签，文字则是设置链接后跳转的位置。

锚点链接的语法：<a href="#书签的名称">链接的文字</a>

在该语法中，书签的名称就是刚才定义的书签名，也就是 name 的赋值。而#则代表这个书签的链接地址。

【例 3-7】 锚点链接的创建。代码如下：

```
<body>
    <p>IT 风云人物</p>
        <p><a href="#A">杨致远——创立 Yahoo!世纪网络第一人</a></p>
        <p><a href="#B">马化腾——QQ 之父，腾讯主要创办人</a></p>
        <p><a href="#C">李彦宏简介——百度创始人</a></p>
        <p><a href="#D">比尔・盖茨简介——微软创始人</a></p>
        <hr>
        <p><a name="A">杨致远——创立 Yahoo!世纪网络第一人</a></p>
        <p>杨致远于 1968 年 11 月 8 日出生于中国台湾台北市，其父在其两岁的时候去世，
他和弟弟由母亲抚养长大。杨致远于 1990 年以优异的成绩进入斯坦福大学。该校的电机系是硅谷神州
的组成部分，他就选修电机工程，只花了四年，他就获得了学士、硕士学位，并结识大卫·费罗。杨致
远和大卫·费罗（David Filo）于 1994 年 4 月共同创立雅虎互联网导航指南，并于次年 3 月注册成立了
雅虎公司。……</p>
    <hr />
        <p><a name="B">马化腾——QQ 之父，腾讯主要创办人</a></p>
        <p>马化腾[1]  ，男，1971 年 10 月 29 日生于广东省汕头市潮南区，腾讯公司主要创
办人之一，现担任腾讯公司控股董事会主席兼首席执行官；全国青联副主席。他曾在深圳大学主修计
算机及应用，于 1993 年取得深大理科学士学位。在创办腾讯之前，马化腾曾在中国电信服务和产品供
```

```
应商深圳润迅通信发展有……</p>
        <hr />
        <p><a id="C">李彦宏简介——百度创始人</a></p>
            <p>李彦宏，百度公司创始人、董事长兼首席执行官，全面负责百度公司的战略规划
和运营管理。……</p>
        <hr />
        <p><a id="D">比尔·盖茨简介——微软创始人</a></p>
            <p>比尔·盖茨[1]  （Bill Gates），全名威廉·亨利·盖茨三世，简称比尔或盖茨。1955 年
10 月 28 日出生于美国华盛顿州西雅图，企业家、软件工程师、慈善家、微软公司创始人。曾任微软
董事长、CEO 和首席软件设计师……</p>
    </body>
```

注意：该段代码，由于每个锚点部分文字内容较多，这里只列举出每个锚点第一段文字。

本例中，定义了 4 个锚点（锚点 A 和 B 使用 name 属性定义，锚点 C 和 D 使用 id 定义），同时定义了 4 个文本链接，分别链接到锚点 A、B、C 和 D，运行后页面效果如图 3-10 所示。

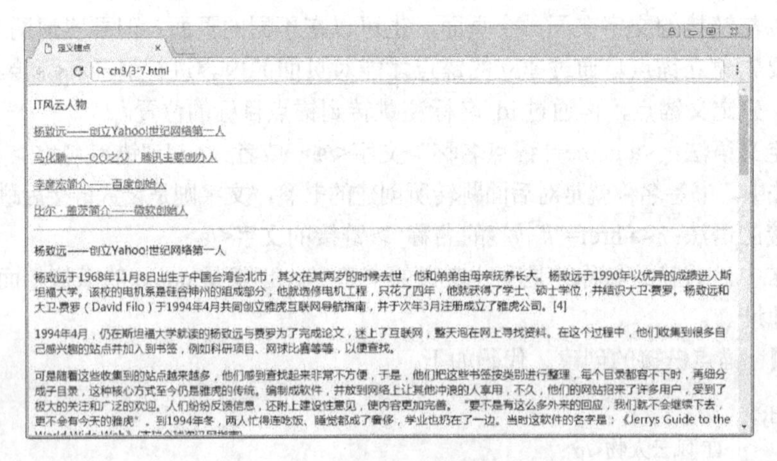

图 3-10 创建锚点链接

在页面中单击其中的一个链接文字，页面将会跳转到该链接的书签所在位置。单击“比尔 · 盖茨简介——微软创始人”，页面跳转到图 3-11 所示的效果。单击“比尔 · 盖茨简介——微软创始人”超链接后，地址栏中的地址信息由“3-7.html”变为了“3-7.html#D”。

4．图像热区链接

除了对整个图像进行超链接的设置外，还可以将图像划分成不同的区域进行超链接设置。而包含热区的图像也可以称为影像地图。

影像地图的定义与使用方法如下。

首先需要在图像文件中映射图像名，在图像的属性中使用 usemap 属性添加图像要引用的映射图像的名称如下：

```
<img src="图像地址"  usemap="影像地图名称">
```

然后需要定义影像地图以及热区的链接属性如下：

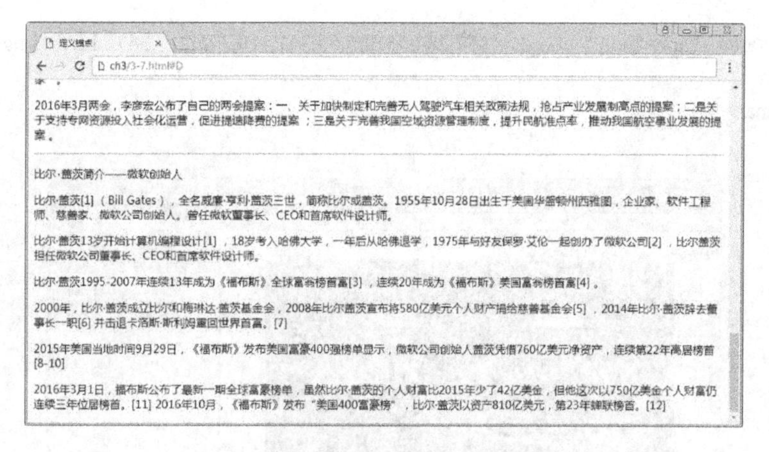

图 3-11　通过锚点定位到相应位置

```
<map name="影像地图名称">
    <area  shape="热区形状"  coords="热区坐标"  href="链接地址">
</map>
```

在该语法中要先定义映射图像的名称，然后再引用这个映射图像。在<area>标记中定义了热区的位置和链接，其中 shape 用来定义热区形状，可以取值为 rect（矩形区域）、circle（圆形区域）以及 poly（多边形区域）；coords 参数则用来设置热区坐标，对于不同形状，coords 设置的方式也不同。

对于矩形区域 rect 来说，coords 包含 4 个参数，分别为 left、top、right 和 bottom，也可以将这 4 个参数看作矩形两个对角的点坐标；对于圆形区域 circle 来说，coords 包含 3 个参数，分别为 center-x、center-y 和 radius，也可以看作圆形的圆心坐标(x, y)与半径的值；对于多边形区域 poly 设置坐标参数比较复杂，与多边形的形状息息相关。coords 参数需要按照顺序（可以是逆时针，也可以是顺时针）取各个点的 x、y 坐标值。

由于定义坐标比较复杂且难以控制，在一般情况下可以使用可视化软件进行这种参数的置。

【例 3-8】 图像热区链接的使用，借助 Dreamweaver 软件来实现。

启动 Adobe Dreamweaver CC，新建一个 HTML 页面，插入相关的文字，插入“img”文件夹下的“map.jpg”图片，选择图片并在属性面板中设置“地图”的值为 map，也就是定义图像要引用的影像图像名，在图片上绘制不同的图片热区并设置相关的链接即可，效果如图 3-12 所示。

最终的代码如下：

```
<h2 align="center">你最想到迪士尼的哪个馆里玩？</h2>
<p>依据你的兴趣，请点击平面图上的场馆区域。</p>
<p align="center">
  <img src="img/map.jpg" border="0" usemap="#map" />
  <map name="map">
    <area shape="rect" coords="149,75,226,108" href="img/mhsj.jpg" alt="梦幻世界">
    <area shape="rect" coords="415,70,491,109" href="img/bzw.jpg"   alt="宝藏湾">
    <area shape="rect" coords="508,161,594,209" href="img/txd.jpg"   alt="探险岛">
    <area shape="rect" coords="403,312,496,354" href="img/mqdj.jpg"   alt="米奇大街">
    <area shape="circle" coords="342,249,60" href="img/qxhy.jpg" alt="奇想花园">
```

```
        <area shape="poly" coords="157,284,55,305,58,341,119,375,217,347" href="img/mrsj.jpg"   alt="
明日世界">
      </map>
    </p>
```

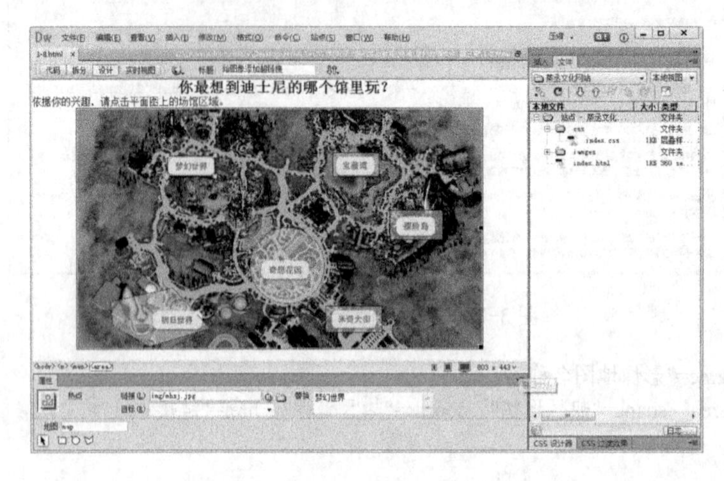

图 3-12　Dreamweaver 中设置热区

本例中，<img>标签中的 usemap 属性定义为“#map”要与<map>标签中的 name 名称一致 name="map"。

<area>标签中定义的热点主要分为圆形、矩形、多边形 3 种形状。大家在制作此类图像热点时可以使用所见即所得的软件工具 Dreamweaver 来制作。

本例的奇想花园使用了圆形（circle），圆心为（342,249），半径为 60 像素。梦幻世界、宝藏湾、探险岛、米奇大街都是使用了矩形（rectangle），通过左上角坐标与右下角坐标来实现。以梦幻世界为例，矩形热区左上角坐标为（149,75），右下角坐标为（226,108）。明日世界使用了多边形（polygon），通过顺时针或者逆时针记录经过的相关坐标来记录多边形的形状，本例中的 5 个坐标点为（157,284）、（55,305）、（58,341）、（119,375）、（217,347）。除了规定的 3 类图形区域以外的其他区域默认没有超链接。

表格标签

3.7　表格标签

1．表格的构成与属性

HTML 表格通过<table> 标签来定义。表格主要由表格标记、行标记、单元格标记构成，具体说明如表 3-8 所示。

表 3-8　表格标签

标　签	描　述
<table>…</table>	用于定义一个表格的开始和结束
<tr>…</tr>	定义表格的一行，一组行标签内可以建立多组由<td>或<th>标签所定义的单元格
<th>…</th>	定义表格的表头，一组<th>标签将建立一个表头，<th>标签必须放在<tr>标签内
<td>…</td>	定义表格的单元格，一组<td>标签将建立一个单元格，<td>标签必须放在<tr>标签内

<table>和</table>标签分别标志着一个表格的开始和结束；而<tr>和</tr>标签则分别表示表格中一行的开始和结束，在表格中包含几组<tr>…</tr>，就表示该表格为几行；<td>和</td>标签表示一个单元格的起始和结束，也可以表示一行中包含了几列。

HTML 表格也可能包括 caption、thead、tbody 以及 tfoot 等元素。

<caption> 标签定义表格的标题。

<thead> 标签定义表格的表头。该标签用于组合 HTML 表格的表头内容。<thead>元素应该与<tbody> 和<tfoot>元素结合起来使用。

<tbody>标签用于对 HTML 表格中的主体内容进行分组。

<tfoot>标签用于对 HTML 表格中的表注（页脚）内容进行分组。

表格标签<table>有很多属性，最常用的属性如表 3-9 所示。

表 3-9　<table>标签的常用属性

属　性	描　述
width/height	表格的宽度（高度），值可以是数字或百分比，数字表示表格宽度（高度）所占的像素点数，百分比是表格的宽度（高度）占浏览器宽度（高度）的百分比
align	表格相对周围元素的对齐方式
background	表格的背景图片
bgcolor	表格的背景颜色，不赞成使用，后期通过样式控制背景颜色
border	表格边框的宽度（以像素为单位）
bordercolor	表格边框颜色
cellspacing	单元格之间的间距
cellpadding	单元格内容与单元格边界之间的空白距离的大小

【例 3-9】 表格的使用。代码如下：

```
<table width="800" border="0" align="center" cellpadding="5" cellspacing="3">
    <tr>
        <th colspan="5">世界杯 ABCD 分组表</th>
    </tr>
    <tr>
        <td>A 组</td> <td>南非</td> <td>墨西哥</td> <td>乌拉圭</td><td>法国</td>
    </tr>
    <tr>
        <td>B 组</td> <td>阿根廷</td><td>韩国</td><td>尼日利亚</td><td>希腊</td>
    </tr>
    <tr>
        <td>C 组</td><td>英格兰</td><td>美国</td><td>阿尔及利亚</td><td>斯洛文尼亚</td>
    </tr>
    <tr>
        <td>D 组</td><td>德国</td><td>澳大利亚</td><td>加纳</td><td>塞尔维亚</td>
    </tr>

</table>
```

运行后页面效果如图 3-13 所示。

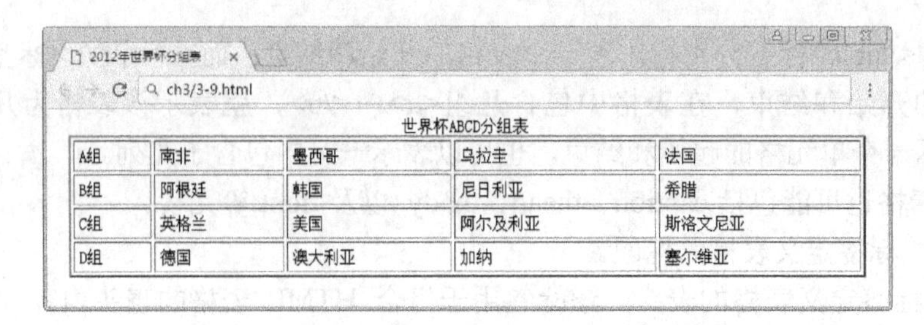

A组	南非	墨西哥	乌拉圭	法国
B组	阿根廷	韩国	尼日利亚	希腊
C组	英格兰	美国	阿尔及利亚	斯洛文尼亚
D组	德国	澳大利亚	加纳	塞尔维亚

图 3-13　表格的定义

2．单元格的设置

<td>是插入单元格的标签，<td>标签必须嵌套在<tr>标签内，需要成对出现。数据标签<td>就是该单元格中的具体数据内容，属性设定如表 3-10 所示。

表 3-10　<td>标签的属性

属　性	描　述	属　性	描　述
width/height	单元格的宽和高，接受绝对值（如 80）及相对值（80%），不赞成使用，后期通过样式控制	align	单元格内容的水平对齐方式，可选值为：left、center、right 等
colspan	规定单元格可横跨的列数	valign	单元格内容的垂直对齐方式，可选值为：top、middle、bottom 等
rowspan	规定单元格可横跨的行数	bgcolor	单元格的背景颜色

【例 3-10】 跨行或跨列的表格单元格。代码如下：

```
<body>
    <h4>横跨两列的单元格：</h4>
    <table width="600" border="1" cellpadding="5" cellspacing="2">
      <tr>
            <th width="220">姓名</th>  <th colspan="2">具体工作 </th>
      </tr>
      <tr>
            <td>李玲</td> <td width="169">项目规划 </td>
            <td width="168">后期测试 </td>
      <tr>
      <tr>
            <td>章南</td> <td width="169">项目实施 </td>
            <td width="168">资料整理 </td>
      <tr>
    </table>
    <h4>横跨两行的单元格：</h4>
    <table width="600" border="1" cellpadding="5" cellspacing="2">
      <tr>
            <th>部门</th> <td>电话</td>
      </tr>
      <tr>
            <th rowspan="2">信息学院</th> <td>010-12345678</td> </tr>
      <tr> <td>010-87654321</td> </tr>
```

```
        <tr> <td align="center">财贸学院 </td> <td>010-12341234</td></tr>
    </table>
</body>
```

运行后页面效果如图 3-14 所示。

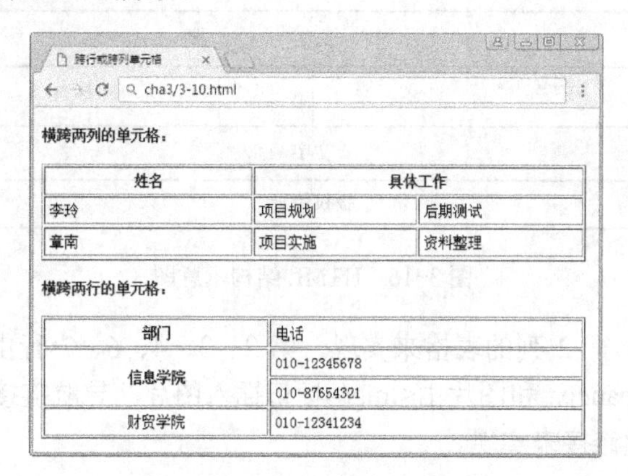

图 3-14　跨行或跨列的单元格

3.8　项目实战：淮安蒸丞文化传媒有限公司网站制作

3.8.1　案例效果展示

综合所学的基本 HTML 标签，依据淮安蒸丞文化传媒有限公司网站页面的布局示意图，利用表格来完成网页页面的效果。案例效果如图 3-15 所示。

图 3-15　页面效果图

3.8.2　案例实现分析

根据效果图来看，用表格来进行页面的布局，根据图 3-16 所示来完成网页页面的效果。

<table>
<tr><td>网站 logo</td><td>文字说明</td></tr>
<tr><td colspan="2">导航栏</td></tr>
<tr><td colspan="2">网站 banner</td></tr>
<tr><td colspan="2">文字</td></tr>
<tr><td>文字</td><td>图片</td></tr>
<tr><td colspan="2">文字</td></tr>
<tr><td colspan="2">版权信息</td></tr>
</table>

图 3-16　HTML 结构示意图

该页面可以采用 7 行 2 列的表格来实现，第 2、3、4、6、7 行由 2 列合并成 1 列。其中，网站 logo、网站 banner 和图片由<img/>标记插入图片。导航链接由<a>元素定义，主体内容由文本、图片和超链接来实现。

3.8.3　案例实现过程

1．HTML 基本文档与表格文档的编写

根据图 3-16，使用 HTML 搭建基本的网页结构和表格文档。代码如下：

```
<!DOCTYPE html>
<html>
    <head>
        <meta charset="UTF-8">
        <title>燕丞文化传媒有限公司</title>
    </head>
    <body>
        <table width="1000"   align="center" cellpadding="0" cellspacing="0">
   <tr >
   <td></td>
   <td > </td>
   </tr>
   <tr > <td colspan="2"></td>   </tr>

   <tr ><td colspan="2"></td></tr>
   <tr><td colspan="2" > </td> </tr>
   <tr>
   <td> </td>
   <td></td>
   </tr>
   <tr > <td colspan="2" ></td> </tr>
   <tr> <td colspan="2" > </td> </tr>
</table>
</body>
</html>
```

2．制作头部 logo、导航栏、网站 banner 和版权信息

头部包含网站 logo 和联系方式，其中联系方式设置为居中对齐，将第 1 对<tr ></tr>中的代码进行修改，具体编码实现如下：

```
<tr >
<td><img src="img/logo.png" width="545" height="86" alt=""/></td>
<td align="center">咨询热线：0517-88888888<br/>
    联系电话：13888888888<br/>
    联系电话：18881234567<br/></td>
</tr>
```

导航栏由 8 个超链接来进行实现，将第 2 对<tr ></tr>的代码进行修改，具体编码实现如下：

```
<tr >
    <td colspan="2"><a href="#" >首 页</a> <a href="#" >公司简介</a> <a href="#" >业务范围</a> <a href="#" >设备租赁</a> <a href="#" >经典案例</a> <a href="#">优势展示</a> <a href="#">行业资讯</a> <a href="#" >联系我们</a></td>
</tr>
```

网站 banner 由<img/>标记插入图片，设置图片的宽度和高度，将第 3 对<tr ></tr>的代码进行修改，具体编码实现如下：

```
<tr >
    <td colspan="2"><img src="img/banner1.jpg" width="1000" height="330" alt=""/></td>
  </tr>
```

版权信息是页面的页脚部分，输入文字后设置对齐方式，将最后一对<tr ></tr>的代码进行修改，具体编码实现如下：

```
<tr>
    <td colspan="2" align="center">Copyright © 2017 Company name</td>
</tr>
```

添加完以上代码，页面预览效果如图 3-17 所示。

图 3-17　页面效果图

3．制作页面公司简介部分

页面公司简介由 3 个部分构成，第 1 部分为标题，第 2 部分包含文字和图片，第 3 部分为文本超链接。对第 4 至 6 对<tr ></tr>的代码进行修改，具体编码实现如下：

```
<tr>
    <td colspan="2" align="center">公司简介　company profile</td>
</tr>
<tr>
    <td> 淮安燕丞文化传媒有限公司是一家做文化活动策划、会议策划；灯光、音响、舞台的
设计与设备租赁；影视广播设备的租赁及技术开发，礼仪庆典策划，舞台艺术造型策划，会议服务，
承办展览展示等，为婚庆、演出、会议、展览提供室内外 LED 显示屏、LED 彩幕、灯光、音响及其他
特效设备和技术服务 AV 策划公司。</td>
    <td><img src="img/gsjj.jpg" width="418" height="149" alt=""/></td>
</tr>
<tr >
    <td colspan="2" align="center"><a href="#" >查看更多>></a></td>
</tr>
<tr>
```

添加完以上代码，页面预览效果如图 3-15 所示。

3.9 习题与项目实践

1．选择题

（1）HTML5 中 DOCTYPE 声明正确的是（　　）。

A．<!DOCTYPE html>

B．<!DOCTYPE HTML5>

C．<!DOCTYPE HTML PUBLIC "-//W3C//DTD HTML 5.0//EN" "http://www.w3.org/TR/html5/strict.dtd">

（2）在 HTML5 中，（　　）元素用于组合标题元素。

A．<group>　　B．<header>　　C．<headings>　　D．<hgroup>

（3）用于播放 HTML5 视频文件的 HTML5 元素是（　　）。

A．<movie>　　B．<media>　　C．<video>

2．实践项目

按要求制作以下页面：首页面如图 3-18 所示。当单击页面中的图片时，页面跳转到 cloud01.html 页面，该页面如图 3-19 所示。

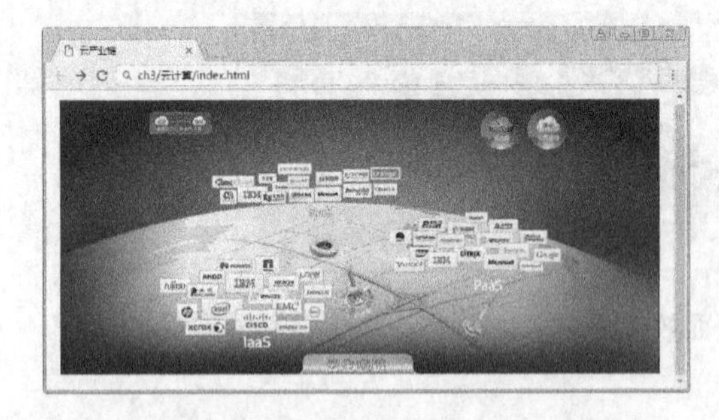

图 3-18　首页面效果图

图 3-19　cloud01 页面效果图

当单击 cloud01 页面中的“下一页”，页面跳转到 cloud02.html 页面，该页面如图 3-20 所示。

图 3-20　cloud02 页面效果图

单击该页面中的“上一页”，页面跳转到 cloud01.html 页面；单击该页面中的“返回”，页面跳转到首页面。

第 4 章　HTML5 文档的实现

4.1　HTML5 的元素分类

根据现有的标准规范，可以把 HTML5 的元素按优先等级定义为结构性元素、级块性元素、行内语义性元素和交互性元素 4 类。

1．结构性元素

结构性元素主要负责 Web 的上下文结构的定义，确保 HTML 文档的完整性，这类元素包含以下几个。

- section：在 Web 页面应用中，该元素也可以用于区域的章节表述。
- header：页面主体上的头部。
- footer：页面的底部（页脚）。通常会在这里标出网站的一些相关信息。
- nav：是专门用于菜单导航、链接导航的元素，是 navigator 的缩写。
- article：用于表示一篇文章的主体内容，一般为文字集中显示的区域。

2．级块性元素

级块性元素主要完成 Web 页面区域的划分，确保内容的有效分隔，这类元素包括以下几个。

- aside：用以表达侧栏、摘要、插入的引用等作为补充主体的内容。从简单页面显示上看，就是侧边栏，可以在左边，也可以在右边。从一个页面的局部看，就是摘要。
- figure：是对多个元素进行组合并展示的元素，通常与 figcaption 联合使用。
- code：表示一段代码块。
- dialog：用于表达人与人之间的对话。该元素还包括 dt 和 dd 这两个组合元素，它们常常同时使用。dt 用于表示说话者，而 dd 则用来表示说话者说的内容。

3．行内语义性元素

行内语义性元素主要完成 Web 页面具体内容的引用和表述，是丰富内容展示的基础，这类元素包括以下几个。

- meter：表示特定范围内的数值，可用于工资、数量、百分比等。
- time：表示时间值。
- progress：用来表示进度条，可通过对其 max、min、step 等属性进行控制，完成对进度的表示和监视。
- video：视频元素，用于支持和实现视频（含视频流）文件的直接播放，支持缓冲预载和多种视频媒体格式，如 MPEG-4、OggV 和 WebM 等。
- audio：音频元素，用于支持和实现音频（音频流）文件的直接播放，支持缓冲预载和多种音频媒体格式。

4．交互性元素

交互性元素主要用于功能性的内容表达，会有一定的内容与数据的关联，是各种事件的基础，这类元素包括以下几个。

- details：用来表示一段具体的内容，但是内容默认可能不显示，通过某种手段（如单击）与 legend 交互才会显示出来。
- datagrid：用来控制客户端数据与显示，可以由动态脚本及时更新。
- menu：主要用于交互菜单（这是一个曾被废弃现在又被重新启用的元素）。
- command：用来处理命令按钮。

本章将介绍 HTML5 中的常见元素的使用。

4.2 结构性元素

4.2.1 认识结构性元素

过去，布局方式基本上都使用 div+CSS 的方式，先看一个普通的页面的布局方式，如图 4-1 所示，大家能清晰地看到一个普通的页面，会有头部、导航、文章内容、右边栏、底部版权等模块，这些模块通过 id 与 class 进行区分，并通过不同的 CSS 样式来实现页面布局。但相对来说 class 不是通用的标准的规范，搜索引擎只能去猜测某部分的功能。

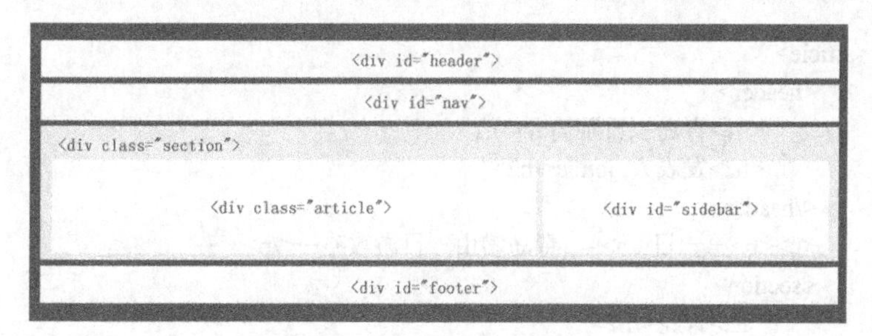

图 4-1　传统布局方式示意图

而 HTML5 专门添加了页眉<header>、页脚<footer>、导航<nav>、内容块<section>、侧边栏<aside>、文章<article>等与结构相关的结构性标签。使用 HTML5 新的结构标签能使 HTML 的语义更加清晰，带来的布局如图 4-2 所示。

<header>
<nav>
<section>
<article>
<aside>
<footer>

图 4-2　HTML5 结构性标签使用示意图

4.2.2 <header>标签

<header>标签用于定义文档的页眉，通常是一些引导和导航信息。它不局限于写在网页头部，也可以写在网页内容里面。通常<header>标签至少包含一个标题标记（<h1>～<h6>），还可以包括<hgroup>标签，还可以包括表格内容、标识logo、搜索表单、<nav>导航等。

例如：

```
<header>
    <h1>网站标题</h1>
    <h2>网站副标题</h2>
</header>
```

4.2.3 <article>标签

它代表一个独立的、完整的相关内容块，可独立于页面其他内容使用。例如一篇完整的论坛帖子、一篇博客文章、一个用户评论，等等。一般来说，article 会有标题部分，通常包含在 header 内，有时也会包含 footer。article 可以嵌套，内层的 article 对外层的 article 标签有隶属关系。例如，一篇博客的文章，可以用 article 显示，然后一些评论也可以以 article 的形式嵌入其中。

【例 4-1】 <article>标签的使用。代码如下：

```
<body>
    <article>
        <header>
            <h1>青岛三日游简介</h1>
            <h2>发表人: jonna</h2>
        </header>
        <p><b>第一日</b> ，青岛崂山一日游攻略…</p>
        <section>
            <h2>评论</h2>
            <article>
                <header>
                    <h3>发表者：小米</h3>
                    <p>级别：三星级</p>
                </header>
                <p>崂山最美的风景为仰口风景区…</p>
            </article>
            <article>
                <header>
                    <h3>发表者：大麦</h3>
                    <p>级别：二星级</p>
                </header>
                <p>我最喜欢的海军博物馆…</p>
            </article>
        </section>
    </article>
</body>
```

此例中添加了评论内容。整个内容比较独立、完整，因此对其使用 article 元素。具体来说，示例内容又分为几部分，文章标题放在了 header 元素中，文章正文放在了 header 元素后面的 p 元素中，然后 section 元素把正文与评论部分进行了区分，在 section 元素中嵌入了评论的内容，评论中每一个人的评论相对来说又是比较独立、完整的，因此对它们都使用一个 article 元素，在评论的 article 元素中，又可以分为标题与评论内容部分，分别放在 header 元素与 p 元素中。

运行后页面效果如图 4-3 所示。

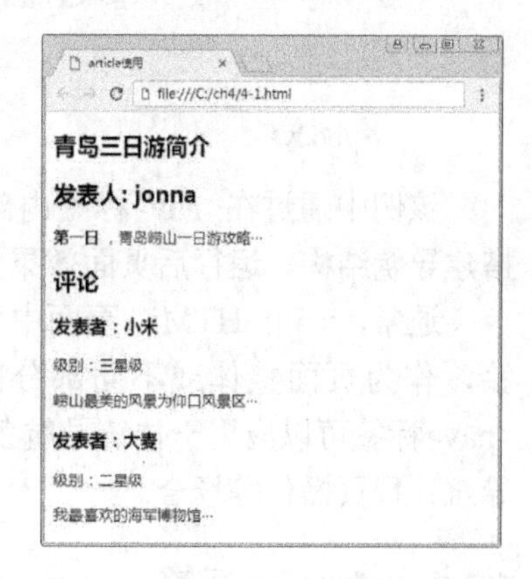

图 4-3　article 页面效果图

4.2.4　<section>标签

<section>标签用于对网页的内容进行分区、分块，定义文档中的节。例如章节、页眉、页脚或文档中的其他部分。在一般情况下，<section>标签通常由内容和标题组成。

<section>标签表示一段专题性的内容，一般会带有标题，没有标题的内容区块不要使用<section>标签定义。根据实际情况，如果<article>标签、<aside>标签或<nav>标签更符合使用条件，那么不要使用<section>标签。当一个容器需要被直接定义样式或通过脚本定义行为时，推荐使用<div>标签而非<section>标签。

【例 4-2】 <section>标签的使用。代码如下：

```
<body>
    <section>
        <h2>新歌 TOP3</h2>
        <ol>
            <li>成都——赵雷</li>
            <li>刚好遇见你——李玉刚/li>
            <li>骄傲的少年——南征北战</li>
        </ol>
    </section>
</body>
```

该例中使用 section 标签把新歌排行版内容进行单独分割。运行后页面效果如图 4-4 所示。

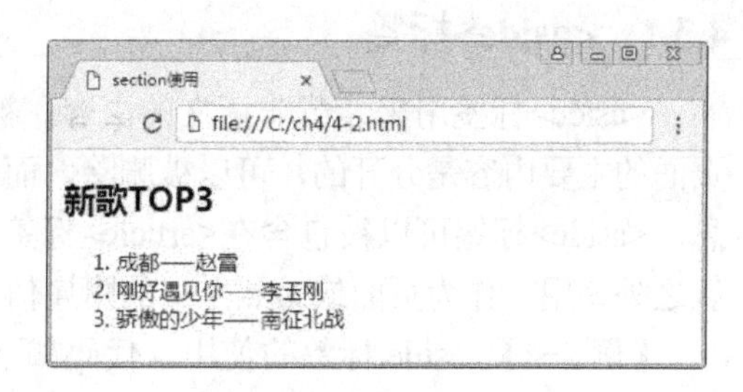

图 4-4　article 页面效果图

4.2.5　<nav>标签

<nav>标签代表页面的一个部分，是一个可以作为页面导航的链接组，是 navigator 的缩写。其中的导航标签链接到其他页面或者当前页面的其他部分，使 HTML 代码在语义化方面更加精确，同时对于屏幕阅读器等设备的支持也更好。

【例 4-3】 <nav>标签的使用。代码如下：

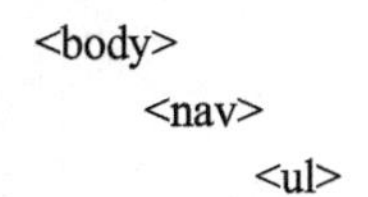

```
<body>
    <nav>
        <ul>
```

```
                <li><a href="#">首页</a></li>
                <li><a href="#">公司简介</a></li>
                <li><a href="#">业务范围</a></li>
                <li><a href="#">设备租赁</a></li>
            </ul>
        </nav>
    </body>
```

该例中通过在<nav>标签内部嵌套无序列表 ul 来搭建导航结构。运行后页面效果如图 4-5 所示。

通常，一个 HTML 页面中可以包括多个<nav>标签，作为页面整体或不同部分的导航。具体来说，<nav>标签可以应用于传统导航条、侧边栏导航、页内导航、翻页操作等场合。

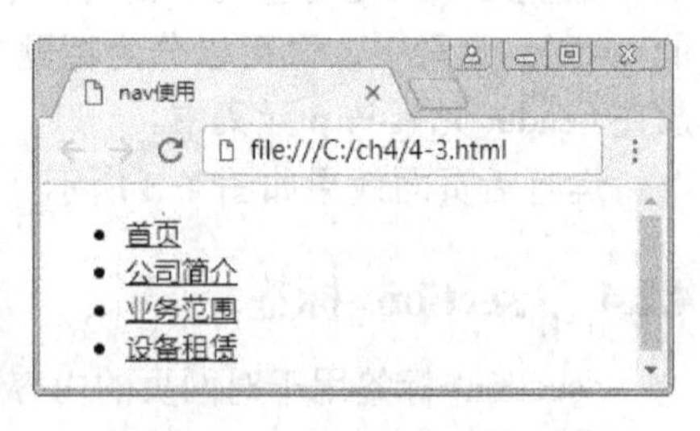

图 4-5　nav 页面效果图

4.2.6　<footer>标签

<footer>标签定义 section 或 document 的页脚，包含了与页面、文章或是部分内容有关的信息，例如文章的作者或者日期。作为页面的页脚时，一般包含了版权、相关文件和链接。它和<header>标签的使用方法基本一样，可以在一个页面中多次使用，也可以在<article>标签或者<section>标签中添加 footer 标签，那么它就相当于该区段的页脚了。

例如：

```
<footer>Copyright@淮信科技有限公司</footer>
```

4.3　级块性元素

级块性元素

4.3.1　<aside>标签

<aside>标签用来装载非正文的内容，被视为页面里面一个单独的部分。它包含的内容与页面的主要内容是分开的，可以被删除，而不影响到网页的内容、章节或是页面所要传达的信息。<aside>标签可以被包含在<article>标签内作为主要内容的附属信息。也可以在<article>标签之外使用，作为页面或站点全局的附属信息部分，如广告、友情链接、侧边栏、导航条等。

【例 4-4】 aside 标签的使用。代码如下：

```
<body>
        <header>
                <h1>北朝民歌赏析</h1>
        </header>
        <article>
                <h1><strong>敕勒歌</strong></h1>
                 <p>敕勒川，阴山下。天似穹庐，笼盖四野。天苍苍，野茫茫，风吹草低见牛羊。
</p>
                 <aside>
                         <h1>名词解释</h1>
```

```
            <dl>
                <dt>北朝民歌</dt>
                <dd>北朝民歌是指南北朝时期北方文人所创作的作品，其内容丰富，语言质朴，风格粗犷豪迈，主要收录在《乐府诗集》中，今存 60 多首。</dd>
            </dl>
            <dl>
                <dt>穹庐</dt>
                <dd>巨大的蒙古包</dd>
            </dl>
        </aside>
    </article>
</body>
```

运行后页面效果如图 4-6 所示。

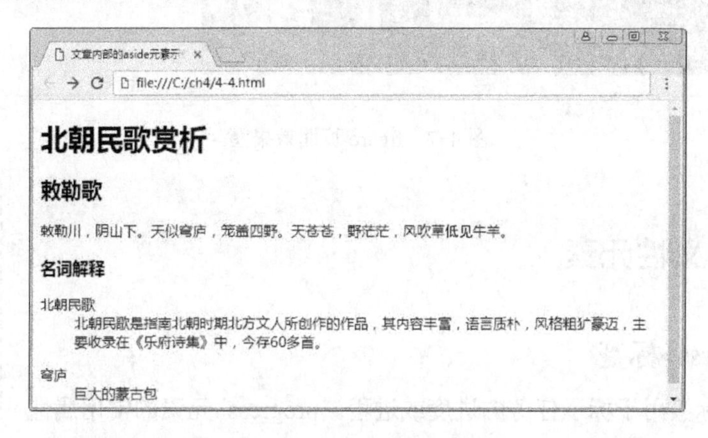

图 4-6　aside 页面效果图

本例中使用<aside>标签解释在《敕勒歌》中出现的两个名词，页面文章的正文部分放在 p 元素中，但是该文章还有名词解释的附属部分，解释该文章中的名词，因此，在 p 元素后又放置了一个 aside 元素，用来存储名词解释部分的内容。

4.3.2　<figure>标签

<figure>标签用于定义独立的流内容，如图像、图表、照片、代码等，一般指一个单独的单元。<figcaption>标签用于为<figure>标签组添加标题，一个<figure>标签内最多允许使用一个<figcaption>标签，该标签应该放在<figure>标签的第一个或者最后一个子标签的位置。

【例 4-5】 <figure>标签的使用。代码如下：

```
<body>
    <figure>
            <figcaption>博物馆的墙面什么颜色，这里藏着“看不见的设计”</figcaption>
            <p>Farrow & Ball 就是这样一家高端涂料公司，位于英格兰多塞特郡。除了是室内设计师的爱，过去十年这家公司也为很多著名艺术馆提供墙面颜色定制服务，包括纽约现代艺术博物馆、巴黎罗丹博物馆等。在公司最新的项目中，它们为现代艺术博物馆的主题展，法国古典印象派画家德加的画展“A Strange New Beauty”调配了一种全新的灰色。</p>
            <img src="img/bowuguan.jpg" alt="博物馆" />
```

```
        </figure>
    </body>
```

运行后页面效果如图 4-7 所示。

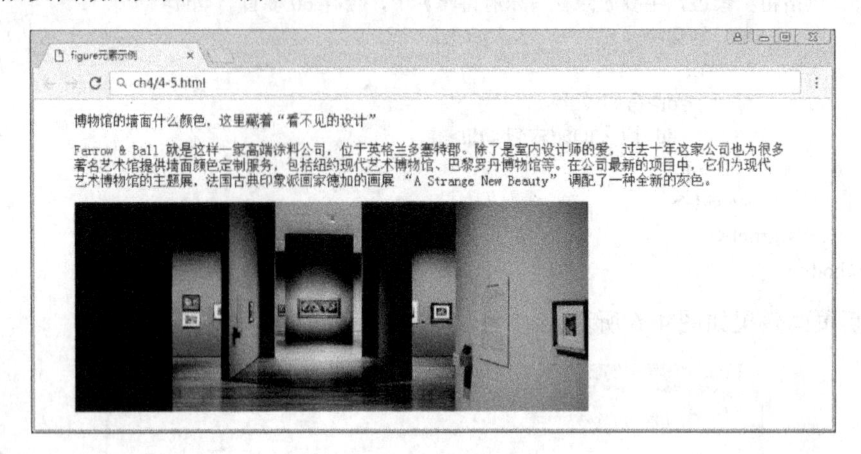

图 4-7　figure 页面效果图

4.4　行内语义性元素

行内语义性元素

4.4.1　<progress>标签

<progress>标签用于标示任务的进度或进程。progress 元素的常用属性值有两个，value 表示已经完成的工作量，max 表示总共有多少工作量。需要注意的是 value 和 max 属性的值必须大于 0，且 value 的值要小于或等于 max 属性的值。

通常 <progress> 标签与 JavaScript 一同使用，来显示任务的进度。

【例 4-6】　<progress>标签的使用。代码如下：

```
<body>
    <h2>我完成的进度</h2>
    <progress value="70" max="100"></progress>
</body>
```

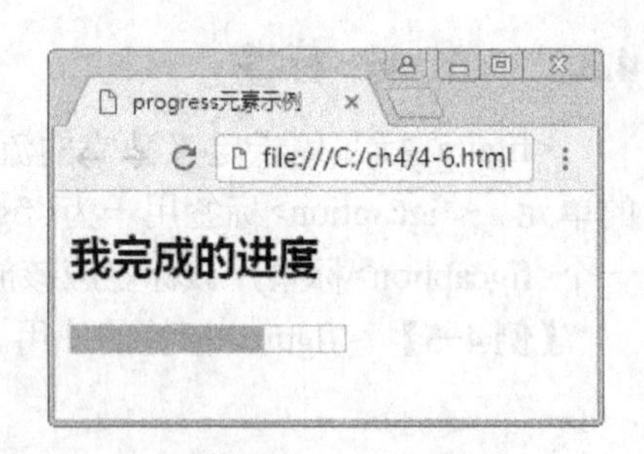

图 4-8　progress 页面效果图

运行后页面效果如图 4-8 所示。代码运行后，蓝色进度条在 70%的位置，因为 value 值为 70，max 值为 100。如果 max 值修改为 700 时，则进度条将运行至 10%的位置。

4.4.2　<meter>标签

<meter>标签用于定义度量衡，为已知范围或分数值内的标量测量，也被称为 gauge（尺度）。例如，显示硬盘容量、对某个选项的比例统计等，都可以使用 meter 元素。<meter>标签不应用于指示进度（在进度条中），如果标记进度条，请使用 <progress> 标签。

meter 元素有多个常用的属性，如表 4-1 所示。

表 4-1　meter 标签的属性

属　性	说　明	属性	说　明
high	定义度量的值位于哪个点被界定为高的值	min	定义最小值，默认值是 0
low	定义度量的值位于哪个点被界定为低的值	optimum	定义什么样的度量值是最佳的值。如果该值高于 high 属性，则意味着越高越好。如果该值低于 low 属性的值，则意味着值越低越好
max	定义最大值，默认值是 1	value	定义度量的值

【例 4-7】 meter 标签的使用，代码如下：

```
<body>
<h2>三好生投票情况</h2>
张珊<meter value="188" min="0" max="200" low="50" high="110" title="188 票"optimum= "120">
</meter>
苗丽<meter value="100" min="0" max="200" low="50" high="110" title="100 票" optimum= "120">
</meter>
李成<meter value="48" min="0" max="200" low="50" high="110" title="58 票" optimum= "120">
</meter>
</body>
```

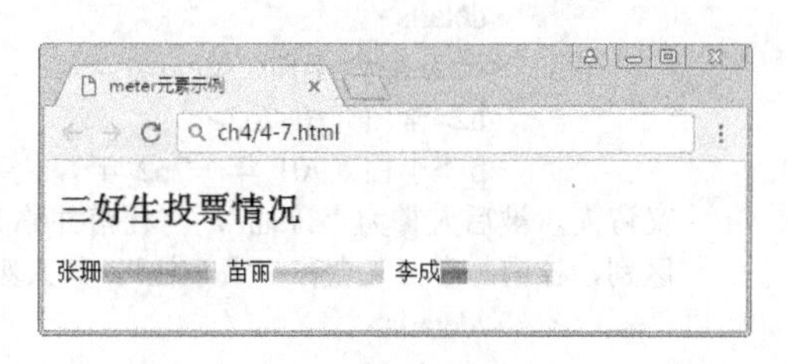

图 4-9　meter 页面效果图

运行后页面效果如图 4-9 所示。

本例中张珊的 value 值为 188，optimum 的值为 120，高于 high 的值 110，表示值越高越好，这个值大于 high 值 110，所以其颜色为绿色渐变条，而苗丽的 value 值为 100，其值 50<100<110，处于 low 与 high 之间，所以为黄色渐变条，而李成的 value 值为 48，其值 48<50，处于小于 low 值，所以为红色渐变条。

4.4.3　<time>标签

<time>标签用于表示时间值，主要加强了 HTML 的语义化结构。是让网页的代码有条理，让计算机，例如百度或者谷歌搜索机器人能够理解网页的意思。

time 元素有两个属性。

- datetime：用于定义相应的时间或日期。取值为具体时间（如 14:00）或具体日期（如 2015-11-01），不定义该属性时，由元素的内容给定日期/时间。
- pubdate：用于定义 time 元素中的日期/时间是文档（或 article 元素）的发布日期。取值一般为“pubdate”。

【例 4-8】 time 标签的使用。代码如下：

```
<body>
    <p>我们早上<time>9:00</time>开始上班</p>
    <p>今年的<time datetime="2017-10-01">十一</time>我们准备去旅游</p>
```

```
        <time datetime="2017-08-15" pubdate="true">
        本消息发布于 2017 年 8 月 15 日</time>
    </body>
```

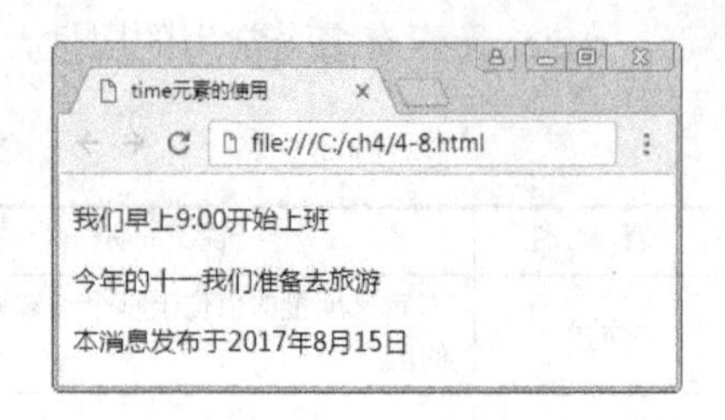

图 4-10　time 页面效果图

运行后页面效果如图 4-10 所示。

本例定义了不同的时间，使用 pubdate 属性表明对应的 time 代表了发表时间。

4.5　交互性元素

4.5.1　<details>标签和<summary>标签

<details>标签用于描述文档或文档某个部分的细节。<summary>标签经常与<details>标签配合使用，作为<details>标签的第一个子标签，用于为<details>标签定义标题。标题是可见的，当用户单击标题时，会显示或隐藏 details 中的其他内容。

【例 4-9】 <details>标签和<summary>标签的使用。代码如下：

```
    <body>
        <details>
        <summary>李白</summary>
        <h2>李白介绍</h2>
        <p >李白（701 年—762 年），字太白，号青莲居士，又号“谪仙人”，是唐代伟大的浪漫主义诗人，被后人誉为“诗仙”，与杜甫并称为“李杜”，为了与另两位诗人李商隐与杜牧即“小李杜”区别，杜甫与李白又合称“大李杜”。其人爽朗大方，爱饮酒作诗，喜交友。</p>
        </details>
        <details>
        <summary>杜甫</summary>
        <h2>杜甫介绍</h2>
        <p>杜甫（712 年—770 年），字子美，汉族，襄阳人，后徙河南巩县。 自号少陵野老，唐代伟大的现实主义诗人，与李白合称“李杜”。为了与另两位诗人李商隐与杜牧即“小李杜”区别，杜甫与李白又合称“大李杜”，杜甫也常被称为“老杜”。</p>
        </details>
    </body>
```

页面效果如图 4-11 所示，用鼠标单击“李白”后显示标题内容，如图 4-12 所示，再次单击“李白”后隐藏内容，单击“杜甫”二字也具有一样的功能。

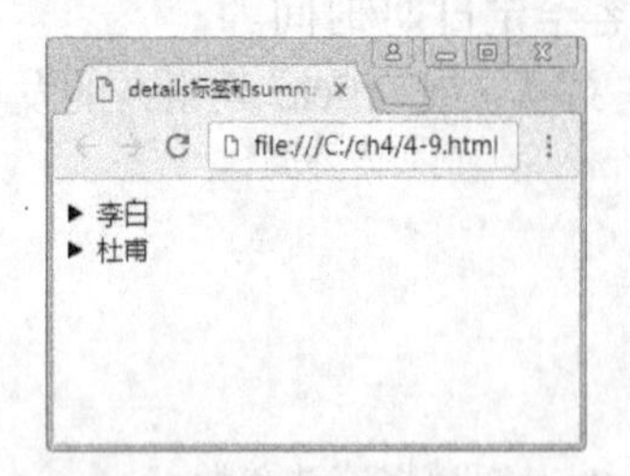

图 4-11　<details>标签页面预览

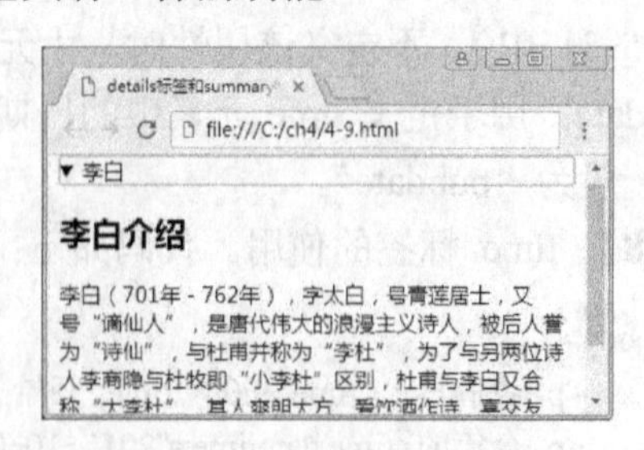

图 4-12　单击<summary>标签后的效果

4.5.2 <menu>标签与<command>标签

<menu>标签用于定义命令的列表或菜单，<menu> 标签用于上下文菜单、工具栏以及用于列出表单控件和命令。command 元素表示用户能够调用的命令。只有当 command 元素位于 menu 元素内时，该元素才是可见的。否则不会显示这个元素，但是可以用它规定键盘快捷键。由于目前所有主流浏览器都不支持<command>和<menu>标签，在此不作深入讲解。

4.6 多媒体对象的使用

多媒体对象的使用

4.6.1 视频与音频格式

在 HTML5 中嵌入的视频格式主要包括 Ogg、MPEG4、WebM 等，如表 4-2 所示。

表 4-2 视频格式

格 式 名 称	格 式 介 绍
Ogg	带有 Theora 视频编码和 Vorbis 音频编码的 Ogg 文件
MPEG4	带有 H.264 视频编码和 AAC 音频编码的 MPEG4 文件
WebM	带有 VP8 视频编码和 Vorbis 音频编码的 WebM 文件

在 HTML5 中嵌入的音频格式主要包括 Ogg Vorbis、MP3、Wav 等，如表 4-3 所示。

表 4-3 音频格式

格 式 名 称	格 式 介 绍
Ogg Vorbis	类似 AAC 的另一种免费、开源的音频编码，是用于代替 MP3 的下一代音频压缩技术
MP3	一种音频压缩技术，其全称是动态影像专家标准音频层面（Moving Picture Experts Group Audio Layer III），简称为 MP3，它被设计用来大幅度地降低音频数据量
Wav	录音时用的标准的 Windows 文件格式，文件的拓展名为“.wav”，数据本身的格式为 PCM 或压缩型，属于无损音乐格式的一种

4.6.2 插入视频

在 HTML5 中，使用<video>标签来定义播放视频文件。

语法：<video src="视频的路径" controls="controls"></video>

在 HTML5 中，video 元素支持 3 种视频格式 Ogg、WebM 和 MPEG4，src 属性用于设置视频文件的路径，controls 属性用于为视频提供播放控件，这两个属性是 video 元素的基本属性。并且<video>和</video>之间还可以插入文字，用于在不支持 video 元素的浏览器中显示。

注意：Internet Explorer 8 以及更早的版本不支持 <video> 标签。

在 video 元素中还可以添加其他属性，可以优化视频的播放效果，具体如表 4-4 所示。

表 4-4　video 元素的常见属性

属　性	值	描　述
width/height	数值	设定播放空间面板的大小（宽度与高度）
autoplay	autoplay	当页面载入完成后自动播放视频
loop	loop	视频结束时重新开始播放
preload	preload	如果出现该属性，则视频在页面加载时进行加载，并预备播放。如果使用“autoplay”，则忽略该属性
poster	poster	当视频缓冲不足时，该属性值链接一个图像，并将该图像按照一定的比例显示出来

【例 4-10】 实现网页中插入视频。代码如下：

```
<body>
    <video src="video/cjds.mp4" width="640" height="360" controls="controls">
        本浏览器不支持该视频，推荐使用 Chrome、Firefox 浏览器。
    </video>
</body>
```

运行程序，页面效果如图 4-13 所示。可以看出嵌入的视频包含了视频播放控件，控件中包括：播放按钮、播放进度条、音量控制条、全屏按钮等。视频初始状体下是不能自动播放的，需要单击图 4-13 中的播放按钮视频才能播放，播放效果如图 4-14 所示。

如果想实现视频自动播放，可以在<video>标签中加入“autoplay='autoplay'”属性，如果想实现视频循环播放，可以添加“loop='loop'”属性。

图 4-13　video 元素中嵌入视频

图 4-14　视频的播放状态

4.6.3　插入音频

在 HTML5 中，使用 audio 标签来定义播放视频文件。

语法：<audio src="音频的路径" controls="controls"></video>

在 HTML5 中，audio 元素支持 3 种音频格式，即 Ogg Vorbis、MP3 和 Wav，src 属性用于设置音频文件的路径，controls 属性用于为音频提供播放控件，这两个属性是 audio 元素的基本属性。并且<audio>和</audio>之间还可以插入文字，用于在不支持 audio 元素的浏览器中显示。

注意：Internet Explorer 8 以及更早的版本不支持 <audio> 标签。

在 audio 元素中还可以添加其他属性，用于优化视频的播放效果，具体如表 4-5 所示。

表 4-5　audio 元素的常见属性

属　性	值	描　述
Autoplay	autoplay	当页面载入完成后自动播放音频
loop	loop	音频结束时重新开始播放音频
preload	preload	如果出现该属性，则音频在页面加载时进行加载，并预备播放，如果使用“autoplay”，则忽略该属性

【例 4-11】　实现网页中插入音频。代码如下：

```
<body>
    <audio src="sound/gdyy.mp3" controls="controls">
        您的浏览器不支持 audio 标签。
    </audio>
</body>
```

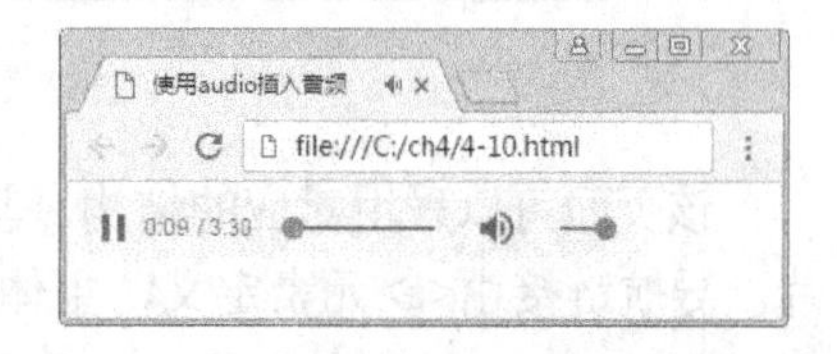

图 4-15　网页中插入音频的效果

运行程序，页面效果如图 4-15 所示。

4.7　项目实战：淮安蒸丞文化传媒有限公司网站 HTML5 页面的编写

4.7.1　案例效果展示

综合 HTML5 的基本语法、HTML5 的结构性标签、块级标签、行内语义性标签，依据淮安蒸丞文化传媒有限公司网站页面的布局示意图，分析结构，运用结构性标签来完成网页页面的效果。案例效果如图 4-16 所示。

图 4-16　页面效果图

4.7.2　案例实现分析

根据效果图来看，应用结构性元素与表格定义页面，如图 4-14 所示。利用该结构来完成网页页面的效果。

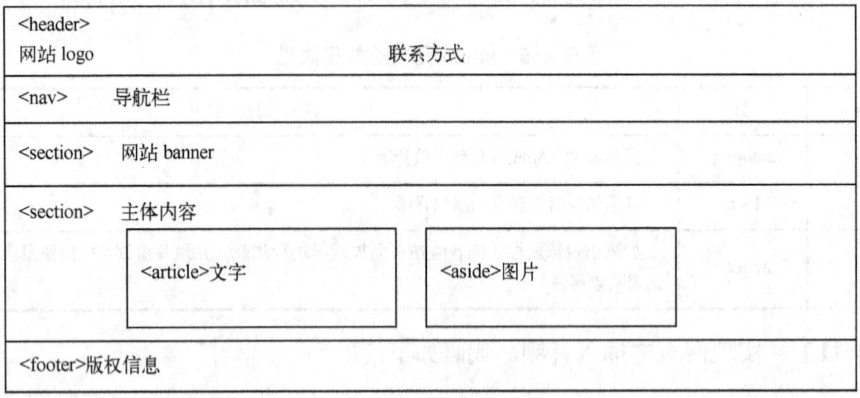

<header>
网站 logo　　联系方式

<nav>　导航栏

<section>　网站 banner

<section>　主体内容

<article>文字　　<aside>图片

<footer>版权信息

图 4-17　HTML 结构示意图

该页面可以采用对应的结构。其中，网站 logo、网站 banner 和图片由<img/>标记插入图片。导航链接由<a>元素定义，主体内容包含文本、图片和超链接等。

4.7.3　案例实现过程

1．网页头部的实现

使用<header>搭建网页头部内容。具体代码如下：

```
<header align="center" >
<img style="float:left;"src="img/logo.png" width="545" height="86" alt=""/>
咨询热线：0517-88888888<br/>
联系电话：13888888888<br/>
联系电话：18881234567<br/>
</header>
<p style="clear:left;"></p>
```

为了让相关号码显示于图片的右侧，此处添加了左浮动的 CSS 样式：style="float:left;"。

为了让后面的元素不受影响，在<header></header>后面添加<p style="clear:left;"></p>，消除左浮动的影响。

2．网页导航栏的实现

使用<nav>搭建网页导航栏内容。具体代码如下：

```
<nav>
    <a href="#" >首 页</a>
    <a href="#" >公司简介</a>
    <a href="#" >业务范围</a>
    <a href="#" >设备租赁</a>
    <a href="#" >经典案例</a>
    <a href="#" >优势展示</a>
```

```
        <a href="#" >行业资讯</a>
        <a href="#" >联系我们</a>
</nav>
```

3．网页 banner 的实现

使用<section>搭建网页 banner 内容。具体代码如下：

```
< section ><img src="img/banner.jpg"    />< /section >
```

4．网页主体的实现

页面公司简介使用<section>来实现，主体中文字部分使用<article>来实现，图片使用<aside>来实现。具体代码如下：

```
<section>
<header align="center" >公司简介    company profile </header>
<aside>
        <img style="float:right"src="img/gsjj.jpg" width="418" height="149" alt=""/>
</aside>
<article >
        <br/><br/>
淮安蒸丞文化传媒有限公司是一家做文化活动策划、会议策划；灯光、音响、舞台的设计与设备租赁；<br/>影视广播设备的租赁及技术开发，礼仪庆典策划，舞台艺术造型策划，会议服务，承办展览展示等，为婚庆、<br/>演出、会议、展览提供室内外 LED 显示屏、LED 彩幕、灯光、音响及其他特效设备和技术服务的策划公司。
<br/><br/>
   </article>
   <p align="center"><a href="#" >查看更多>></a></p>
</section>
```

该代码中为了让主体图片靠右对齐，使用“style="float:right"”代码，让页面图片靠右浮动。通过“align="center"”设置段落居中对齐。

5．网页页脚的实现

使用<footer>搭建网页页脚内容。具体代码如下：

```
<footer align="center">Copyright © 2017 Company name</footer>
```

将以上所有代码运行后，页面效果如图 4-16 所示

4.8 习题与项目实践

1．选择题

以下（　　）是 HTML5 新增的标签。

A．<aside>　　B．<isindex>　　C．<samp>　　D．<s>

2．实践项目

清华大学网站主页（http://www.tsinghua.edu.cn/）页面如图 4-18 所示，分析其相应的 HTML5 代码结构。

图 4-18　清华大学网站主页

第 5 章　层叠样式表的实现

5.1　CSS3 的介绍

CSS 是 Cascading Style Sheet 的缩写，可以翻译为“层叠样式表”或“级联样式表”，即样式表。CSS 的属性在 HTML 元素中是依次出现的，并不显示在浏览器中。它可以定义在 HTML 文档的标记里，也可以在外部附加文档中作为外加文件。此时，一个样式表可以作用多个页面，乃至整个站点，因此具有更好的易用性和拓展性。CSS3 是 CSS 技术的升级版本，CSS3 的新特点是被分为若干个相互独立的模块。CSS3 把很多以前需要使用图片和脚本来实现的效果，甚至动画效果，只需要短短几行代码就能搞定，如圆角、图片边框、文字阴影和盒阴影、过渡、动画等。CSS3 简化了前端开发工作人员的设计过程，加快了页面载入速度。

目前主流浏览器 Chrome、Safari、Firefox、Opera，甚至 360 浏览器都已经支持了 CSS3 大部分功能了，IE10 以后也开始全面支持 CSS3 了。在编写 CSS3 样式时，不同的浏览器可能需要不同的前缀。它表示该 CSS 属性或规则尚未成为 W3C 标准的一部分，是浏览器的私有属性，虽然目前较新版本的浏览器都是不需要前缀的，但为了更好地向前兼容前缀还是少不了的。具体前缀和浏览器如表 5-1 所示。

表 5-1　前缀与浏览器的关系

前　缀	浏 览 器
-webkit	chrome 和 safari
-moz	Firefox
-ms	IE
-o	Opera

5.2　CSS 样式

CSS 样式

5.2.1　CSS 样式设置规则

CSS 样式设置规则由选择器和声明部分组成。

语法：选择器{属性 1:属性值 1; 属性 2:属性值 2; 属性 3:属性值 3;}

选择器是标识已设置格式元素（如 body、table、td、p、类名、ID 名称）的术语，大括号内是对该对象设置的具体样式。而声明则用于定义样式属性，声明由属性和值两部分组成，其中属性和属性值以“键值对”的形式出现，属性是对指定的对象设置的样式属性，如字体大小、文本颜色等，属性和属性值之间用英文冒号“:”链接，多个“键值对”之间用英文分号“;”进行区分。

在下面的示例中，body 为选择器，介于“{}”中的所有内容为声明块。

```
body{
    color: red;
    font-size: 18px;
}
```

以上代码表示了<body>标签内的所有文本的字体颜色为红色，字体大小为 18px。

编写 CSS 样式时，遵循 CSS 样式规则同时，还需注意以下几点。

- 尽量统一使用英文、英文简写或者统一使用拼音。
- 尽量不缩写，除非是一看就懂的单词。
- 在编写 CSS 代码时，为了提高代码的可读性，通常会加上 CSS 注释，可以使用/**/（斜杠和星号）进行注释。
- CSS 样式中的类和 id 选择器严格区分大小写，属性和值不区分大小写，按照书写习惯一般将“选择器、属性和值”都采用小写的方式。
- 多个属性之间必须用英文状态下的分号隔开，最后用的分号可以省略，但是为了便于增加新样式最好保留。
- 如果属性的值由多个单词组成且中间包含空格，则必须为这个属性值加上英文状态下的引号。例如：

```
p{font-family: "arial black";}
```

5.2.2 CSS 样式的引入方法

使用 CSS 修饰网页，需要在 HTML 文档中引入 CSS 样式表。引入 CSS 样式表的常用方法有行内样式表、内部样式表、链入外部样式表、导入外部样式表。

1. 行内样式表

语法：<标签名称 style="样式属性 1:属性值 1; 样式属性 2:属性值 2;样式属性…">

直接在 HTML 代码行中加入样式规则。适用于指定网页内的某一小段文字的显示规则，效果仅可控制该标签。

【例 5-1】 行内样式表的使用，代码如下：

```
<body>
<p style="background-color: #ccc; color:#f00; font-size: 36px; font-family: '微软雅黑';">
段落的 CSS 样式-行内样式引用
</body>
```

运行后页面效果如图 5-1 所示。

行内样式也可以通过标签的属性来控制，由于没有做到结构与表现的分离，所以不建议使用。只有在样式规格较少且只在该元素上使用一次，或者需要临时修改某个样式规则时使用。

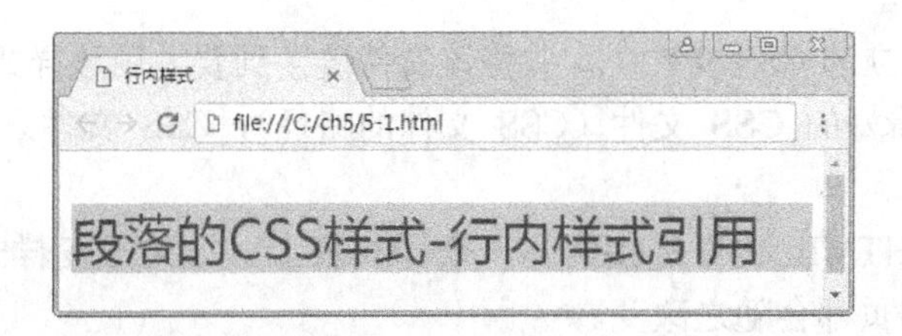

图 5-1　行内 CSS 的应用页面效果图

2．内部样式表

将样式表嵌入到 HTML 文件的文件头<head>。

语法：

```
<head>
    <style type="text/css">
    选择器{样式属性:属性值;…}
    </style>
</head>
```

语法中，<style>标签的位置在<head>标签内嵌入样式表。设置 type 的属性值为“text/css”。将 CSS 代码放在头部便于提前被下载和解析，避免网页内容下载后没有样式修饰而不美观。设置 type 属性让浏览器知道<style>标签包含的是 CSS 代码。

【例 5-2】 内部样式表的使用，代码如下：

```
<!DOCTYPE html>
<html>
  <head>
      <meta charset="utf-8" />
      <title>内部样式表</title>
      <style tyle="text/css">
      p{ color: #f00; }
      </style>
  </head>
  <body>
      <p>内部样式表是用 style 标签插入的。</p>
    </body>
</html>
```

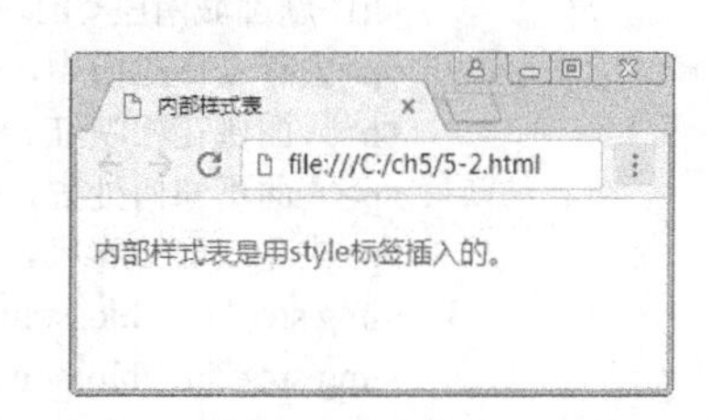

图 5-2　内部样式表的应用页面效果图

运行后页面效果如图 5-2 所示。

3．链接样式表

将一个外部样式表链接到 HTML 文档中。

语法：<link href= "*.css"　type= "text/css "　rel="stylesheet" >

使用链接样式表需要注意以下几点。

- <link>标签需要放在<head>头部标签中，并且必须设置<link>标签的 3 个属性。href 用于设置链接的 CSS 文件的位置，可以为绝对地址或相对地址，type 定义所链接文档的类型，在这里需要指定为“text/css”，表示链接的外部文件为 CSS 样式表。rel="stylesheet"表示是链接样式表，是链接样式表的必有属性。

- 样式定义在独立的 CSS 文件中，并将该文件链接到要运用该样式的 HTML 文件中。
- *.css 为已编辑好的 CSS 文件（CSS 文件的路径），CSS 文件只能由样式表规则或声明组成。
- 可以将多个 HTML 文件链接到同一个样式表上，如果改变样式表文件中的一个设置，所有的网页都会随之改变。

【例 5-3】 链接样式表的使用。

1）先定义外部样式表，并保存为 style.css，保存于网页根目录下。代码如下：

```
h1{
text-align:center;
   }
p{
line-height:1.5;
font-size:14px;
text-align:center;
}
img{
width:120px;
}
```

2）本例的代码如下：

```
<!DOCTYPE html>
<html>
 <head>
        <meta charset="utf-8" />
        <title>链入样式表</title>
        <link href="style.css" rel="stylesheet" type="text/css" />
        </head>
        <body>
        <h1>题都城南庄</h1>
        <p>去年今日此门中，</p>
        <p>人面桃花相映红。</p>
        <p>人面不知何处去，</p>
        <p>桃花依旧笑春风。 </p>
        <img src="img/blossom1.jpg" />
        <img src="img/blossom2.jpg" />
        <img src="img/blossom3.jpg" />
        <img src="img/blossom4.jpg" />
        <img src="img/blossom5.jpg" />
        <img src="img/blossom6.jpg" />
</body>
</html>
```

运行后页面效果如图 5-3 所示。

4. 导入外部样式表

导入外部样式表是指在 HTML 文件头部的<style>元素里导入一个外部样式表，采用

import 方式。

图 5-3　链接样式表的应用页面效果图

语法：@import url("样式表路径")

如果使用导入外部样式表的方法，只需要将上例的代码：<link href="style.css" rel="stylesheet" type="text/css" />删除，并改为：

```
<style type="text/css">
    @import url("style.css");
</style>
```

链接样式表和导入外部样式表最大的好处是同一个 CSS 样式表可以被不同的 HTML 页面链接使用，同时一个 HTML 页面也可以通过多个标签链接多个 CSS 样式表。

CSS 基本选择器

5.3　CSS 基本选择器

HTML 元素要应用 CSS 样式，首先就需要找到该目标元素。执行这一任务的样式规则部分被称为选择器。CSS3 提供了大量的选择器，大体上可以分为基本选择器、组合选择器、属性选择器、伪类选择器和伪对象选择器等。由于浏览器的支持情况，很多选择器在实际开发中很少用到，本节主要讲解最基本又常用的选择器。基本选择器包括标签选择器、类选择器、id 选择器和通用选择器。

5.3.1　标签选择器

标签选择符也称为类型选择符，是指用 HTML 标签名称作为选择器，HTML 中的所有标签都可以作为标签选择符。

语法：标签名{属性 1:属性值 1; 属性 2:属性值 2; 属性 3:属性值 3;}

例如对 p 定义网页中的文字大小、颜色、行高和字体代码如下：

```
p{font-size: 14px;color: #ff0000;line-height:18px;font-family: "微软雅黑";}
```

上述 CSS 样式代码用于设置 HTML 页面中段落：字体大小为 14 像素、颜色为#ff0000、行高为 18 像素，字体为微软雅黑。

例 5-3 中的 h1、p、img 就是标签选择器。

5.3.2　类选择器

类选择符能够把相同的元素分类定义成不同的样式。定义类选择符时，在自定义类的前面需要加一个英文点号“.”。

语法：.类名{属性 1:属性值 1; 属性 2:属性值 2; 属性 3:属性值 3;}

依据语法，定义 p 标签选择器为“.p1”，例如：

```
.p1{ font-family:"微软雅黑";color: red; text-decoration: underline;}
```

调用的方法是通过标签的 class 属性调用，例如：

```
<p class="p1">类选择器</p>
```

类选择器最大的优势是可以为元素对象定义单独或相同的样式。

【例 5-4】 类选择器的使用，代码如下：

```
<!DOCTYPE html>
<html>
<head>
<title>类选择器示例</title>
    <style type="text/css">
    p{
       font-size:16px;
       line-height:2;
    }
    *.txt1{
       color:#eddbd9;
       background-color:#B060A8;
    }
    .txt2{
       color:#fe1c5e;
       background-color:#037369;
    }
    p.txt3{
       color:#264905;
       background-color:#b3ffa5;
    }
    </style>
</head>
<body>
       <h1 class="txt1">春日</h1>
       <p class="txt1">一夕轻雷落万丝，</p>
       <p class="txt2">霁光浮瓦碧参差。</p>
       <p class="txt3">有情芍药含春泪，</p>
       <p>无力蔷薇卧晓枝。</p>
</body>
</html>
```

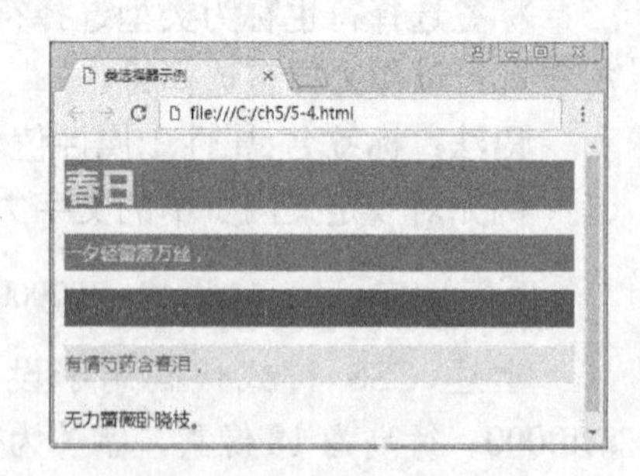

图 5-4 类选择器页面效果图

运行后页面效果如图 5-4 所示。

在此案例中，通过标签选择器 p，设置所有的段落为 2 倍行高、16px 大小，对所有段落起作用；类选择器.txt1 和.txt2 可以被任何标记引用，标题 1 和第 1 个段落引用 txt1，第 2 个段落引用 txt2。类选择器 p.txt3 仅允许 p 元素引用，第 3 个段落引用了该样式。

5.3.3 id 选择器

id 选择器是用来对某个单一元素定义单独的样式。id 选择器使用“#”进行标识，后面紧跟 id 名。

语法：#id 名{属性 1:属性值 1; 属性 2:属性值 2; 属性 3:属性值 3;}

依据语法，可以将例 5-4 的类选择器修改为“id 选择器”，定义 h1 标签选择器为“#txt1”，调用代码“class='.txt1'”修改为“id=' #txt1'”即可。

【例 5-5】 id 选择器的使用，代码如下：

```
<!DOCTYPE html>
<html>
<head>
<title>id 选择器示例</title>
    <style type="text/css">
        #style1 {
        font-family: "宋体";
        font-size: 24px;
        font-weight: bold;
        color:#F70808;
        text-align: center;
        }
        #style2 {
        font-size: 18px;
        font-weight: bold;
        font-family: "宋体";
        background-color:#C57BC5;
        }
        #style3 {
        font-family: "宋体";
        font-size: 14px;
        background-color:#C5DCCA;
        }
        </style>
</head>
<body>
        <p id="style1">中国名泉</p>
        <p  id="style3">    泉水滋养了人类的生命，更美化了大地，给了我
    们秀美的山川景色：温泉四季如汤。</p>
        <p  id="style3">    冷泉刺骨冰肌；承压水泉喷涌而出、飞翠流玉；潜
    水泉清澈如镜、汩汩外溢；喷泉腾地而起、水雾弥漫；间歇泉时淌时停、含情带意；还有离奇古怪的水火
    泉、甘苦泉、鸳鸯泉等。这些名泉，均对风景名胜有锦上添花之妙，相得益彰，誉满中外。</p>
        <p id="style2">济南趵突泉</p>
        <p  id="style3">    趵突泉为济南七十二泉之冠，泉旁石碑“第一
    泉”三字系清同治年间王仲霖所书，含糊其词，有意无意之间，给游客错以天下第一的印象，遂使趵
    突泉扬名四方。</p>
</body>
</html>
```

运行后页面效果如图 5-5 所示。

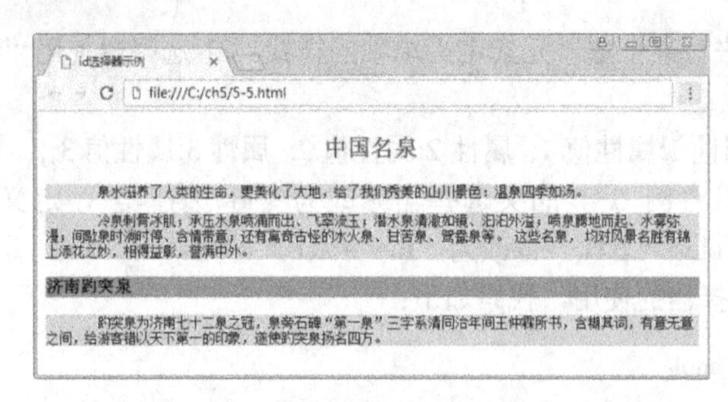

图 5-5　id 选择器页面效果图

HTML 元素 id 值应该是唯一的。在通常情况下，一般不采用多个元素使用同一 id 样式，当同一类元素需要使用同一类样式时应使用 class 类选择器。

5.3.4　通用选择器

通用选择器用星形标示号“*”表示，它是所有选择器中作用范围最广的，能匹配页面中所有的元素。

语法： *{属性 1:属性值 1; 属性 2:属性值 2; 属性 3:属性值 3;}

一般也就是使用这一句，设置所有元素的外边距 margin 和内边距 padding 都为 0 像素。

```
*{margin:0px; padding:0px;}
```

【例 5-6】 通用选择器的使用，代码如下：

```
<!DOCTYPE html>
<html>
<head>
        <style type="text/css">
        *{
        font-size:14px;
        line-height:1.5;
        text-align:center;
        background-color:#5f443b;
        color:#eddbd9;
        }
        .text{
                color:#fe1c5e;
                font-size:24px;
        }
        </style>
<title>通用选择器示例</title>
</head>
<body>
        <h1>临安春雨初霁</h1>
        <p>世味年来薄似纱，谁令骑马客京华。</p>
```

```
        <p class="text">小楼一夜听春雨，深巷明朝卖杏花。</p>
        <p>矮纸斜行闲作草，晴窗细乳戏分茶。</p>
        <p>素衣莫起风尘叹，犹及清明可到家。</p>
    </body>
    </html>
```

运行后页面效果如图 5-6 所示。

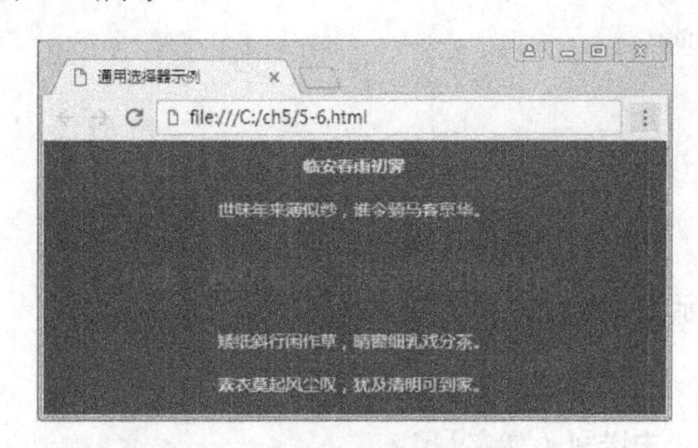

图 5-6　通用选择器页面效果图

在此案例中，通用选择器规定了字体大小、行高、对齐方式、背景色和前景色。则网页中的<body>、<h1>、<p>元素均采用此样式，但第 2 行定义了类名为 text 样式，显示不同的颜色并且字体大小为 24px。

组合选择器

5.4　其他 CSS 选择器

5.4.1　组合选择器

组合选择器可以算作是基础选择器的升级版，也就是组合使用基础选择器。组合选择器主要包含群组选择器、后代选择器、子选择器、兄弟相邻选择器和普通兄弟选择器。组合选择器的名称与含义如表 5-2 所示。

表 5-2　组合选择器

属 性 名 称	含　义
群组选择器（E, F）	匹配所有的 E 元素和 F 元素，用“,”隔开
后代选择器（E F）	选择所有属于 E 元素的后代的 F 元素，用空格隔开
子代选择器（E>F）	选择所有作为 E 元素的直接子元素 F，对更深一层的元素不起作用，用“>”表示
兄弟相邻选择器（E+F）	选择紧贴在 E 元素之后的 F 元素，用“+”表示。选择相邻的第 1 个兄弟元素
普通兄弟选择器（E~F）	选择 E 元素之后的所有兄弟元素 F，作用于多个元素，用“~”隔开

1. 群组选择器

群组选择器是各个选择器通过逗号连接而成的，标签选择器、类选择器、id 选择器都可以作为群组选择器的一部分。如果某些选择器定义的样式完全相同或部分相同，就可以利用群组选择器为它们定义相同的 CSS 样式。

语法：E,F {属性 1:属性值 1; 属性 2:属性值 2; 属性 3:属性值 3;}

【例 5-7】 群组选择器的使用，代码如下：

```
<!DOCTYPE html>
<html>
<head>
        <style type="text/css">
        body{
        text-align:center;
        }
        h1,p{
        color:#dd0932;                        /*群组选择器*/
        }
        </style>
<title>群组选择器示例</title>
</head>
<body>
        <h1>送别 / 山中送别 / 送友</h1>
        <h5>王维</h5>
        <p>
        山中相送罢，<br />日暮掩柴扉。 <br />
        春草明年绿，<br />王孙归不归？
        </p>
        </body>
</html>
```

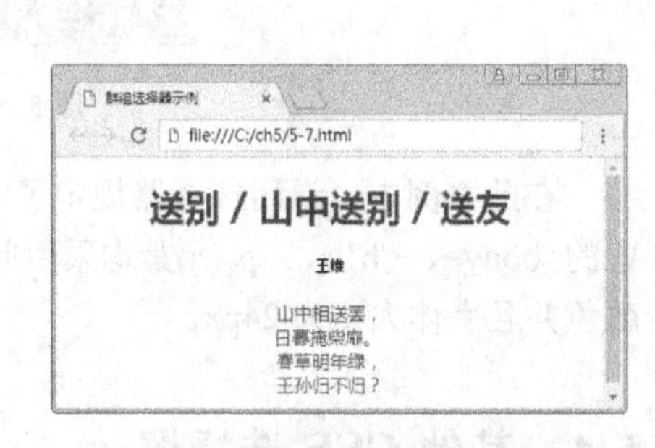

图 5-7　群组选择器页面效果图

运行后页面效果如图 5-7 所示。

2. 后代选择器

后代选择器用来选择元素或元素组的后代，其写法就是把外层标签写在前面，内层标签写在后面，中间用空格分隔。当标签发生嵌套时，内层标签就成为外层标签的后代。

语法：E F {属性 1:属性值 1; 属性 2:属性值 2; 属性 3:属性值 3;}

【例 5-8】 后代选择器的使用，代码如下：

```
<!DOCTYPE html>
<html>
<head>
        <style type="text/css">
        .test li a{                                    /*后代选择器*/
        color:#ffffff;
        background-color:#5e374a;
        }
        </style>
        <title>后代元素选择器示例</title>
</head>
<body>
        <h1>古诗举例</h1>
        <ul class="test">
        <li>李白：号<a href="#">青莲居士</a></li>
            <ul>
```

```
            <li><a href="#">《行路难》</a></li>
            <li><a href="#">《将进酒》</a></li>
            <li><a href="#">《望天门山》</a></li>
        </ul>
        <li>白居易：</li>
        <ul>
            <li><a href="#"> 《赋得古原草送别》</a></li>
            <li><a href="#">《忆江南》</a></li>

        </ul>
        <li>杜甫：</li>
        <ul>
            <li><a href="#">《春望》</a></li>
            <li><a href="#">《春夜喜雨》</a></li>
            <li><a href="#">《望岳》</a></li>
        </ul>
        <li>王之涣：</li>
        </ul>
        <p>
        <a href="http://www.baidu.com">更多内容，查找百度</a>
        </p>
    </body>
    </html>
```

运行后页面效果如图 5-8 所示。

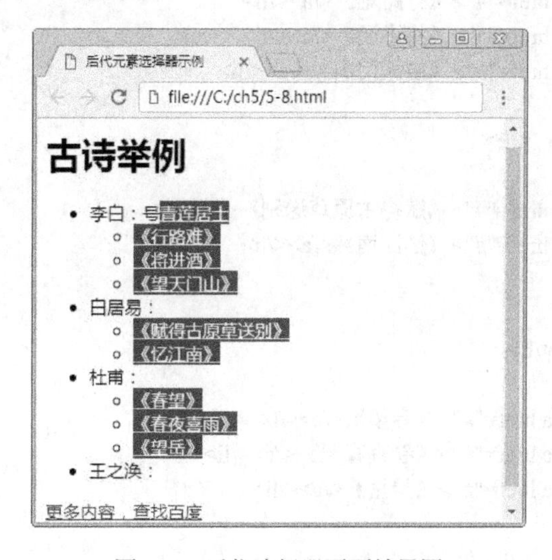

图 5-8　后代选择器页面效果图

本例中选择器.test li a 设计样式为紫色背景白色文字，限制类选择器.test 的所有后代<li>标记里的<a>标记。最外层的<ul>标记引用样式.test，其所有的后代 li a（无论是否在嵌套列表中）都表现出了“紫色背景白色文字”样式，而位于列表之外的“<p><a href=‘http://www.baidu.com’>更多内容，查找百度< / a>< / p>”不会匹配该样式。

3. 子代选择器

子代选择器只能选择某元素的子元素，其中 E 为父元素，F 为直接子元素，E>F 表示选择 E 元素下的所有子元素 F。这和后代元素选择器不一样，在后代元素选择器中 F 是 E 的后代元素，而子代选择器中 F 是 E 的子元素。

语法：E >F {属性 1:属性值 1; 属性 2:属性值 2; 属性 3:属性值 3;}

【例 5-9】 子代选择器的使用，代码如下：

```
<!DOCTYPE html>
<html>
<head>
    <style type="text/css">
    .test> li> a{                                          /*子代选择器*/
    color:#ffffff;
    background-color:#5e374a;
    }
    </style>
    <title>子代元素选择器示例</title>
</head>
<body>
    <h1>古诗举例</h1>
    <ul class="test">
    <li>李白：号<a href="#">青莲居士</a></li>
        <ul>
        <li><a href="#">《行路难》</a></li>
        <li><a href="#">《将进酒》</a></li>
        <li><a href="#">《望天门山》</a></li>
    </ul>
    <li>白居易：</li>
    <ul>
        <li><a href="#">《赋得古原草送别》</a></li>
        <li><a href="#">《忆江南》</a></li>

    </ul>
    <li>杜甫：</li>
    <ul>
         <li><a href="#">《春望》</a></li>
         <li><a href="#">《春夜喜雨》</a></li>
         <li><a href="#">《望岳》</a></li>
    </ul>
    <li>王之涣：</li>
    </ul>
    <p>
    <a href="http://www.baidu.com">更多内容，查找百度</a>
    </p>
</body>
</html>
```

运行后页面效果如图 5-9 所示。

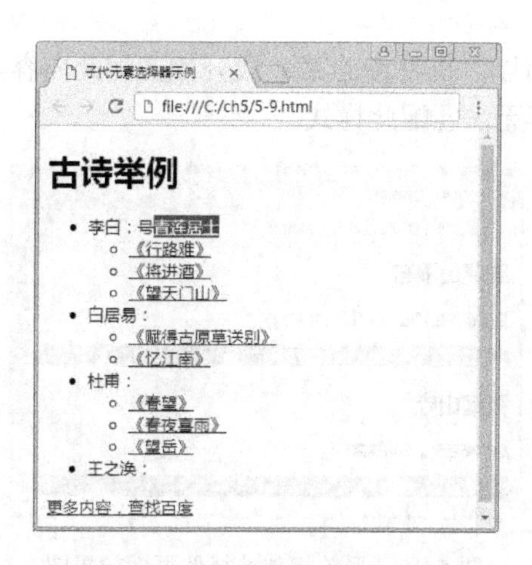

图 5-9　子代选择器页面效果图

本例中选择器.test>li>a 表示对类选择器 test 下面的 li 元素下面 a 元素起作用。只有属于这个关系的直接后代（父子关系）才会起作用，显示为紫色背景白色文字，而嵌套列表中，在 li 元素下面嵌套的 ul li 是不会起到作用的，这正是本例与例 5-8 的区别所在。

4. 兄弟相邻选择器

兄弟相邻选择器选择紧贴在元素之后的另一元素，而且它们具有相同的父元素，也就是说，该选择器选择相邻的第 1 个兄弟元素。

语法： E +F {属性 1:属性值 1; 属性 2:属性值 2; 属性 3:属性值 3;}

【例 5-10】 兄弟相邻选择器的使用，代码如下：

```
<!DOCTYPE html>
<html>
<head>
        <style type="text/css">
        p+p{
        color:#fbf95e;
        background-color:#0763c2;
        }
        </style>
        <title>兄弟相邻选择器示例</title>
</head>
<body>
        <h2>望庐山瀑布</h2>
        <p>日照香炉生紫烟，遥看瀑布挂前川。</p>
        <p>飞流直下三千尺，疑是银河落九天。</p>
        <h2>夜宿山寺</h2>
        <p>危楼高百尺，手可摘星辰。</p>
        <p>不敢高声语，恐惊天上人。</p>
</body>
</html>
```

运行后页面效果如图 5-10 所示。

本例中兄弟相邻选择器 p+p 表示只有在 p 元素之后紧连接着另一个 p 元素，才会对第 2

个 p 元素开始起到作用。所以，每首诗的第 2 段开始匹配此内容，两首诗之间有标题元素分隔开，第 2 首诗的首个段落无法匹配此样式。

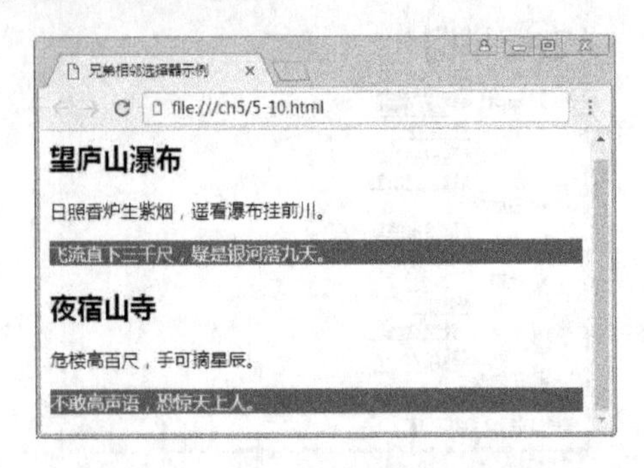

图 5-10　兄弟相邻选择器页面效果图

5. 普通兄弟选择器

普通兄弟选择器选择某元素后面的所有兄弟元素，它和相邻兄弟选择器类似，需要在同一个父元素之中，并且 F 元素在 E 元素之后。区别在于 E~F 选择器匹配所有 E 元素后面的 F 元素，E+F 仅匹配紧跟在 E 元素后边的 F 元素。

语法：E~F {属性 1:属性值 1; 属性 2:属性值 2; 属性 3:属性值 3;}

【例 5-11】 普通兄弟选择器的使用。代码如下：

```
<!DOCTYPE html>
<html>
<head>
        <style type="text/css">
        p~ p{
        color:#fbf95e;
        background-color:#0763c2;
        }
        </style>
        <title>普通兄弟选择器示例</title>
</head>
<body>
        <h2>望庐山瀑布</h2>
        <p>日照香炉生紫烟，遥看瀑布挂前川。</p>
        <p>飞流直下三千尺，疑是银河落九天。</p>
        <h2>夜宿山寺</h2>
        <p>危楼高百尺，手可摘星辰。</p>
        <p>不敢高声语，恐惊天上人。</p>
</body>
</html>
```

运行后页面效果如图 5-11 所示。

本例中普通兄弟选择器 p~p 表示在出现第 1 个 p 元素之后，接下来所有 p 元素都匹配样式。所以自第 1 个段落之后所有的段落样式都得到了改变。假如选择器设置成 p~p~p，那么会在第 3 个（包含第 3 个）p 元素开始起作用，大家可自行练习。

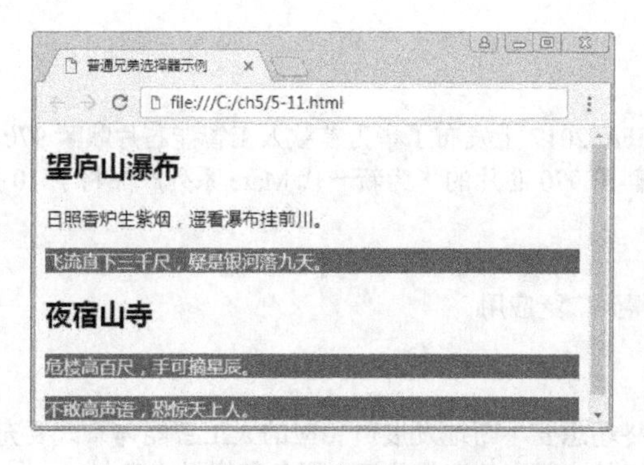

图 5-11　普通兄弟选择器页面效果图

5.4.2　属性选择器

CSS3 中，新添加了 3 个属性选择器：E[att^="value"]、E [att$="value"]、E [att*="value"]，用来匹配属性中包含某些特定的值，如表 5-3 所示。

表 5-3　CSS3 新增属性选择器

属 性 名 称	含　义
E[att^="value"]	选择名称为 E 的标签，且该标签定义了 att 属性，att 属性值包含前缀为 value 的子字符串
E [att$="value"]	选择名称为 E 的标签，且该标签定义了 att 属性，att 属性值包含后缀为 value 的子字符串
E [att*="value"]	选择名称为 E 的标签，且该标签定义了 att 属性，att 属性值包含 value 的子字符串

需要注意的是 E 是可以省略的，如果省略则表示可以匹配满足条件的任意元素。

1. E[att^="value"]属性选择器

该属性选择器选择名称为 E 的标签，且该标签定义了 att 属性，att 属性值包含前缀为 value 的子字符串。需要注意的是 E 是可以省略的，如果省略则表示可以匹配满足条件的任意元素。

【例 5-12】 E[att^="value"]属性选择器的使用。代码如下：

```
<!doctype html>
<html>
<head>
<meta charset="utf-8">
<title>E[att^="value"] 属性选择器的应用</title>
<style type="text/css">
p[id^= "sec"]{
    color:pink;
    font-family: "微软雅黑";
    font-size: 22px;
}
</style>
</head>
<body>
<p id="sec">
    人工智能在终端上实现必须通过端云协同
```

```
</p>
<p id="txt1">
    华为今日在 IFA 2017 上发布了华为首款人工智能芯片麒麟 970，华为消费者业务 CEO 余承东透露，首款搭载全新麒麟 970 芯片的华为新一代 Mate 系列产品将于 10 月 16 日在德国慕尼黑发布。
</p>
<p id="sec2">
    云侧智能已得到广泛应用
</p>
<p id="txt2">
    未来的智慧终端想要不断地发展，相应的人工智能体系既要充分发挥终端自身的能力和价值，也要结合大数据和云技术带来的海量信息、服务和超强计算力。
</p>
<p id="sec3">
    将开放麒麟 970 共建 AI 生态
</p>
<p id="txt3">
    “人工智能是一种基础能力，未来将由应用场景驱动发展。”余承东在发言中强调，“一个单纯的平台技术创新并不能真正实现用户体验的革命性提升。”
</p>
</body>
</html>
```

运行后页面效果如图 5-12 所示。

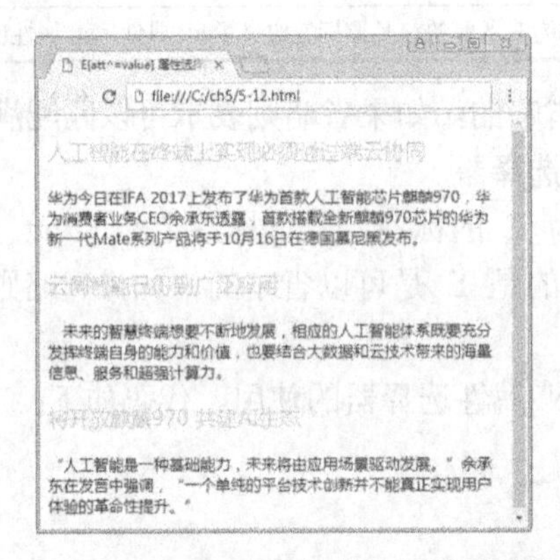

图 5-12　E[att^=“value”] 属性选择器页面效果图

本例中使用 E[att^="value"]选择器 p[id^="sec"]。只要 p 元素中的 id 属性值是以“sec”字符串开头就会被选中，从而呈现特殊的文本效果。

2. E[att$="value"]属性选择器

该属性选择器选择名称为 E 的标签，且该标签定义了 att 属性，att 属性值包含后缀为 value 的子字符串。需要注意的是，E 是可以省略的，如果省略则表示可以匹配满足条件的任意元素。

【例 5-13】 E[att$="value"]属性选择器的使用，代码如下：

```
<!doctype html>
<html>
<head>
```

```
<meta charset="utf-8">
<title>E[att$=value] 属性选择器的应用</title>
<style type="text/css">
p[id$= "sec"]{
    color:red;
    font-family: "微软雅黑";
    font-size: 22px;
}
</style>
</head>
<body>
<p id="sec">
    人工智能在终端上实现必须通过端云协同
</p>
<p id="txt1">
    华为今日在 IFA 2017 上发布了华为首款人工智能芯片麒麟 970，华为消费者业务 CEO 余承东透露，首款搭载全新麒麟 970 芯片的华为新一代 Mate 系列产品将于 10 月 16 日在德国慕尼黑发布。
</p>
<p id="2sec">
    云侧智能已得到广泛应用
</p>
<p id="txt2">
    “未来的智慧终端想要不断地发展，相应的人工智能体系既要充分发挥终端自身的能力和价值，也要结合大数据和云技术带来的海量信息、服务和超强计算力。
</p>
<p id="3sec">
    将开放麒麟 970 共建 AI 生态
</p>
<p id="txt3">
    “人工智能是一种基础能力，未来将由应用场景驱动发展。”余承东在发言中强调，“一个单纯的平台技术创新并不能真正实现用户体验的革命性提升。”
</p>
</body>
</html>
```

运行后页面效果如图 5-13 所示。

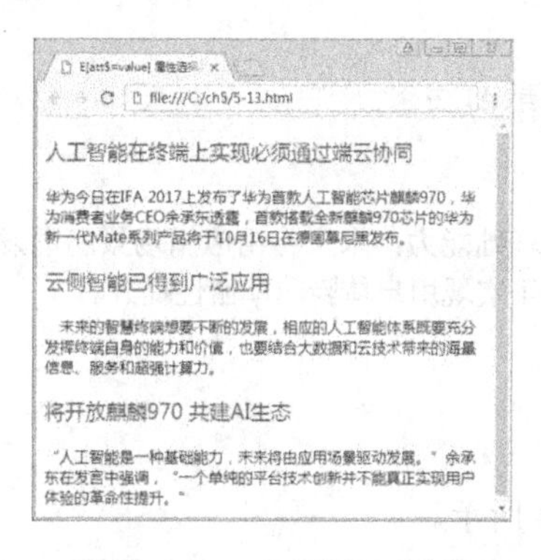

图 5-13　E[att$="value"] 属性选择器页面效果图

本例中使用 E[att$="value"]选择器 p[id$="sec"]。只要 p 元素中的 id 属性值是以“sec”字符串结尾就会被选中，从而呈现特殊的文本效果。

3. E[att*="value"]属性选择器

该属性选择器选择名称为 E 的标签，且该标签定义了 att 属性，att 属性值包含 value 的子字符串。需要注意的是 E 是可以省略的，如果省略则表示可以匹配满足条件的任意元素。

【例 5-14】 E[att*="value"]属性选择器的使用，代码如下：

```
<!doctype html>
<html>
<head>
<meta charset="utf-8">
<title>E[att*=value] 属性选择器的应用</title>
<style type="text/css">
p[id*= "sec"]{
    color:red;
    font-family: "微软雅黑";
    font-size: 22px;
}
</style>
</head>
<body>
<p id="sec">
    人工智能在终端上实现必须通过端云协同
</p>
<p id="sec1">
    华为今日在 IFA 2017 上发布了华为首款人工智能芯片麒麟 970，华为消费者业务 CEO 余承
东透露，首款搭载全新麒麟 970 芯片的华为新一代 Mate 系列产品将于 10 月 16 日在德国慕尼黑发布。
</p>
<p id="2sec">
    云侧智能已得到广泛应用
</p>
<p id="txt2">
    未来的智慧终端想要不断地发展，相应的人工智能体系既要充分发挥终端自身的能力和价
值，也要结合大数据和云技术带来的海量信息、服务和超强计算力。
</p>
<p id="3sec">
    将开放麒麟 970 共建 AI 生态
</p>
<p id="txt3">
    “人工智能是一种基础能力，未来将由应用场景驱动发展。”余承东在发言中强调，“一个
单纯的平台技术创新并不能真正实现用户体验的革命性提升。”
</p>
</body>
</html>
```

运行后页面效果如图 5-14 所示。

本例中使用 E[att*="value"]选择器 p[id*="sec"]。只要 p 元素中的 id 属性值包含“sec”

字符串就会被选中，从而呈现特殊的文本效果。

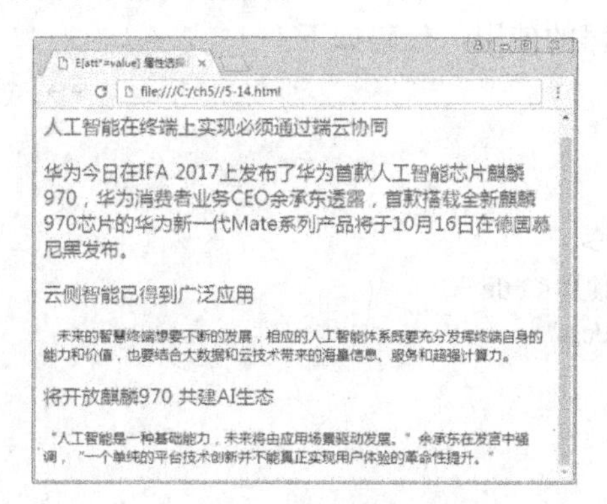

图 5-14　E[att*="value"] 属性选择器页面效果图

5.4.3　结构伪类选择器

结构伪类选择器是 CSS3 中新增的选择器。它利用文档结构树实现元素的过滤，通过文档的相互关系来匹配特定的元素，从而减少文档内 class 和 ID 属性的定义，使文档更加简洁。常用的如表 5-4 所示。

表 5-4　结构性伪类选择器

表 达 式	描 述
:root	将样式绑定到页面的根元素中。所谓根元素，是指位于文档树中最顶层结构的元素，在 HTML 页面中就是指包含着整个页面的<html>部分
:not	想对某个结构元素使用样式，但想排除这个结构元素下的子结构元素，就是用:not 伪类
:empty	指定当元素内容为空白时使用的样式
:target	对页面中某个 target 元素指定样式，该样式只在用户单击了页面中的链接，并且跳转到 target 元素后生效
: first-child	对父元素中的第一个子元素指定样式 例如，p:first-child{}表示第一个 p 元素的样式
: last-child	对父元素中的最后一个子元素指定样式 例如，p:last-child{}表示倒数第一个 p 元素的样式
: only-child	当某个父元素中只有一个子元素时使用的样式
: nth-child(n)	对指定序号的子元素设置样式(正数)，表示第几个子元素 例如，p:nth-child(2){} 表示第 2 个 p 元素的样式
: nth-last-child(n)	对指定序号的子元素设置样式(正数)，表示倒数第几个子元素 例如，p:nth-last-child(2){}表示倒数第 2 个 p 元素的样式
:nth-child(even)	所有正数第偶数个子元素，等同于:nth-child(2n)
:nth-child(odd)	所有正数第奇数个子元素，等同于:nth-child(2n+1)
:nth-last-child(even)	所有倒数第偶数个子元素
:nth-last-child(odd)	所有倒数第奇数个子元素
: nth-of-type(n)	用于匹配属于父元素的特定类型的第 *n* 个子元素
: nth-last-of-type(n)	用于匹配属于父元素的特定类型的倒数第 *n* 个子元素

1.　:root 选择器

:root 选择器用于匹配文档根元素，在 HTML 中，根元素始终是 HTML 元素。也就是说使用“:root 选择器”定义的样式，对所有页面元素都生效。

【例 5-15】 :root 选择器的使用，代码如下：

```
<!doctype html>
<html>
<head>
<meta charset="utf-8">
<title>root 选择器的使用</title>
    <style type="text/css">
    :root {
      color: red;
    }
    h2 {
      color: blue;
    }
    </style>
</head>
<body>
    <h2>草露的清新</h2>
    <p>草尖的露滴，滋润早晨的清新，坐进清新，漫步一次花丛的新奇，无名的小花开出了诗
意，绿油油的青草，摇曳起画笔，绿绿的波浪，摘去了清新的诗句。我望去，层层叠叠的新奇诗语，
如放歌一首。
    </p>
</body>
</html>
```

运行后页面效果如图 5-15 所示。

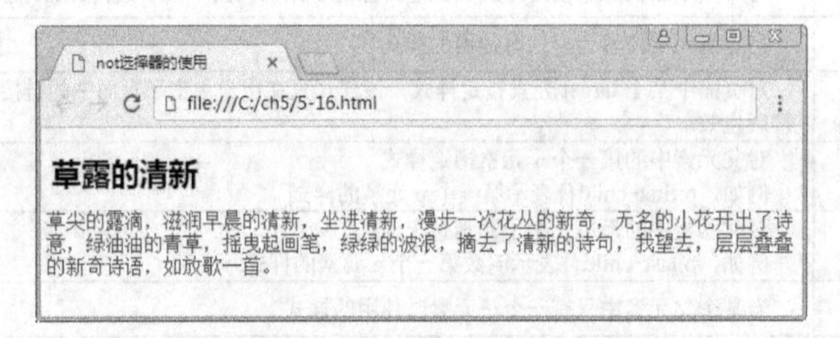

图 5-15 root 选择器页面效果图

本例中使用“root 选择器”将页面中所有的文本设置为红色，将 h2 元素设置蓝色文本，以覆盖设置的红色文本样式。

2. :not 选择器

如果对某个结构元素使用样式，但想排除该结构元素下面的子结构元素，让它不使用这个样式，可以使用:not 选择器。

【例 5-16】 :not 选择器的使用。代码如下：

```
<!doctype html>
<html>
<head>
<meta charset="utf-8">
```

```
<title>not 选择器的使用</title>
     <style type="text/css">
     body *:not(h2){
      color:red;
      font-size: 16px;
      font-family: "宋体";
     };
     </style>
</head>
<body>
     <h2>草露的清新</h2>
     <p>草尖的露滴滋润早晨的清新坐进清新，漫步一次花丛的新奇无名的小花开出了诗意绿油油的青草，摇曳起画笔绿绿的波浪，摘去了清新的诗句我望去，层层叠叠的新奇诗语如放歌一首。
     </p>
</body>
</html>
```

运行后页面效果如图 5-16 所示。

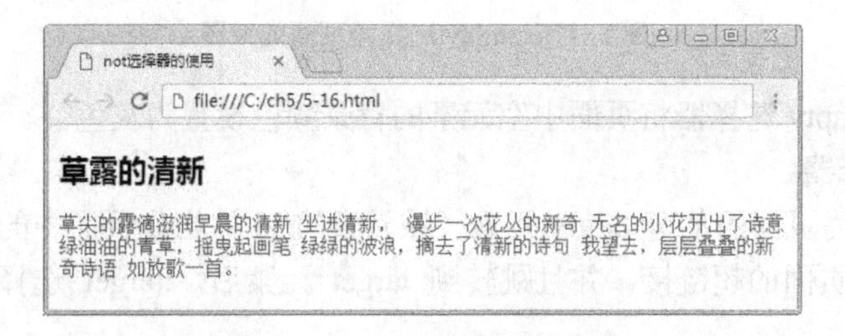

图 5-16　not 选择器页面效果图

本例中使用“not 选择器”用于排除 body 结构中的子结构元素 h2，使其不应用该文本样式。

3. :empty 选择器

: empty 选择器用来选择没有子元素或文本内容为空的所有元素。

【例 5-17】 : empty 选择器的使用，代码如下：

```
<!doctype html>
<html>
<head>
<meta charset="utf-8">
<title>empty 选择器的使用</title>
     <style type="text/css">
     p{
      width:650px;
      height:30px;
     }
     :empty{background-color: #ccc;}
     </style>
     </head>
<body>
```

```
        <h2>草露的清新</h2>
        <p>草尖的露滴滋润早晨的清新坐进清新，漫步一次花丛的新奇无名的小花开出了诗意</p>
        <p></p>
        <p>绿油油的青草，摇曳起画笔绿绿的波浪，摘去了清新的诗句我望去，层层叠叠的新奇诗语如放歌一首。</p>
</body>
</html>
```

运行后页面效果如图 5-17 所示。

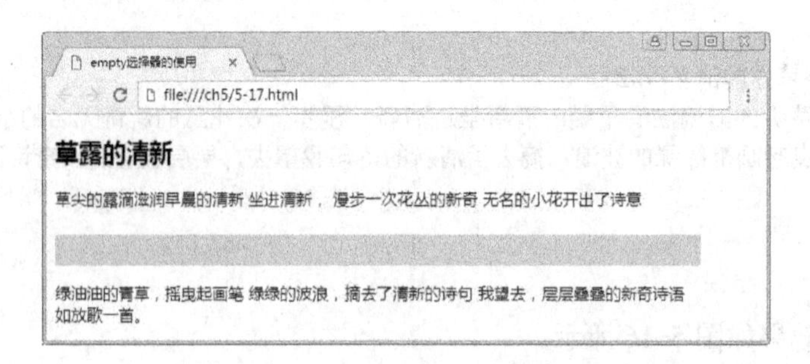

图 5-17　empty 选择器页面效果图

本例中使用:empty 选择器将页面中空元素的背景颜色设置为灰色。

4. :target 选择器

:target 选择器为页面的某个 target 元素（该元素的 id 被当作页面中的超链接来使用）指定样式。只有单击页面的超链接，并且跳转到 target 元素后，:target 选择器所设置的样式才会起作用。

【例 5-18】 :target 选择器的使用。代码如下：

```
<!doctype html>
<html>
<head>
<meta charset="utf-8">
<title>target 选择器的使用</title>
        <style type="text/css">
        :target{background-color: #e5eecc;}
        </style>
</head>
<body>
        <h1>这是标题</h1>
        <p><a href="#xw1">跳转至内容 1</a></p>
        <p><a href="#xw2">跳转至内容 2</a></p>
        <p>请单击上面的链接,:target 选择器会突出显示当前活动的 HTML 锚。</p>
        <p id="xw1"><b>内容 1</b></p>
        <p id="xw2"><b>内容 2</b></p>
</body>
</html>
```

运行后页面效果如图 5-18 所示。当单击“跳转至内容 2”时，效果如图 5-19 所示，链接内容添加了背景颜色效果。

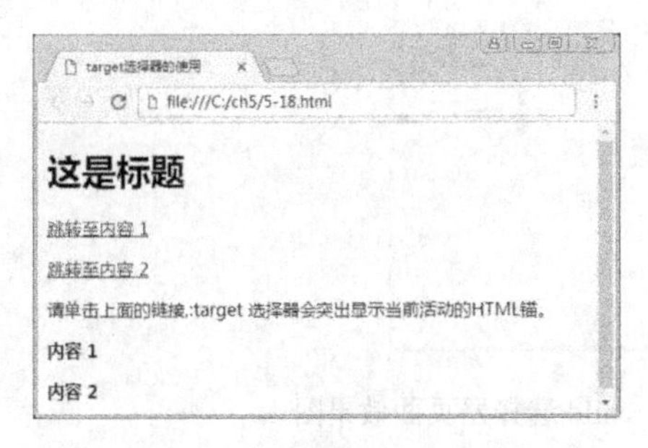

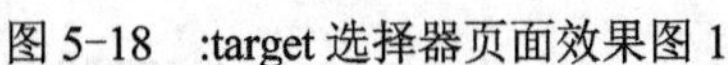
图 5-18　:target 选择器页面效果图 1

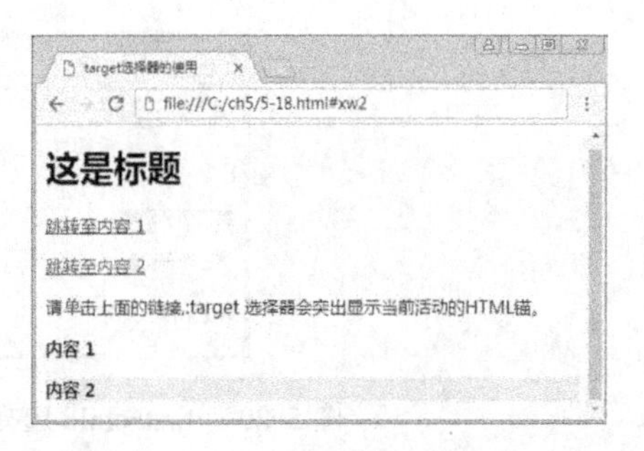

图 5-19　:target 选择器页面效果图 2

本例中使用:target 选择器为 target 元素指定背景颜色。当单击链接时，所链接到的内容将会被添加背景颜色效果。

5. :first-child 选择器和:last-child 选择器

:first-child 选择器和:last-child 选择器分别用于为父元素中的第 1 个或者最后一个子元素设置样式。

【例 5-19】 :first-child 选择器和:last-child 选择器的使用。代码如下：

```
<!doctype html>
<html>
<head>
<meta charset="utf-8">
<title>first-child 和 last-child 选择器的使用</title>
        <style type="text/css">
        p:first-child{
        color:pink;
        font-size:20px;
        font-family:"宋体";
        }
        p:last-child{
        color:blue;
        font-size: 20px;
        font-family: "微软雅黑";
        }
        </style>
</head>
        <body>
        <p>第一个子元素</p>
        <p>第二个子元素</p>
        <p>第三个子元素</p>
        <p>第四个子元素</p>
        </body>
</html>
```

运行后页面效果如图 5-20 所示。

本例中使用选择器“p：first-child”和“p：last-child”用于选择作为其父元素的第 1 个子

元素 p 和最后一个子元素 p（本例中的父元素为 body），然后为它们设置特殊的文本样式。

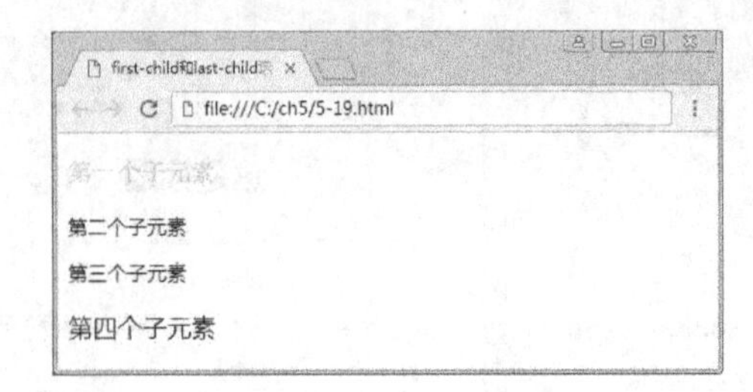

图 5-20　:first-child 选择器和:last-child 选择器页面效果图

6. :only-child 选择器

:only-child 选择器用于指定某父元素的唯一子元素的元素的样式。

【例 5-20】 : only-child 选择器的使用，代码如下：

```
<!doctype html>
<html>
<head>
<meta charset="utf-8">
        <title>only-child 选择器的使用</title>
        <style type="text/css">
        li:only-child{
        color:red;
        }
        </style>
        </head>
        <body>
        本花店常见花的介绍<br/>
                木本花卉：
                <ul>
                        <li>月季花</li>
                        <li>桃花</li>
                        <li>牡丹</li>
                </ul>
                草本花卉：
                <ul>
                        <li>风信子</li>
                </ul>
                盆花类：
                <ul>
                        <li>石竹</li>
                        <li>蝴蝶兰</li>
                        <li>水仙</li>
                </ul>
        </body>
</html>
```

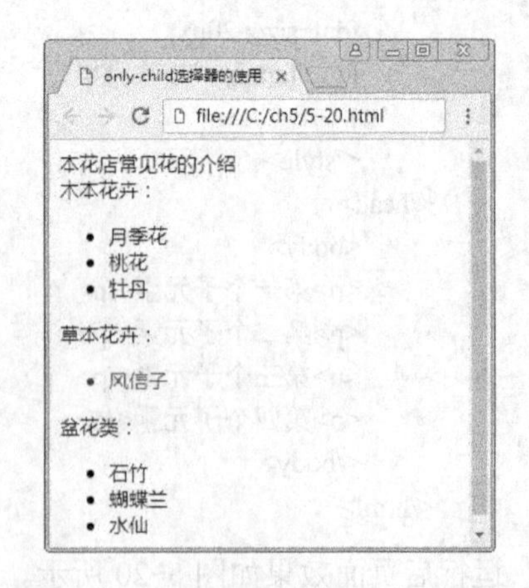

图 5-21　: only-child 选择器页面效果图

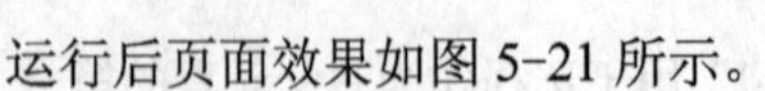
运行后页面效果如图 5-21 所示。

本例中使用选择器 “li:only-child”，用于选择作为 ul 唯一子元素的 li 元素，并设置其文本颜色为红色。

7. :nth-child(n)选择器和:nth-last-child(n)选择器

:nth-child(n)选择器和:nth-last-child(n)选择器表示对指定序号的子元素设置样式（正数）。:nth-child(n)选择器表示第 n 个子元素，而: nth-last-child(n) 选择器表示倒数第 n 个元素。

【例 5-21】 : nth-child(n)选择器和: nth-last-child(n)选择器的使用，代码如下：

```
<!doctype html>
<html>
<head>
<meta charset="utf-8">
      <title>nth-child(n)选择器和 nth-last-child(n)选择器的使用</title>
      <style type="text/css">
      p:nth-child(2){
      color:pink;
      font-size:18px;
      font-family:"宋体";
      }
      p:nth-last-child(2){
      color:blue;
      font-size: 18px;
      font-family: "微软雅黑";
      }
      </style>
      </head>
      <body>
      <p>第一个子元素</p>
      <p>第二个子元素</p>
      <p>第三个子元素</p>
      <p>第四个子元素</p>
      <p>第五个子元素</p>
      </body>
</html>
```

运行后页面效果如图 5-22 所示。

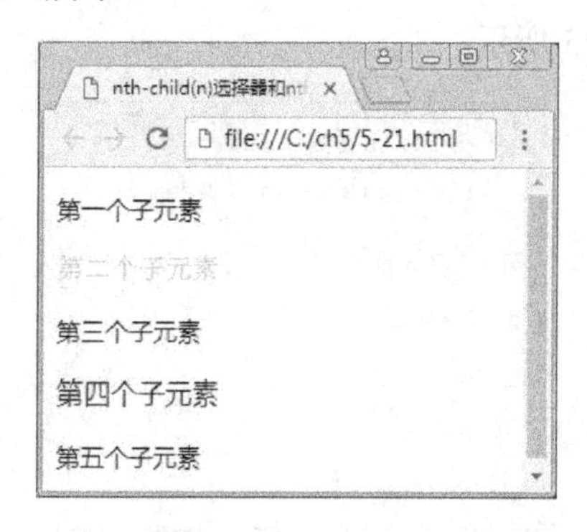

图 5-22 : nth-child(n)选择器和: nth-last-child(n)选择器页面效果图

本例中分别使用了选择器“p:nth-child(2)”和“p:nth-last-child(2)”，用于选择作为其父元素的第 2 个子元素 p 和倒数第 2 个子元素 p（本案例中的父元素为 body），然后为它们设置特殊的文本样式。

8. :nth-child(even)选择器和:nth- child(odd)选择器

:nth-child(even)选择器表示对所有正数第偶数个子元素设置样式。:nth-child(odd)选择器表示对所有正数第奇数个子元素设置样式。

【例 5-22】 :nth-child(even)选择器和: nth-child(odd)选择器的使用，代码如下：

```
<!doctype html>
<html>
<head>
<meta charset="utf-8">
    <title>nth-child(even)选择器和 nth-child(odd)选择器的使用</title>
    <style type="text/css">
    p:nth-child(even){
    color:red;
    font-size:16px;
    font-family:"宋体";
    }
    p:nth-child(odd){
    color:blue;
    font-size: 18px;
    font-family: "微软雅黑";
    }
    </style>
    </head>
    <body>
    <p>第一个子元素</p>
    <p>第二个子元素</p>
    <p>第三个子元素</p>
    <p>第四个子元素</p>
    <p>第五个子元素</p>
    </body>
</html>
```

运行后页面效果如图 5-23 所示。

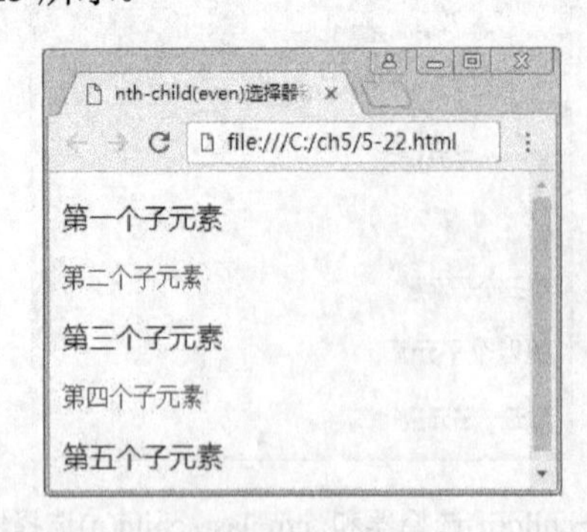

图 5-23　:nth-child(even)选择器和:nth-child(odd)选择器页面效果图

本例中分别使用了选择器“p:nth-child(even)”和“p:nth-child(odd)”设置段落的偶数和奇数的文本样式。

9. :nth-last-child(even)选择器和:nth-last-child(odd)选择器

:nth-last-child(even)选择器表示对所有倒数第偶数个子元素设置样式。:nth-last-child(odd)选择器表示对所有倒数第奇数个子元素设置样式。

【例 5-23】 :nth-last-child(even)选择器和:nth-last-child(odd)选择器的使用，代码如下：

```
<!doctype html>
<html>
<head>
<meta charset="utf-8">
    <title>nth-last-child(even)选择器和 nth-last-child(odd)选择器的使用</title>
    <style type="text/css">
    p:nth-last-child(even){
    color:red;
    font-size:16px;
    font-family:"宋体";
    }
    p:nth-last-child(odd){
    color:blue;
    font-size: 18px;
    font-family: "微软雅黑";
    }
    </style>
    </head>
    <body>
    <p>第一个子元素</p>
    <p>第二个子元素</p>
    <p>第三个子元素</p>
    <p>第四个子元素</p>
    <p>第五个子元素</p>
    <p>第六个子元素</p>
    </body>
</html>
```

运行后页面效果如图 5-24 所示。

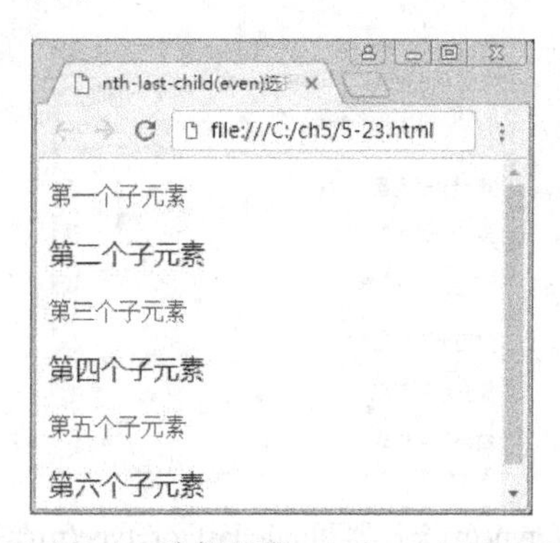

图 5-24　:nth-last-child(even)选择器和:nth-last-child(odd)选择器页面效果图

本例中分别使用了选择器“p:nth-last-child(even)”和“p:nth-last-child(odd)”设置倒数偶数段落和倒数奇数段落的文本样式。

10. :nth-of-type(n)选择器和:nth-last-of-type(n)选择器

:nth-of-type(n)选择器和:nth-last-of-type(n)选择器用于匹配属于父元素的特定类型的第 n 个子元素和倒数第 n 个子元素，与元素类型无关。

【例 5-24】 :nth-of-type(n)选择器和:nth-last-of-type(n)选择器的使用，代码如下：

```
<!doctype html>
<html>
<head>
<meta charset="utf-8">
        <title> nth-of-type(n)选择器和 nth-last-of-type(n)选择器的使用</title>
        <style type="text/css">
        p: nth-of-type(2) {
        color:red;
        font-size:16px;
        font-family:"宋体";
        }
        p: nth-last-of-type(4) {
        color:blue;
        font-size: 18px;
        font-family: "微软雅黑";
        }
        </style>
        </head>
        <body>
        <p>第一个子元素</p>
        <p>第二个子元素</p>
        <p>第三个子元素</p>
        <p>第四个子元素</p>
        <p>第五个子元素</p>
        <p>第六个子元素</p>
        </body>
</html>
```

运行后页面效果如图 5-25 所示。

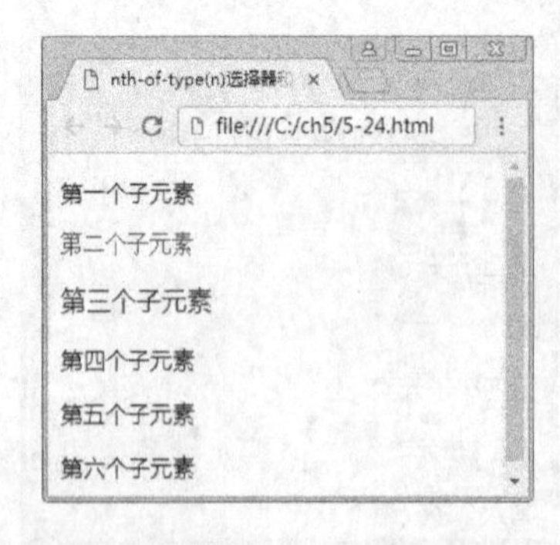

图 5-25 :nth-of-type(n)选择器和:nth-last-of-type(n)选择器页面效果图

本例中分别使用了选择器“p:nth-of-type(2)”和“p:nth-last-of-type(4)”设置第 2 个段落和倒数第 4 个段落的文本样式。

5.4.4 链接伪类选择器

链接伪类选择器

定义超链接时，需要为超链接指定不同的状态，使得超链接在单击前、单击后和鼠标悬停时的样式不同。在 CSS 中，通过超链接伪类可以实现不同的链接状态。

所谓伪类并不是真正意义上的类，它的名称是由系统定义的，通常由标记名、类名或 id 名加“:”构成。超链接标记<a>的伪类有 4 种，具体如表 5-5 所示。

表 5-5　超链接标记<a>的伪类

表 达 式	描　述	表 达 式	描　述
a:link	未访问时的超级链接的状态	a:hover	鼠标经过、悬停时超级链接的状态
a:visited	访问后超链接的状态	a:active	鼠标单击不动时超级链接的状态

【例 5-25】 链接伪类的使用，代码如下：

```
<!doctype html>
<html>
<head>
<meta charset="utf-8">
<title>链接伪类的使用</title>
    <style type="text/css">
    a:link,a:visited{                          /*未访问和访问后*/
        color:#2FBF49;
        text-decoration:none;                  /*清除超链接默认的下画线*/
    }
    a:hover{                                   /*鼠标悬停*/
        color:blue;
        text-decoration:underline;             /*鼠标悬停时出现下画线*/
    }
    a:active{ color:#F00;}                     /*鼠标单击不动*/
    </style>
</head>
<body>
    <a href="#">首页</a>
    <a href="#">公司简介</a>
    <a href="#">业务范围</a>
    <a href="#">经典案例</a>
    <a href="#">联系我们</a>
</body>
</html>
```

图 5-26　导航效果图

运行后页面效果如图 5-26 所示。当鼠标悬停于“公司简介”时，页面效果如图 5-27 所示。当鼠标单击“公司简介”不动时，页面效果如图 5-28 所示。本例中超链接按设置的默认样式显示，文本颜色为绿色、无下画线。当鼠标悬停链接文本时，文本颜色变为蓝色且添加下画线效果。当鼠标单击链接文本不动时，文本颜色变为红色且添加默认的下画线。

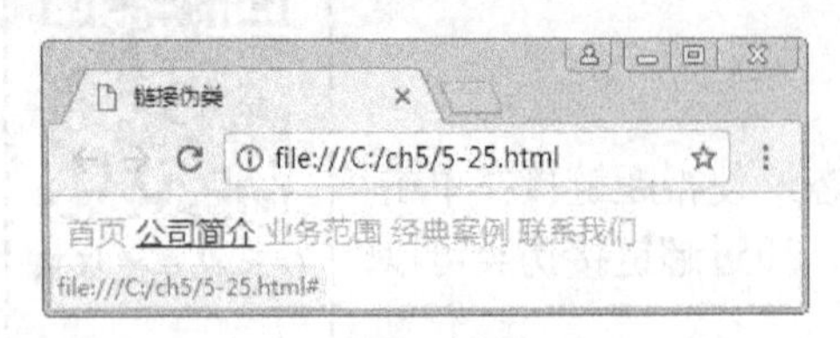

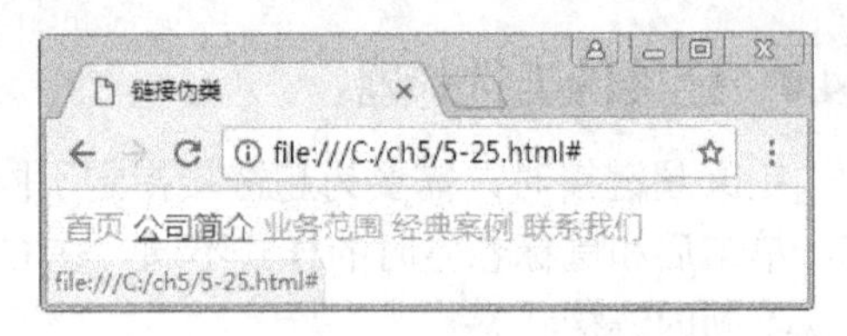

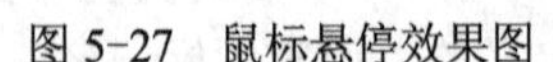
图 5-27　鼠标悬停效果图

图 5-28　鼠标单击不动效果图

在应用超级链接伪类时，要保持 a:link、a:visited、a:hover、a:active 的先后顺序来定义样式，在实际工作中，通常只需要使用 a:link、a:visited 和 a:hover 定义未访问、访问后和鼠标悬停时的链接样式，并且常常对 a:link 和 a:visited 应用相同的样式，使未访问和访问后的链接样式保持一致。

5.4.5　伪元素选择器

伪元素选择器

伪元素选择器是针对 CSS 中已定义的伪元素使用的选择器。CSS 中主要使用的伪元素为“:before”伪元素选择器和“:after”伪元素选择器。

1. :before 伪元素选择器

:before 伪元素选择器用于在被选元素的内容前面插入内容，必须配合“content”属性来指定要插入的具体内容。

语法：

```
element:before{
        content:文字/url();
}
```

语法中，element 表示元素，被选元素位于“:before”之前，“{ }”中的 content 属性用来指定要插入的具体内容，该内容既可以为文本也可以为图片，大家还可以根据其他需要添加相应的样式。

【例 5-26】 :before 选择器的使用，代码如下：

```
<!doctype html>
<html>
<head>
<title>before 选择器的使用</title>
<style type="text/css">
p:before{
   content:"《咏鹅》";
   color:#c06;
   font-size: 20px;
   font-family: "微软雅黑";
   font-weight: bold;
}
</style>
```

```
</head>
<body>
<p>描画生动，童叟皆诵，可见其之早慧。其文才过人，多有长作，文辞清丽，意象生动；意蕴丰富，有感人肺腑之力。首句连用三个“鹅”字，表达了诗人对鹅十分喜爱之情。</p>
</body>
</html>
```

运行后页面效果如图 5-29 所示。

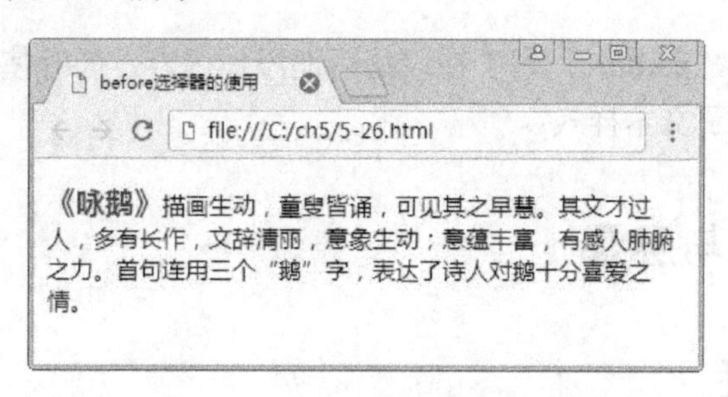

图 5-29　: before 选择器效果图

本例中使用选择器“p:before”，用于在段落前面添加内容，同时使用 content 属性来指定添加的具体内容并设置了文本样式。

2. :after 伪元素选择器

:after 伪元素选择器用于在被选元素的内容之后插入内容，必须配合“content”属性来指定要插入的具体内容。使用方法与“:before 伪元素选择器”的使用方法类似。

【例 5-27】 :after 选择器的使用，代码如下：

```
<!doctype html>
<html>
<head>
<title>after 选择器的使用</title>
<style type="text/css">
p: after{
  content:"--《咏鹅》";
  color:#c06;
  font-size: 20px;
  font-family: "微软雅黑";
  font-weight: bold;
}
</style>
</head>
<body>
<p>描画生动，童叟皆诵，可见其之早慧。其文才过人，多有长作，文辞清丽，意象生动；意蕴丰富，有感人肺腑之力。首句连用三个“鹅”字，表达了诗人对鹅十分喜爱之情。</p>
</body>
</html>
```

运行后页面效果如图 5-30 所示。

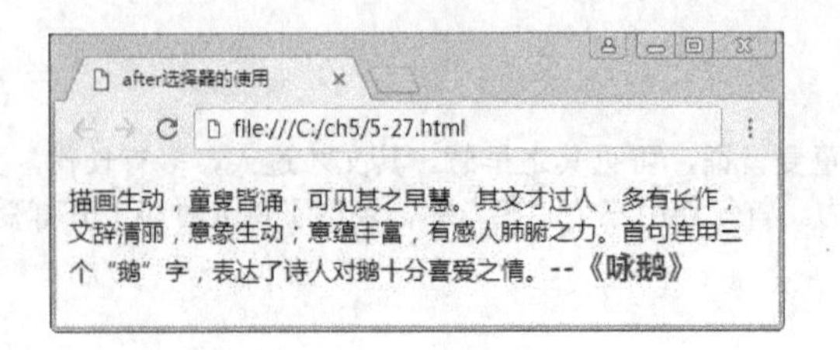

图 5-30　:after 选择器效果图

本例中使用选择器"p:after"，用于在段落后面添加内容，同时使用 content 属性来指定添加的具体内容并设置了文本样式。

5.5　CSS 的继承与层叠

5.5.1　CSS 的继承性

CSS 的继承性是被包含的子元素将拥有外层元素的某些样式。

例如：

```
body{color:red;font-size:20pt;}
```

HTML 结构文档：

```
<body>
    <p>不忘初心，牢记使命</p>
</body>
```

那么在页面显示时，body 标签定义文本的颜色为红色，文字大小为 20pt，段落<p>标签虽然没有定义样式，但是里面的文字会继承 body 的样式，最终显示为红色，大小为 20pt。这就是 CSS 的继承性。

在实际开发中，通常会对使用较多的字体、文本属性等网页中通用的样式使用继承，所以会在 body 元素中统一设置字体、字号、颜色、行距等样式。

注意：并不是所有的属性都可以继承，对于元素的布局属性、盒模型属性不能继承，如背景属性、边框属性、边距属性、定位属性、布局属性、元素宽高属性。

5.5.2　CSS 的层叠性

CSS 的层叠性是指多种 CSS 样式的叠加。

【例 5-28】 层叠性的应用。代码如下：

```
<!doctype html>
<html>
<head>
<title>层叠性的应用</title>
<style type="text/css">
body{color:red;font-size:20px;}
```

```
p{text-decoration:underline;}
span{color:blue;}
</style>
</head>
<body>
<p>描画生动，童叟皆诵，可见其之早慧。其文才过人，多有长作，文辞清丽，意象生动；意蕴丰富，有感人肺腑之力。首句连用<span>三个“鹅”字</span>，表达了诗人对鹅十分喜爱之情。<p/>
</body>
</html>
```

运行后页面效果如图 5-31 所示。

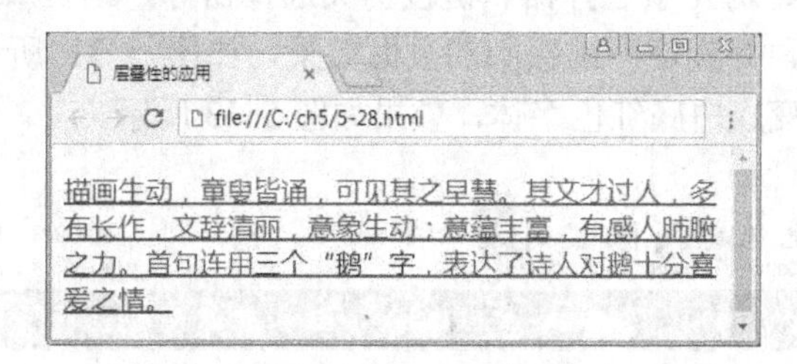

图 5-31　CSS 层叠性效果图

由于 body 标签定义文本的颜色为红色，文字大小为 20px，根据继承性段落<p>标签内的文本会显示为红色，大小为 20px。由于<p>标签选择器定义文字修饰为下画线，所以<p>标签内的文本都会显示下画线。而<span>标签中的文字“三个“鹅”字”，由于继承<body>和<p>标签的样式，也会显示它们的样式，但<span>标签也定义了文本颜色为 blue，这与 body 中的颜色冲突，这是根据优先级来判断，基本的判断原则是：在同等条件下，距离元素越近就拥有较大的优先权。

所以，浏览器根据以下规则处理层叠关系。如果在同一个文本中应用两种样式时，浏览器显示出两种样式中除冲突属性外的所有属性。如果在同一文本中应用的两种样式是相互冲突的，浏览器显示出最里面的样式属性。

处理层叠关系的最好方式就是使用优先级别来判断。

当行内样式、内部样式和链接样式同时应用于同一个元素，就是使用多重样式的情况，依据它们的权重来判断。

在一般情况下，优先级如下：链接样式<内部样式<行内样式。

但如果无法通过直觉来决定时，CSS 通过一种计算方法来计算，规定不同类型选择的权值，然后通过权值大小来判断就可以了。

- 继承样式的权重=0 分。
- 标签选择器=1 分。
- 伪元素或伪对象选择器=1 分。
- 类选择器=10 分。
- 属性选择器=10 分。
- ID 选择器=100 分。
- 行内样式的权值最高 1000 分。

此外，CSS 定义了一个!important 命令，该命令被赋予最大的优先级。也就是说不管权重如何及样式位置远近，!important 都具有最大优先级，就是无穷大。

5.6 项目实战：淮安蒸丞文化传媒有限公司网站导航栏等的制作

5.6.1 案例效果展示

在第 4.6 节案例的基础之上，编写基本的 CSS3 样式表，综合运用 CSS 基础选择器、属性选择器、关系选择器、伪元素选择器、链接伪类选择器等，结合 CSS 的继承性、层叠性编写网站的基础样式表，并实现网站头部的页面效果，如图 5-32 所示。当把鼠标放置到超级链接时，超级链接将变成白底红色字体，效果如图 5-33 所示。

图 5-32　页面效果图

图 5-33　鼠标悬停页面效果图

5.6.2 案例实现分析

根据效果图来看，针对<header>和<nav>区域的 HTML 代码，完成项目要分为以下几步。

第 1 步：使用通配符编写通用样式，统一页面中所有的文本样式，统一页面中的内外边距与边框，统一样式表的风格。

第 2 步：根据需要可以在<header>标签内添加<div>标签，设置文字与电话号码效果。

第 3 步：根据需要在<nav>标签内添加<div>标签，设置 nav 区域的样式。

5.6.3 案例实现过程

1. 编写页面通用样式

新建一个 CSS 文件，命名为 style.css，保存至目录文件夹下。

首先，在 CSS 文件中编写通用的样式表。

```
* {                                  /* 设置页面通用样式 */
    font-size: 14px;                 /* 设置字号大小 */
    margin: 0;                       /* 设置所有外边距为 0 像素 */
    padding: 0;                      /* 设置所有内边距为 0 像素 */
    border: none;                    /* 设置所有元素无边框 */
  }
```

```
a {text-decoration: none; }          /* 设置页面 a 链接的通用样式 */
```

在 HTML 文档的<head>标签内，添加 link 标签，实现链接外部样式表“style.css”。

```
<link rel="stylesheet" type="text/css" href="css/style.css">
```

2. <header>标签添加<div>标签并编写样式表

首先，在<header>标签内添加<div>标签，将代码修改如下：

```
<header>
<img style="float:left;"src="images/logo.png" width="545" height="86" alt=""/>
<div class="tel">咨询热线：<font>0517-88888888</font><br>
联系电话：<font>13888888888</font><br>
联系电话：<font>18881234567</font>
</div>
</header>
```

在 style.css 文件中编写<header>区域的相关样式。

```
.tel {
    margin-top:10px;                 /* 设置上边距 */
    margin-left:800px;               /* 设置左边距 */
    line-height: 27px;               /* 设置行高 */
    text-align: left;                /* 设置对齐方式 */
    font-family: "微软雅黑";          /* 设置字形 */
    font-size: 16px;                 /* 设置字号大小 */
    color: #000;                     /* 设置字体颜色 */
    letter-spacing: 2px;             /* 设置字符间距 */
}
.tel font {
    font-family: "微软雅黑";          /* 设置字形 */
    font-size: 16px;                 /* 设置字号大小 */
    color: #cc0000;                  /* 设置字体颜色 */
    letter-spacing: 1px;             /* 设置字符间距 */
}
```

3. <nav>标签添加<div>标签并编写样式表

在<nav>标签内添加<div>标签，将代码修改如下：

```
<nav>
    <div id="navv">
    <a href="#" >首 页</a>
    <a href="#" >公司简介</a>
    <a href="#" >业务范围</a>
    <a href="#" >设备租赁</a>
    <a href="#" >经典案例</a>
    <a href="#" >优势展示</a>
    <a href="#" >行业资讯</a>
    <a href="#" >联系我们</a>
    </div>
</nav>
```

在 style.css 文件中编写<nav>区域的相关样式。

```
nav {
    width: 100%;                          /* 设置宽度 */
    height: 50px;                         /* 设置高度 */
    text-align: center;                   /* 设置对齐方式 */
    background: #9F2B2D;                  /* 设置背景 */
}
#navv {
    width: 1110px;                        /* 设置宽度 */
    height: 50px;                         /* 设置高度 */
    margin: 0px auto;                     /* 设置外边距 */
}
#navv a {
    float: left;                          /* 设置浮动方式 */
    width: 83px;                          /* 设置宽度 */
    height: 50px;                         /* 设置高度 */
    line-height: 50px;                    /* 设置行高 */
    text-align: center;                   /* 设置对齐方式*/
    display: block;                       /* 设置块状显示 */
    color: #fff;                          /* 设置颜色 */
    text- decoration: none;               /* 设置下画线 */
    font-family: "微软雅黑";               /* 设置字形 */
    font-size: 16px;                      /* 设置字号*/
    margin-left: 40px;                    /* 设置左边距 */
}
#navv a:first-child {color: #FF0; }       /* 设置颜色 */
#navv a:last-child {color: #FF0; }        /* 设置颜色 */
#navv a:hover {
    color: red;                           /* 设置颜色 */
    height: 50px;                         /* 设置高度 */
vbackground: #F7F2F2;                     /* 设置背景 */
}
```

运行以上代码，将实现该案例的页面效果如图 5-22 所示。

5.7 习题与项目实践

1．选择题

（1）以下说法不正确的是（　　）。

A．HTML5 标准还在制定中　　B．HTML5 兼容以前 HTML4 下浏览器

C．<canvas>标签替代 Flash　　D．简化的语法

（2）关于 HTML5 说法正确的是（　　）。

A．HTML5 只是对 HTML4 的一个简单升级

B．所有主流浏览器都支持 HTML5

C．HTML5 新增了离线缓存机制

D. HTML5 主要是针对移动端进行了优化

2. 实践项目

浏览腾讯主页（http://www.qq.com/），如图 5-34 所示，模仿实现以下几个样式。

1）导航栏的超级链接样式。

2）新闻要闻部分的超级链接的样式。

3）右侧边栏的超级链接的样式。

4）右侧边栏中“电脑管家”“快报”等文本的超级链接样式。

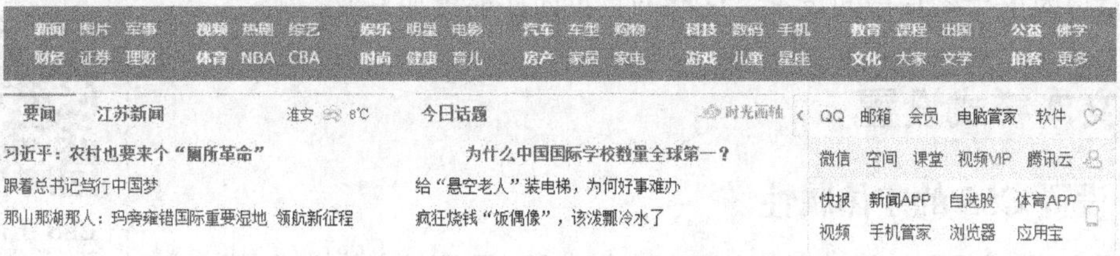

图 5-34　腾讯主页中的几种超级链接

第6章　网页美化效果的实现

掌握了 CSS3 的基本规则，要想把网页页面做得细致，需要深入系统地学习文本、列表、背景以及关于图片等的设置，这样网页页面才能更加专业。

6.1　文本样式设置

CSS 字体属性

6.1.1　设置 CSS 的字体属性

为了方便控制网页中文本的字体，CSS 提供了一系列的字体样式属性。

1．字体设置

字体族科实际上就是 CSS 中设置的字体，用于改变 HTML 标志或元素的字体。

语法：font-family: "字体 1","字体 2","字体 3";

浏览器不支持第 1 个字体时，会采用第 2 个字体；前两个字体都不支持，则采用第 3 个字体，以此类推。浏览器不支持定义的所有字体，则会采用系统的默认字体。必须用双引号引住任何包含空格的字体名。

通常网页中都使用系统默认字体，这样任何用户的浏览器中都能正确显示。使用 font-family 设置字体时，需要注意以下几点。

- 中文字体需要加英文状态下的引号，各字体之间必须使用英文状态下的逗号隔开。
- 英文字体一般不需要加引号。当需要设置英文字体时，英文字体名必须位于中文字体名之前。
- 如果字体名中包含空格、#、$等符号，则该字体必须加英文状态下的单引号或者双引号，例如：

```
font-family:"Microsoft Yahei"
```

2．字号大小

字体字号大小属性用作修改字体显示的大小。

语法：font-size:大小取值;

取值范围：绝对大小：xx-small | x-small | small | medium | large | x-large | xx-large；相对大小：larger | smaller；长度值或百分比。

绝对大小根据对象字体进行调节。相对大小则是相对于父对象中字体尺寸进行相对调节。长度则是由浮点数字和单位标识符组成的长度值。百分比取值基于父对象中字体的尺寸。字号大小单位使用 px（像素）的较多，em 表示相对于当前对象内文本的字体尺寸，国外使用比较多，绝对大小还有 in（英寸）、cm（厘米）、mm（毫米）、pt（点），推荐使用 px。

3．字体风格

字体风格就是字体样式，主要是设置字体是否为斜体。

语法：font-style:样式的取值；

取值范围：normal | italic | oblique。

Normal（默认值）是以正常的方式显示；italic 则是以斜体显示文字；oblique 属于其中间状态，以偏斜体显示。

4．字体加粗

font-weight 属性用于设置字体的粗细，实现对一些字体的加粗显示。

语法：font-weight:字体粗度值；

取值范围：normal | bold | bolder | lighter | number。

Normal（默认值）表示正常粗细；bold 表示粗体；bolder 表示特粗体；lighter 表示特细体；number 表示 font-weight 还可以取数值，其范围是 100～900，而且在一般情况下都是整百的数如 100, 200 等。正常字体相当于取数值 400 的粗细；粗体则相当于 700 的粗细。

实际项目开发中主要使用 normal 和 bold。

5．小型的大写字母

font-variant 属性用来设置英文字体是否显示为小型的大写字母。

语法：font-variant：取值；

取值范围：normal | small-caps。

Normal（默认值）表示正常的字体，small-caps 表示英文显示为小型的大写字母字体。

6．复合属性

font 属性是复合属性，用作对不同字体属性的略写。

语法：font:字体取值；

字体取值可以包含字体风格、小型的大写字母、文本的粗细、字体大小、字体族科，之间使用空格相连接。font 复合属性的要采用 font-style、font-variant、font-weight、font-size、font-family 的顺序编写，不需要的可以不写，但要保证顺序正确。

【例 6-1】 font 字体的使用，代码如下：

```
<!doctype html>
<html>
<head>
<meta charset="utf-8">
<title>font 样式属性</title>
<style type="text/css">
    .title{
        font-family:"微软雅黑";
        font-size:30px;
        color:red;
    }
    p{font:italic small-caps bold 14px/24px  黑体;}
</style>
<body>
<h1 class="title">2017CEST 中国电子竞技娱乐大赛正式启动</h1>
<p>中国电子竞技娱乐大赛（CEST）由中国互联网上网服务行业协会主办，深圳量子在线信息网络有限公司总承办，是国内唯一由文化部备案指导的国家级电竞泛娱乐赛事体系，CEST 立足全国上网服务场所，是面向全国游戏爱好者和职业电竞选手的全民电竞和职业电竞平台。</p>
</body>
```

运行后页面效果如图 6-1 所示。

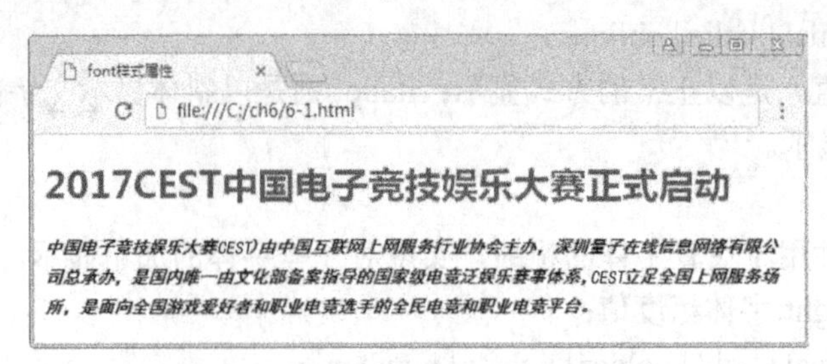

图 6-1　font 字体设置页面效果

7．@font-face 属性

@font-face 属性用于定义服务器字体。开发者可以在用户计算机未安装字体时，使用任何喜欢的字体。

语法：

```
@font-face：{
        font-family:字体名称;
        src:字体路径;
}
```

语法中，font-family 用于指定该服务器字体的名称，该名称可以随意定义；src 属性用于指定改字体文件的路径。

【例 6-2】 字体的使用，代码如下：

```
<!doctype html>
<html>
<head>
<meta charset="utf-8">
<title>CSS 字体样式属性</title>
<style type="text/css">
    @font-face{
        font-family:ziti;                /*服务器字体名称*/
        src:url(font/FZJZJW.TTF);
    }
    .part1{
        font-family:"微软雅黑";
        font-size:18px;
        color:red;
        font-style:italic;
        font-weight:bold;
    }
    .part2{
        font-family:ziti;        /*设置字体样式*/
        font-size:36px;
        color:blue;
    }
```

```
</style>
</head>
<body>
    <p class="part1">设置为微软雅黑、18 像素、倾斜、加粗的红色字体</p>
    <p class="part2">使用@font-face 属性定义的服务器字体，显示为 36 像素的蓝色字体</p>
</body>
</html>
```

运行后页面效果如图 6-2 所示。

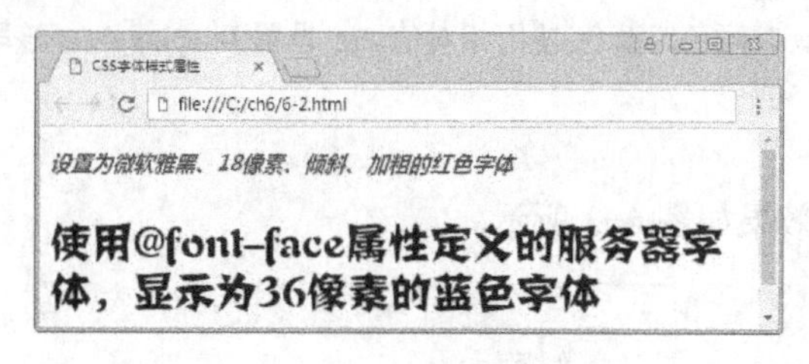

图 6-2　字体设置页面效果

6.1.2　文本属性

1．颜色属性

color 属性用来表示文本的颜色。

语法：color:颜色代码;

颜色取值可以是颜色关键字，如 red、blue、green、yellow 等。

颜色取值也可以用十六进制来表示，例如#FF0000。

颜色取值还可以使用 RGB 代码来表示。rgb（x,x,x）其中，x 是基于 0~255 之间的整数，如 rgb（255，0，0）。或者使用 rgb（y%，y%，y%）表示，y 是一个介于 0 到 100 之间的整数，如 rgb（100%，0%，0%）。这表示为红色，当值为 0 时百分号不能省略。

2．文本行高

行高属性用于控制文本基线之间的间隔值，或者说是行与行之间的距离。

语法：line-height:行高值;

行高值通常使用像素 px，相对值 em 和百分比%，实际开发中使用最多的是像素 px。

【例 6-3】 颜色与行高的使用，代码如下：

```
<!doctype html>
<html>
<head>
<meta charset="utf-8">
<title>颜色与行高的使用</title>
<style type="text/css">
.one{
    color:red;
    font-size:16px;
    line-height:18px;
}
```

```
            .two{ color:blue;
                    font-size:22px;
                    line-height:2em;
            }
    </style>
    </head>
    <body>
        <p class="one">颜色为红色，使用像素 px 设置 line-height。该段落字体大小为 16px，line-height 属性值为 18px。</p>
        <p class="two">颜色为蓝色,使用相对值 em 设置 line-height。该段落字体大小为 12px，line-height 属性值为 2em。</p>
    </html>
```

运行“6-3”，页面效果如图 6-3 所示。

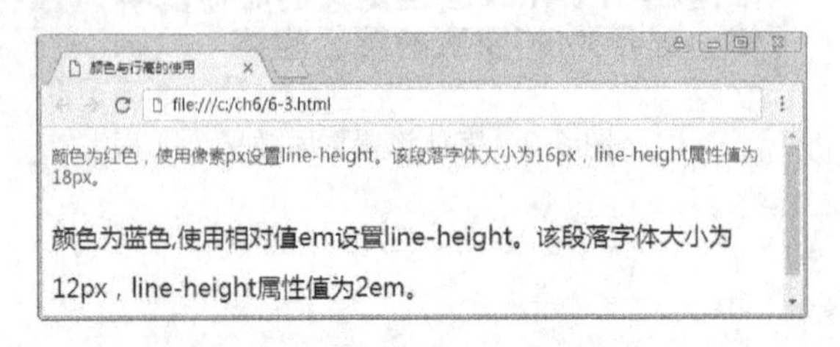

图 6-3　颜色与行高页面效果

3．单词间隔

单词间隔用来定义英文单词之间的间隔，对中文无效。

语法：word-spacing:取值;

取值范围：normal | <长度>。

normal 是指正常的间隔，是默认选项；长度是设定单词间隔的数值及单位，允许使用 负值。

4．字符间隔

字符间隔和单词间隔类似，不同的是字符间隔用于设置字符的间隔数。

语法：letter-spacing:取值;

取值范围：normal | <长度>。

normal 是指正常的间隔，是默认选项；长度是设定字符间隔的数值及单位，允许使用负值。

【例 6-4】 单词与字符间隔的使用。代码如下：

```
<!doctype html>
<html>
<head>
<meta charset="utf-8">
<title>单词与字符间隔的使用</title>
<style type="text/css">
        .letter{letter-spacing:20px;}
        .word{word-spacing:20px;}
</style>
```

```
</head>
<body>
        <p class="letter">letter spacing    spacing (字母间距)</p>
        <p class="word">word spacing word spacing word spacing(单词间距)</p>
</body>
</html>
```

运行后页面效果如图 6-4 所示。

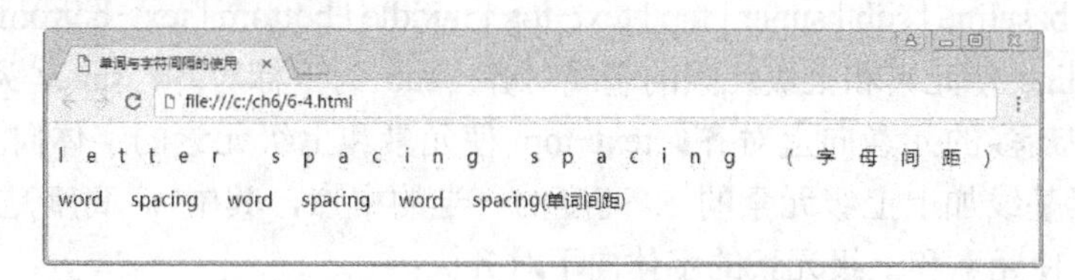

图 6-4　单词与字符间隔页面效果

5．文字修饰

文字修饰属性主要是用于对文本进行修饰，如设置下画线、上画线、删除线等。

文本修饰、对齐等

语法：text-decoration:修饰值;

取值范围：none |［underline | overline | line-through］。

none 表示不对文本进行修饰，这是默认属性值；underline 表示对文字添加下画线；overline 表示对文本添加上画线；line-through 表示对文本添加删除线。

注意：text-decoration 可以赋多个值。例如：

text-decoration: underline overline;

6．文本转换

文本转换属性仅被用于表达某种格式的要求，是用来转换英文文字的大小写的。

语法：text-transform:转换值;

取值范围：none | capitalize | uppercase | lowercase。

取值中，none 表示使用原始值；capitalize 使每个字的第 1 个字母大写；uppercase 使每个单词的所有字母大写；lowercase 则使每个字的所有字母小写。

7．文本缩进

文本缩进属性用于定义 HTML 中块级元素（如 p、hl 等）的第 1 行可以接受的缩进数量，常用于设置段落的首行缩进。

语法：text-indent:缩进值;

文本的缩进值必须是一个长度或一个百分比。若设定为百分比，则以上级元素的宽度而定，通常使用 em 为单位。

8．文本水平对齐

text-align 用来设置文本水平对齐方式。

语法：text-align:排列值;

取值范围：left | right | center。

其中，left 为左对齐；right 为右对齐；center 为居中对齐。

9．垂直对齐

vertical-align 表示垂直对齐方式，它可以设置一个行内元素的纵向位置，相对于它的上级元素或相对于元素行。行内元素是没有行在其前和后断开的元素，例如，在 HTML 中的 A 和 IMG。它主要用于对图像的纵向排列。

语法：vertical-align:排列取值；

取值范围：baseline | sub | super | top | text-top | middle | bottom | text-bottom | <百分比>。

其中，baseline 使元素和上级元素的基线对齐；sub 为下标对齐；super 为上标对齐；top 为使元素和行中最多的元素向上对齐；text-top 使元素和上级元素的字体向上对齐；middle 是纵向对齐元素基线加上上级元素的 x 高度的一半的中点，其中 x 高度是字母“x”的高度；text-bottom 使元素和上级元素的字体向下对齐。

影响相对于元素行的关键字有 top 和 bottom，其中，top 使元素和行中最高的元素向上对齐，bottom 是元素与行中最低的元素向下对齐。

百分比是一个相对于元素行高属性的百分比，它会在上级基线上增高元素基线的指定数量。这里允许使用负值，负值表示减少相应的数量。

【例 6-5】 文本相关属性的使用。代码如下：

```
<!doctype html>
<html>
<head>
<meta charset="utf-8">
<title>文本相关属性的使用</title>
<style type="text/css">
        .one{ text-decoration:underline;}
        .two{text-transform:uppercase;}
        .three{text-indent:2em;}
        .four{text-align:center;}
</style>
</head>
<body>
        <p class="one">设置下画线</p>
        <p class="two">设置 TEXT-TRANSFORM,字母大写</p>
        <p class="three">设置段落文本首行缩进效果。</p>
        <p class="four">设置段落文居中效果。</p>
</body>
</html>
```

运行后页面效果如图 6-5 所示。

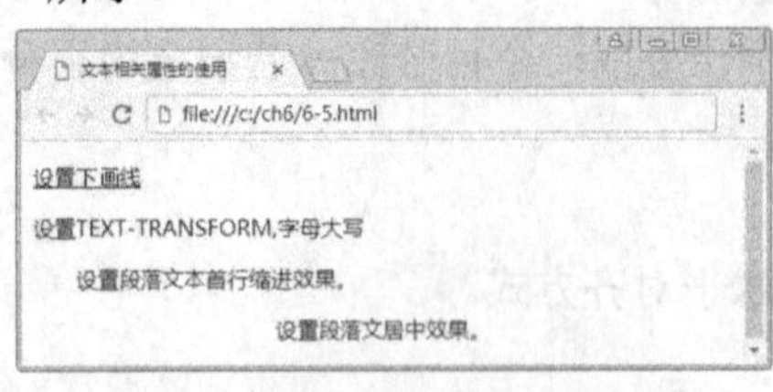

图 6-5　文本相关属性页面效果

10．处理空白

white-space 属性用于设置页面对象内空白（包括空格和换行等）的处理方式。在默认情况下，HTML 中的连续多个空格会被合并成一个，而使用这一属性可以设置成其他的处理方式。

处理空白

语法：white-space：值；

取值范围：normal | pre | nowrap。

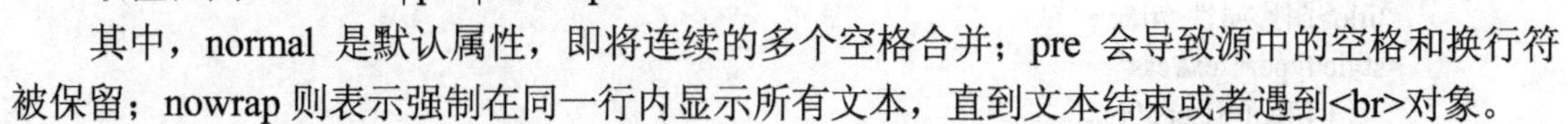

其中，normal 是默认属性，即将连续的多个空格合并；pre 会导致源中的空格和换行符被保留；nowrap 则表示强制在同一行内显示所有文本，直到文本结束或者遇到
对象。

【例 6-6】 处理空白的使用。代码如下：

```
<!doctype html>
<html>
<head>
<meta charset="utf-8">
<title>处理空白的使用</title>
        <style type="text/css">
        .one{ white-space:normal;}
        .two{ white-space:pre;}
        .three{ white-space:nowrap;}
        </style>
</head>
<body>
        <p class="one">这个                    段落中              有很多
        空格。此段落应用 white-space:normal;。</p>
        <p class="two">这个                    段落中              有很多
        空格。此段落应用 white-space:pre;。</p>
        <p class="three">此段落应用 white-space:nowrap;。这是一个较长的段落。这是一个较长的
段落。这是一个较长的段落。这是一个较长的段落。这是一个较长的段落。这是一个较长的段落。这
是一个较长的段落。这是一个较长的段落。这是一个较长的段落。这是一个较长的段落。</p>
</body>
</html>
```

运行后页面效果如图 6-6 所示。

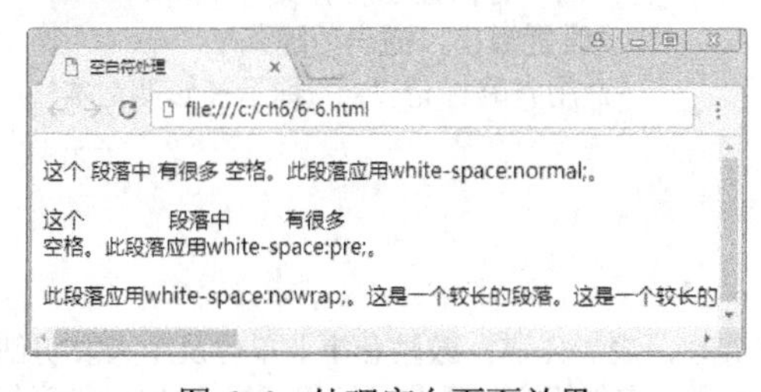

图 6-6　处理空白页面效果

11．阴影效果

text-shadow 属性可以为页面中的文本添加阴影效果。

语法：text-shadow：h-shadow 值 v-shadow 值　blur 值　color；

其中，h-shadow 用于设置水平阴影的距离，v-shadow 用于设置垂直阴影的距离，blur

用于设置模糊半径，color 用于设置阴影颜色。

【例 6-7】 阴影效果的使用，代码如下：

```
<!doctype html>
<html>
<head>
<meta charset="utf-8">
<title>阴影属性</title>
<style type="text/css">
    P{ font-size: 50px;
    text-shadow:30px 40px 5px red; }
</style>
</head>
<body>
    <p>文字阴影</p></body>
</html>
```

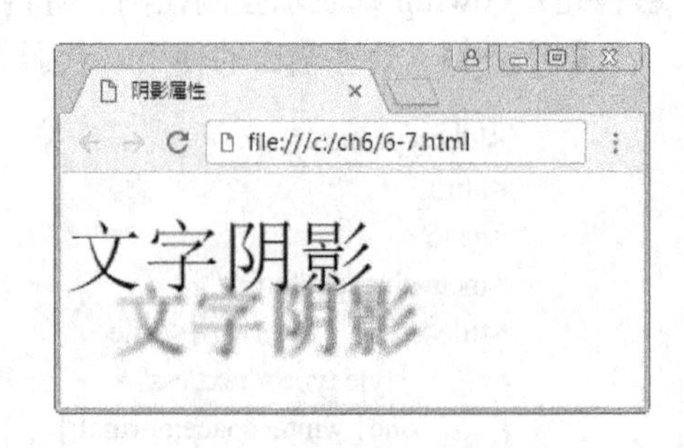

图 6-7 阴影属性页面效果

运行后页面效果如图 6-7 所示。

12．对象内溢出文本

text-overflow 属性用于标示对象内溢出的文本。

语法：text-overflow：clip | ellipsis；

其中，clip 表示修剪溢出文本，不显示省略标记“...”；ellipsis：用省略标记“...”标示被修剪文本，省略标记插入的位置是最后一个字符。

【例 6-8】 溢出文本的使用。代码如下：

```
<!doctype html>
<html>
<head>
<meta charset="utf-8">
<title>溢出文本</title>
<style type="text/css">
  p{
      width: 500px;                          /*设置文本对象的宽度*/
      white-space: nowrap;                   /*同一行内显示所有文本*/
      overflow: hidden;                      /*设置溢出，溢出后隐藏*/
      text-overflow:ellipsis;                /*用省略标记“...”标示被修剪文本*/
  }
</style>
</head>
<body>
    <p >为促进科技创新，树立典型，表彰先进，鼓励企事业单位及个人发明创造的积极性，使专利技术尽快实现产业化，淮安市人才办、市知识产权局共同组织开展“2016 年度优秀发明专利”评选活动。
    </p>
</body>
</html>
```

运行后页面效果如图 6-8 所示。

该案例中段落文本实现的省略号“...”表示溢出文本的效果。这需要首先为文本对象定义适当的宽度，然后，通过设置“white-space:nowrap；”样式强制文本不能换行，设置“overflow:hidden;”样式隐藏溢出文本，最后设置“text-overflew:ellipsis;”显示省略号“...”。

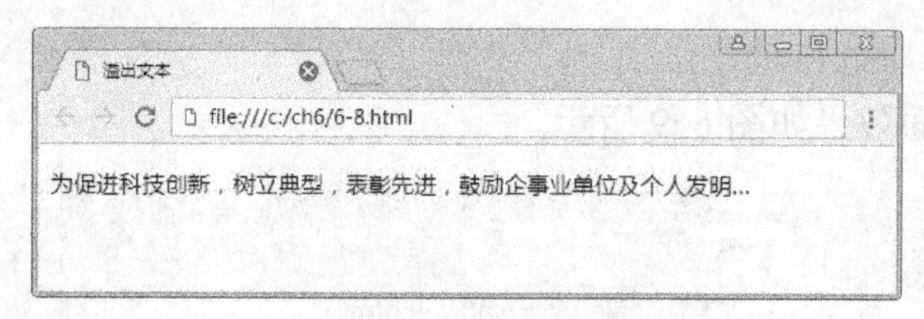

图 6-8　溢出文本页面效果

13. 文本断行属性

word-wrap 属性主要用于对长单词和 URL 地址的自动换行。

语法：word-wrap：取值；

取值范围：normal | break-word。

其中 normal 表示允许的断字点换行，这是浏览器默认值；break-word 是在长单词或 URL 地址内部进行换行。

【例 6-9】 word-wrap 属性的使用，代码如下：

```
<!DOCTYPE html>
<html>
<head>
<title>断行处理</title>
<style type="text/css">
        /* 此处给文字所在的容器 div 设置大小边框等属性，读者可暂时忽略具体内容，后续详解 */
        div{
                width:120px;
                height:120px;
                margin:20px;
                float:left;
                border:1px solid black;
                font:13px/1.3  黑体,Calibri;
        }
        .wrap1{
                word-wrap:normal;
        }
        .wrap2{
                word-wrap:break-word;
        }
</style>
</head>
<body>
        <div class="wrap1">
        正常情况下单词内部不换行，这有时会造成困扰，如长单词或者网址。百度：
        https://www.baidu.com/。
        </div>
        <div class="wrap2">
```

```
    我们常常需要让盒子中显示一个长单词（如 URL 时）换行，而不是撑破盒子。百度：
    https://www.baidu.com/。
    </div>
</body>
</html>
```

运行“6-9”，页面效果如图 6-9 所示。

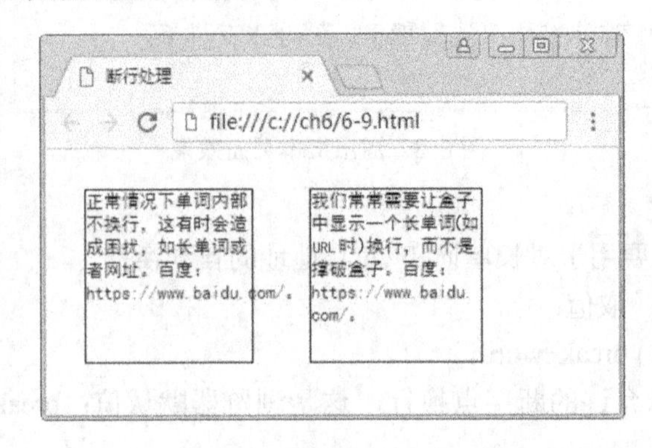

图 6-9　断行处理页面效果

该案例中两个 div 中的 URL 超出容量宽度时，处理的方式不同，左侧为默认效果，“https://www.baidu.com/”顶破容器显示在外面。而右侧处理断行时规定字符在到达容器的宽度限制时换行。

6.2　列表样式设置

列表符号

6.2.1　列表符号

列表符号属性用于设定列表项的符号。

语法：list-style-type:<值>;

list-style-type 用来设置多种符号作为列表项的符号，其具体取值范围如表 6-1 所示。

表 6-1　列表符号的取值

属 性 值	含　义
none	不显示任何项目符号或编码
disc	以实心圆形●作为项目符号
circle	以空心圆形○作为项目符号
square	以实心方块■作为项目符号
decimal	以普通阿拉伯数字 1、2、3……作为项目编号
lower-roman	以小写罗马数字 i 、ii 、iii……作为项目编号
upper-roman	以大写罗马数字 I 、II、III……作为项目编号
lower-alpha	以小写英文字母 a、b、c……作为项目编号
upper-alpha	以大写英文字母 A、B、C……作为项目编号

【例 6-10】 列表符号的使用，代码如下：

```
<!DOCTYPE html>
<html>
<head>
<title>列表符号</title>
<style type=text/css>
    h1{ font:14px/12px blue Arial; }
    ol,ul{ font-size:13px; }
    .circle{ list-style-type:circle;}
    .square{ list-style-type:square;}
    .decimal{ list-style-type:decimal;}
    .upper-roman{ list-style-type:upper-roman;}
    .armenian{ list-style-type:armenian; }
    .lower-greek{ list-style-type:lower-greek;}
</style>
</head>
<body>
    <h1>circle：</h1>
    <ul class="circle">
        <li>项目符号为空心圆的列表项 1</li>
        <li>列表项 2</li>
    </ul>
    <h1>square：</h1>
    <ul class="square">
        <li>项目符号为实心方块的列表项 1</li>
        <li class="upper-roman">这一项的项目符号为大写罗马字母</li>
    </ul>
    <h1>decimal：</h1>
    <ol class="decimal">
        <li>项目符号为数字的列表项 1</li>
        <li>列表项 2</li>
    </ol>
    <h1>upper-roman：</h1>
    <ul class="upper-roman">
    <li>项目符号为大写罗马字母</li>
        <li>列表项 2</li>
    </ul>
    <h1>armenian：</h1>
    <ul class="armenian">
        <li>项目符号为传统的亚美尼亚数字的列表项 1</li>
        <li>列表项 2</li>
    </ul>
    <h1>lower-greek：</h1>
    <ul class="lower-greek">
        <li>项目符号为基本的希腊小写字母的列表项 1</li>
        <li>列表项 2</li>
    </ul>
```

```
</body>
</html>
```

运行后页面效果如图 6-10 所示。

图 6-10　列表符号页面效果

6.2.2　图像符号

图像符号属性使用图像作为列表项目符号，以美化页面。

语法：list-style-image: none | url（图像地址）；

其中，参数 none 表示不指定图像；url 则使用绝对或相对地址指定作为符号的图像。

如果使用“list-style-image”定义列表图像时，通常需要先设置“list-style-type”为“none”，然后再设置“list-style-image”的值。

【例 6-11】 图像符号的使用。代码如下：

```
<!DOCTYPE html>
<html>
<head>
<title>图像列表符号</title>
<style type=text/css>
    .limg{
        list-style-type:none;
        list-style-image:url(images/ico1.png);
        font-size:12px;
    }
</style>
</head>
<body>
    <ul class="limg">
        <li>春眠不觉晓，</li>        <li>处处闻啼鸟。</li>        <li>夜来风雨声，</li>
        <li>花落知多少。</li>
    </ul>
</body>
</html>
```

运行后页面效果如图 6-11 所示。

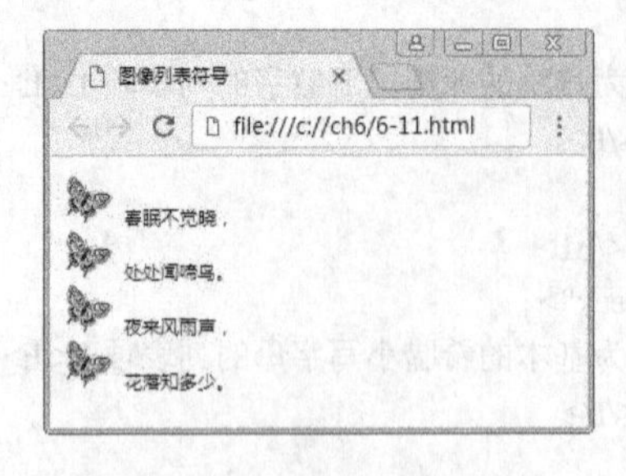

图 6-11　图像符号页面效果

6.2.3 列表缩进

列表缩进属性用于设定列表缩进的设置。

语法：list-style-position: outside | inside;

其中，参数 outside 表示列表项目标记放置在文本以外，且环绕文本不根据标记对齐；inside 是列表的默认属性，表示列表项目标记放置在文本以内，且环绕文本根据标记对齐。

【例 6-12】 列表缩进的使用，代码如下：

```
<!DOCTYPE html>
<html>
<head>
<title>图像列表缩进</title>
<style type=text/css>
      /* 列表符号在文本外*/
      .lspo{
            list-style-position:outside;
            list-style-type:decimal;
      }
      /* 列表符号在文本内*/
      .lspi{
            list-style-position:inside;
            list-style-type:decimal;
      }
</style>
</head>
<body>
      <h1>outside</h1>
      <ol class="lspo">
      <li>春眠不觉晓，</li>        <li>处处闻啼鸟。</li>
      <li>夜来风雨声，</li>        <li>花落知多少。</li>
      </ol>
      <h1>inside</h1>
      <ol class="lspi">
      <li>春眠不觉晓，</li>        <li>处处闻啼鸟。</li>
      <li>夜来风雨声，</li>        <li>花落知多少。</li>
      </ol>
</body>
</html>
```

图 6-12　列表缩进页面效果

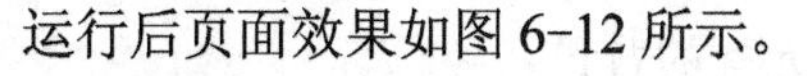

运行后页面效果如图 6-12 所示。

6.2.4 复合属性

列表函数 list-style 是以上 3 种列表属性的组合。

此属性是设定列表样式的快捷的综合写法。用这个属性可以同时设置列表样式类型属性（list-style-type）、列表样式位置属性（list-style-position）和列表样式图片属性（list-style-image）。

【例 6-13】 列表复合属性的使用。代码如下：

```
<!DOCTYPE html>
<html>
<head>
<title>列表符合属性</title>
<style type=text/css>
	.ls1{
		list-style-type:none;
		list-style-image:url(images/ico1.png);
		list-style-position:outside; }
	.ls2{
		list-style:none outside url(images/ico2.png);
	}
</style>
</head>
<body>
	<ul class="ls1">
	<li>春眠不觉晓，</li>
	<li>处处闻啼鸟。</li>
	</ul>
	<hr/>
	<ul class="ls2">
	<li>夜来风雨声，</li>
	<li>花落知多少。</li>
	</ul>
</body>
</html>
```

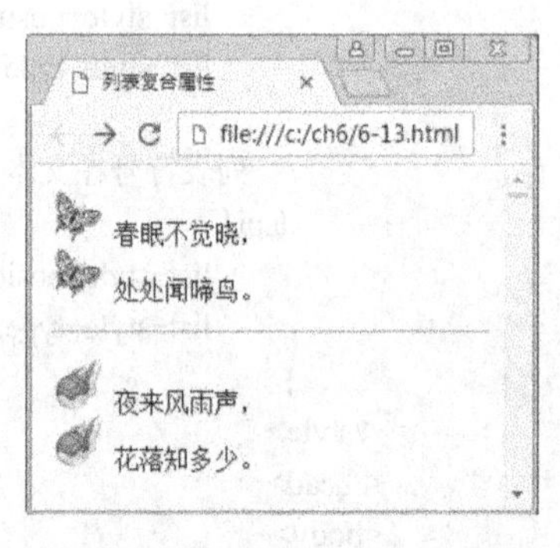

图 6-13　列表复合属性页面效果

运行后页面效果如图 6-13 所示。

6.3　背景样式设置

6.3.1　背景的基本设置

1．背景颜色

在 CSS 中，使用 background-color 属性设置背景颜色。

语法：background-color:颜色取值;

颜色取值可以预定义的颜色值、十六进制#RRGGBB 或 RGB 代码（r，g，b）。background-color 的默认为透明，此时子元素会显示父元素的背景。

在 CSS3 中，引入了 RGBA 模式，可以实现对颜色与背景颜色实现不透明的设置。RGBA 模式就是在 RGB 模式的基础上添加 A，A 就是 alpha 参数，主要用来表示元素的不透明度，alpha 参数是一个介于 0.0（完全透明）和 1.0（完全不透明）之间的数字。例如：

```
background-color:rgba(151,226,199,0.2);
```

除了使用 RGBA 模式，也可以使用 opacity 属性来控制元素呈现出透明效果。例如：

opacity:0.5;

opacity 属性用于定义元素的不透明度，参数表示不透明度的值，它是一个介于 0~1 的浮点数值。其中，0 表示完全透明，1 表示完全不透明，样例中的 0.5 则表示半透明。

2. 背景图像

在 CSS 中，使用 background-image 来设定一个元素的背景图像。

语法：background-image:url（图像地址）;

图像地址可以设置成绝对地址，也可以设置成相对地址。

【例 6-14】 背景颜色与背景图片的应用。代码如下：

```
<!DOCTYPE html>
<html>
<head>
<title>背景颜色和背景图像</title>
<style type="text/css">
    .p1{
        background-color:#b4f4fd;
    }
    .p2{
        background-image:url(images/bg4.jpg);
    }
</style>
</head>
<body>
    <p class="p1">
        春眠不觉晓，<br/>   处处闻啼鸟。<br/>   夜来风雨声，<br/>   花落知多少。
    </p>
    <p class="p2">
        春眠不觉晓，<br/>   处处闻啼鸟。<br/>   夜来风雨声，<br/>   花落知多少。
    </p>
</body>
</html>
```

运行后页面效果如图 6-14 所示。

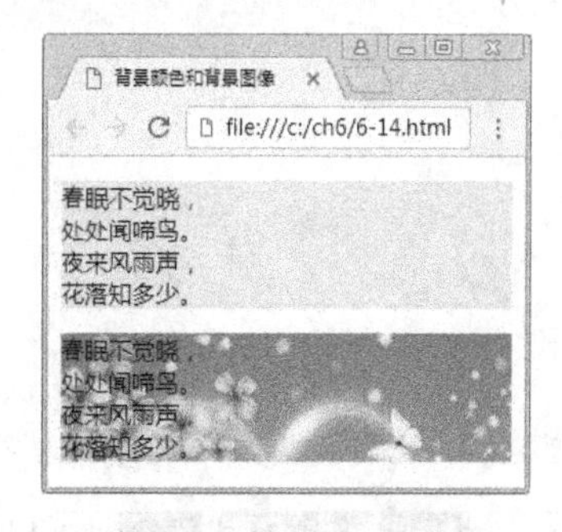

图 6-14　背景颜色与背景图片页面效果

3. 背景重复

背景重复属性也称为背景图像平铺属性，用来设定对象的背景图像

背景重复

重复以及如何铺排。

语法：background-repeat：取值；

取值范围：repeat | no-repeat | repeat-x | repeat-y。

其中，repeat 表示背景图片横向和竖向都重复；no-repeat 表示背景图片横向和竖向都不重复；repeat-x 表示背景图片横向重复；repeat-y 表示背景图片竖向重复。

这个属性和 background-image 属性连在一起使用。只设置 background-image 属性，没设置 background-repeat 属性，在默认状态下，图片既横向重复，又竖向重复。

【例 6-15】 背景重复的应用。代码如下：

```
<!DOCTYPE html>
<html>
<head>
<title>背景图像平铺</title>
<style type="text/css">
    div{                                        /*设置一个区域，后面将详细讲解 div 知识*/
        width:300px;
        height:160px;
        float:left;
        margin:10px;
        color:#F83087;
        font-size:30px;
        font-weight:900;
        text-align:center;
        border:1px solid black;
        background-image:url(images/bg.gif);    /*所有 div 设置同样的背景图像*/
    }
    #br1{background-repeat:repeat; }            /*背景图像重复*/
    #br2{background-repeat:no-repeat; }         /*背景图像不重复*/
    #br3{background-repeat:repeat-x; }          /*背景图像横向重复*/
    #br4{background-repeat:repeat-y; }          /*背景图像纵向重复*/
</style>
</head>
<body>
    <div id="br1">repeat</div>
    <div id="br2">no-repeat</div>
    <div id="br3">repeat-x</div>
    <div id="br4">repeat-y</div>
</body>
</html>
```

运行后页面效果如图 6-15 所示。

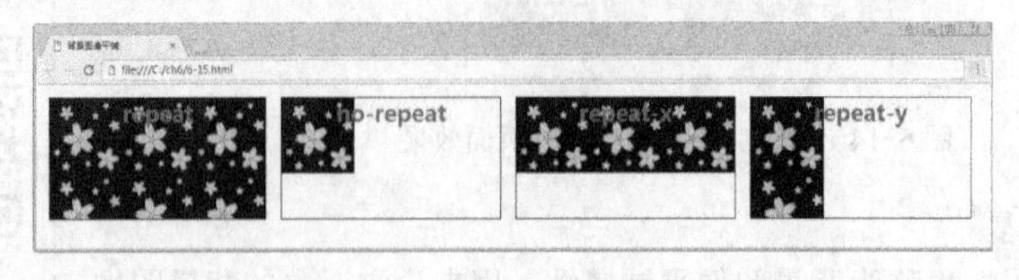

图 6-15　背景重复页面效果

4．背景位置

背景位置

背景位置属性用于指定背景图像的最初位置。当设置 background-repeat 为 no-repeat 时，就能发现图像默认以元素的左上角为基准点显示。

语法：background-position:位置取值;

取值范围：［<百分比>|<长度>］{1,2} | [left | center | right] | [top | center | bottom]。

该语法中的取值范围包括两种，一种是采用数字，即[<百分比>|<长度>]{1,2}；另一种是关键字描述，即[left | center | right] | [top | center | bottom]，它们具体含义如下。

- [<百分比>|<长度>]{1,2}：使用确切的数字表示图像位置，使用时首先指定横向位置，接着是纵向位置。百分比和长度可以混合使用，设定为负值也是允许的。默认取值是 0% 0%。
- [left|center|right] | [top|center|bottom]: left，center，right 是横向的关键字，横向表示在横向上取 0%，50%，100%的位置；top，center，bottom 是纵向的关键字，纵向表示在纵向上取 0%，50%，100%的位置。

这个属性和 background-image 属性连在一起使用。

【例 6-16】 背景位置的应用。代码如下：

```
<!DOCTYPE html>
<html>
<head>
<title>背景图像位置</title>
<style type="text/css">
    body{
        background-image:url(images/bg7.jpg);          /*网页的背景图像*/
        background-attachment:fixed;                   /*背景图像相对于窗体固定*/
        background-repeat:no-repeat;                   /*背景图像不重复*/
        background-position:center bottom;             /*背景图像水平居中，垂直底部*/
        text-align:center;
        line-height:1.5;
    }
</style>
</head>
<body>
    <h2>一棵开花的树</h2>
    如何让你遇见我<br />在我最美丽的时刻<br />
    为这<br />我已在佛前求了五百年<br />
    求它让我们结一段尘缘<br />佛于是把我化作一棵树<br />
    长在你必经的路旁<br />阳光下慎重地开满了花<br />
</body>
</html>
```

运行后页面效果如图 6-16 所示。

5．背景附件

背景附件和背景复合属性

背景附件属性用来设置背景图像是随对象内容滚动还是固定的。

语法：background-attachment:scroll | fixed;

其中，scroll 表示背景图像是随对象内容滚动的，是默认选项；fixed 表示背景图像固定在页面上静止不动，只有其他的内容随滚动条滚动。

这个属性和 background-image 属性连在一起使用。

图 6-16　背景位置页面效果

【例 6-17】 背景附件的应用。代码如下：

```
<!doctype html>
<html>
<head>
<meta charset="utf-8">
<title>设置背景图像的位置</title>
<style type="text/css">
    body{
        background-image:url(images/bg3.jpg);          /*设置网页的背景图像*/
        background-repeat:no-repeat;                   /*设置背景图像不平铺*/
        background-position:60px 100px;                /*设置背景图像位置*/
        background-attachment:fixed;                   /*设置背景图像位置固定*/

    }
</style>
</head>
<body>
    <h2>来源</h2>
    <p>钱武肃王目不知书，然其寄夫人书云："陌上花开，可缓缓归矣。"——不过数言，而姿致无限，虽复文人操笔，无以过之。
    东坡演之为"陌上花三绝句"云："陌上花开蝴蝶飞，江山犹是昔人非；遗民几度垂垂老，游女长歌缓缓归！"</p>
    <p>吴越王钱镠（liú）的原配夫人戴氏王妃，是横溪郎碧村的一个农家姑娘(省略 200 字)……
    </p>
    <p>九个字，平实温馨，情愫尤重，让戴妃当即落下两行珠泪。此事传开去，一时成为佳话。清代学者王士祯曾说："'陌上花开，可缓缓归矣'，二语艳称千古。"后来还被里人编成山歌，就名《陌上花》，在家乡民间广为传唱。</p>
```

```
    <p>三首诗云：</p>
    <p>（一）</p>
    <p>陌上花开蝴蝶飞，<br/>江山犹似昔人非。<br/>
    遗民几度垂垂老，<br/>游女长歌缓缓归。</p>
    <p>（二）</p>
    <p>陌上山花无数开，<br/>路人争看翠辇来。<br/>
    若为留得堂堂在，<br/>且更从教缓缓归。</p>
    <p>（三）</p>
    <p>生前富贵草头露，<br/>身后风流陌上花。<br/>
    已作迟迟君去鲁，<br/>犹教缓缓妾还家。</p>
</body>
</html>
```

运行后页面效果如图 6-17 所示。

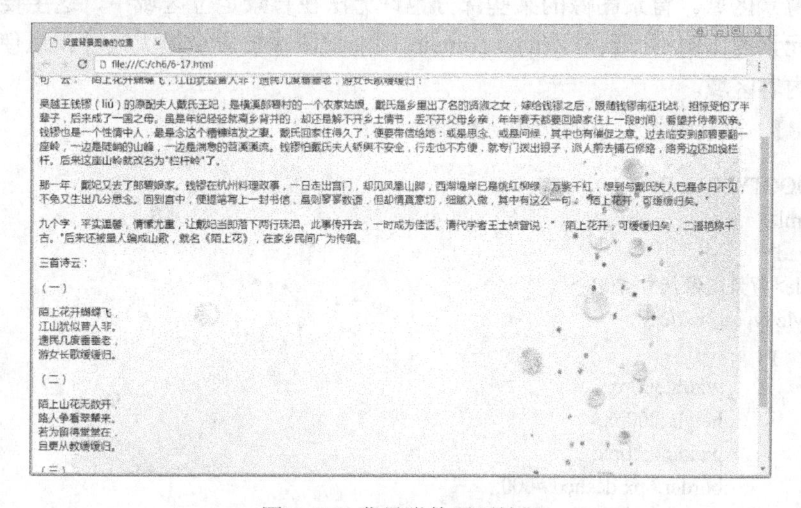

图 6-17　背景附件页面效果

6. 复合属性：背景（background）

背景 background 也是复合属性，它是一个更明确的背景关系属性的略写。

语法：background:取值；

这个属性是设置背景相关属性的一种快捷的综合写法，包括背景颜色（background-color）、背景图片（background-image）、重复设置（background-repeat）、背景附加（background-attachment）、背景位置（background-position）等之间用空格相连。

例如上面的案例代码：

```
background-image:url(images/bg3.jpg);
background-repeat:no-repeat;
background-position:60px 100px;
background-attachment:fixed;
```

可以简写为：

```
background: url(images/bg3.jpg) fixed 60px 100px no-repeat;
```

6.3.2 CSS3 新增的背景设置

背景图像大小

1．背景图像大小

在 CSS3 中，background-size 属性用于控制背景图像的大小，解决了过去 CSS 无法控制背景图像的大小的问题。

语法：background-size:取值;

取值范围：像素值 | 百分比 | contain | cover。

如果使用像素值，使用一个时表示为背景图像的宽，使用两个时则第 2 个像素值表示为高度。使用百分比，表示以父元素的百分比来设置背景图像的宽度和高度。第 1 个值设置宽度，第 2 个值设置高度。如果只设置一个值，则第 2 个值会默认为 auto，高度会随着宽度的变化而变化，从而保证图像的比例不失真。使用 cover 把背景图像扩展至足够大，使背景图像完全覆盖背景区域。背景图像的某些部分也许无法在背景定位区域中，这主要是背景图像的大小与父元素的比例不一致导致的。contain 则能把图像扩展至最大尺寸，以使其宽度和高度完全适应内容区域。

【例 6-18】 背景图像大小的应用。代码如下：

```
<!DOCTYPE html>
<html>
<head>
<title>背景图像尺寸</title>
<style type="text/css">
    p{
        width:300px;
        height:200px;
        padding:20px;
        border:6px dashed #000;
        background-image:url(images/bg1.jpg);
        background-repeat:no-repeat;
        float:left;
        margin:10px;
        font-size:20px;
    }
    .bs1{ background-size:auto; }
    .bs2{ background-size:cover; }
    .bs3{ background-size:contain; }
    .bs4{ background-size:400px; }
    .bs5{ background-size:300px 200px; }
    .bs6{ background-size:80% 90%; }
</style>
</head>
<body>
    <h3>背景图大小 1000px×500px（比例 2:1），段落内容大小 300px×300px（比例 1:1）</h3>
    <p class="bs1">auto：图像真实大小，1000px×500px</p>
    <p class="bs2">cover：等比（图像比例 2:1）缩放到完全覆盖盒子</p>
    <p class="bs3">contain 等比（图像比例 2:1）缩放到宽度和盒子相同</p>
    <p class="bs4">宽 400px，高等比例（200px）</p>
```

```
        <p class="bs5">宽 300px，高 200px</p>
        <p class="bs6">宽高分别为背景区域的 80%和 90%</p>
</body>
</html>
```

运行后页面效果如图 6-18 所示。

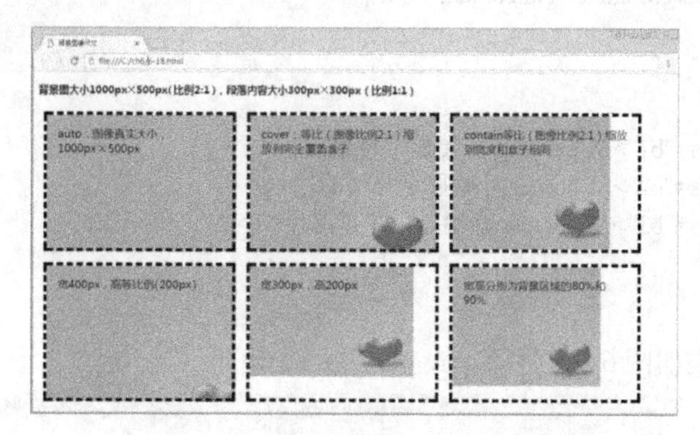

图 6-18　背景图像大小页面效果

2. 背景图像的坐标

background-origin 属性用来定义背景图像的初始位置，即坐标。在默认情况下，background-position 属性总是以元素左上角为坐标原点定位背景图像，在 CSS3 中的 background-origin 属性可以改变这种定位方式，自行定义背景图像的相对位置。

语法：background-origin:取值;

取值范围：padding-box | content-box | border-box。

其中，padding-box 表示背景图像相对于内边距区域来定位，默认值；content-box 表示背景图像相对于内容来定位；border-box 表示背景图片相对于边框来定位。

【例 6-19】 背景图像坐标的应用。代码如下：

```
<!DOCTYPE html>
<html>
<head>
<title>背景图像坐标</title>
<style type="text/css">
        body{
                background-color:#fefab1;
        }
        p{
                width:300px;
                height:300px;
                padding:20px;
                border:10px dashed #000;
                background-color:#0dcff2;
                background-image:url(images/bg5.jpg);
                background-repeat:no-repeat;
                float:left;
```

```
            margin:10px;
            font-size:20px;
        }
        .b1{ background-origin:padding-box; }
        .b2{ background-origin:border-box; }
        .b3{ background-origin:content-box; }
</style>
</head>
<body>
        <p class="b1">从 padding 开始显示背景图片</p>
        <p class="b2">从 border 开始显示背景图片</p>
        <p class="b3">从 content 开始显示背景图片</p>
</body>
</html>
```

运行后页面效果如图 6-19 所示。

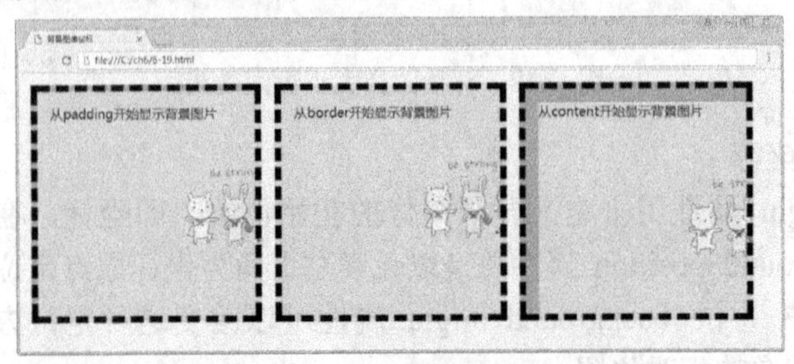

图 6-19　背景图像坐标页面效果

3. 背景图像的裁剪区域

background-clip 属性用于定义背景图像的裁剪区域，就是规范背景的显示范围。

语法：background-clip:取值;

取值范围：padding-box | content-box | border-box。

其中，默认值为 border-box，表示从边框向外裁剪背景，padding-box 表示从内边距区域向外裁剪背景，content-box 表示从内容区域向外裁剪背景。

【例 6-20】 背景图像裁剪区域的应用，代码如下：

```
<!DOCTYPE html>
<html>
<head>
<title>背景图像裁剪</title>
<style type="text/css">
        p{
            width:300px;
            height:150px;
            padding:20px;
            border:5px dashed #000;
            background-image:url(images/bg7.jpg);
```

```
            background-repeat:no-repeat;
            float:left;
            margin:10px;
            font-size:36px;
            font-weight:800;
            font-family:黑体;
        }
        .p1{ background-clip:border-box;   }
        .p2{ background-clip:padding-box; }
        .p3{ background-clip:content-box;  }
</style>
</head>
<body>
        <p class="p1"><br />不发生裁剪</p>
        <p class="p2"><br />border 区域背景被裁剪</p>
        <p class="p3"><br />border 和 padding 部分被裁剪</p>
</body>
</html>
```

运行后页面效果如图 6-20 所示。

图 6-20　背景图像裁剪区域页面效果

线性渐变

4．线性渐变

线性渐变是指第 1 种颜色沿着一条直线按顺序过渡到第 2 种颜色。

语法：background-image: linear-gradient(渐变角度,颜色值 1,颜色值 2……,颜色值 *n*);

语法中，linear-gradient 用于定义渐变方式为线性渐变，括号内用于设定渐变角度和颜色值。渐变角度是以自上向下的垂直线为 0deg 度角，然后顺时针计算，箭头所指方向为 45deg 的角。以此为参考的话，0deg 相当于“to top”，90deg 相当于“to right”，180deg 相当于“to bottom”，270deg 相当于“to left”，在默认情况下渐变角度为 180deg。

例如，linear-gradient(yellow,white)等同于 linear-gradient(180deg,yellow,white)；而 linear-gradient(180deg,yellow,white) 也等同于 linear-gradient(to bottom,yellow,white)。

在实现渐变的同时还可以控制颜色渐变的位置。实现方法就是在每一个颜色值后面还可以书写一个百分比数值，用于标示颜色渐变的位置。例如：

```
background-image: linear-gradient(180deg,yellow 20%,white 60%);
```

【例 6-21】 线性渐变的应用。代码如下：

```
<!DOCTYPE html>
<html>
<head>
<title>背景图像渐变</title>
```

```
    <style type="text/css">
        body{
            background-image:linear-gradient(white  70%,  purple);          /*网页背景从白色到紫色渐
变，从 70%开始*/
            background-attachment:fixed;
        }
        p{
            width:200px;
            height:100px;
            padding:10px;
            float:left;
            border:1px solid #000;
            background-repeat:no-repeat;
            margin:10px;
            font-size:14px;
        }
        .blinear1{
            background:linear-gradient(blue,white,pink); /*背景从蓝色到白色到粉红色渐变*/
        }
        .blinear2{
            background:linear-gradient(white 80%,pink); /*背景从白色到粉红色渐变，从 80%开始*/
        }
        .blinear3{
            background:linear-gradient(45deg,white,pink); /*背景从白色到粉红色渐变，45 度*/
        }
        .blinear4{
            background:linear-gradient(90deg,white,pink); /*背景从白色到粉红色渐变，90 度*/
        }
    </style>
    </head>
    <body>
        <p class="blinear1"><br />背景从蓝色到白色到粉红色渐变</p>
        <p class="blinear2"><br />背景从白色到粉红色渐变，从 80%开始</p>
        <p class="blinear3"><br />背景从白色到粉红色渐变，45 度</p>
        <p class="blinear4"><br />背景从白色到粉红色渐变，90 度</p>
    </body>
    </html>
```

运行后页面效果如图 6-21 所示。

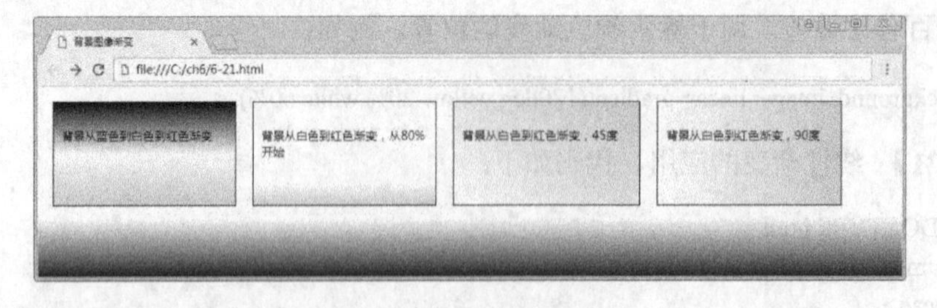

图 6-21　线性渐变页面效果

5. 径向渐变

径向渐变是指第 1 种颜色从一个中心点开始，依据椭圆或圆形形状进行扩张渐变到第 2 种颜色。

语法：background-image:radial-gradient (渐变形状 圆心位置, 颜色值 1,颜色值 2……颜色值 *n*);

其中，radial-gradient 表示渐变方式为径向渐变，括号内的参数值用于设定渐变形状、圆心位置和颜色值。渐变形状用来定义径向渐变的形状，主要包括“circle”和“ellipse”两个值。该参数设置参数的含义如表 6-2 所示。

表 6-2 渐变形状的参数含义

参数名称	含　义
circle	圆形的径向渐变
ellipse	椭圆形的径向渐变
像素值/百分比	定义水平半径和垂直半径的像素值，如“200px 150px”表示水平半径为 200px，垂直半径为 150px 的椭圆形，如果两个数值相同表示为圆形，也可以通过百分比来定义形状，如“80% 80%”

圆心位置用于确定元素渐变的中心位置，使用“at”加上关键词或参数值来定义径向渐变的中心位置。该参数设置参数的含义如表 6-3 所示。

表 6-3 圆心位置的参数含义

参 数 名 称	含　义
center	设置中间为径向渐变圆心的横坐标值或纵坐标
left	设置左边为径向渐变圆心的横坐标值
right	设置右边为径向渐变圆心的横坐标值
top	设置顶部为径向渐变圆心的纵标值
bottom	设置底部为径向渐变圆心的纵标值
像素值/百分比	用于定义圆心的水平和垂直坐标，可以为负值

颜色值的设置与线性渐变是一致的，“颜色值 1”表示起始颜色，“颜色值 n”表示结束颜色，起始颜色和结束颜色之间可以添加多个颜色值，各颜色值之间用“,”隔开。例如：

```
background-image: linear-gradient(180deg,yellow 20%,white 60%);
```

【例 6-22】 径向渐变的应用。代码如下：

```
<!DOCTYPE html>
<html>
<head>
<title>径向渐变</title>
<style type="text/css">
p{
    width:200px;
    height:100px;
    padding:10px;
    float:left;
```

```
		border:1px solid #000;
		background-repeat:no-repeat;
		margin:10px;
		font-size:14px;
	}
	.b1{
		background-image:radial-gradient(circle at center,#FFF,#0cF);
	}

	.b2{
		background-image:radial-gradient(ellipse at top,#FFF,#c0F);
	}
	</style>
	</head>
	<body>
	<p class="b1"><br />径向渐变 1</p>
	<p class="b2"><br />径向渐变 2</p>
	</body>
	</html>
```

运行后页面效果如图 6-22 所示。

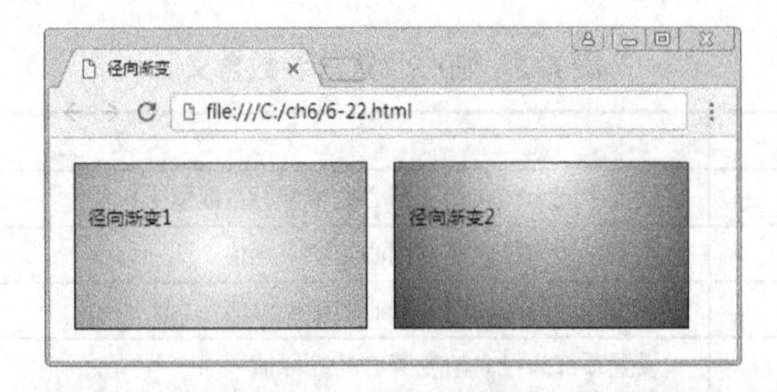

图 6-22　径向渐变页面效果

6．重复渐变

在 CSS3 中，重复渐变包括重复线性渐变和重复径向渐变。

重复线性渐变的语法如下：

语法：background-image: repeating-linear-gradient (渐变角度,颜色值 1,颜色值 2…,颜色值 n);

参数的设置与线性渐变一样相同。

重复径向渐变的语法如下：

语法：background-image: repeating-radial-gradient (渐变形状 圆心位置, 颜色值 1,…,颜色值 n);

参数的设置与径向渐变一样相同。

【例 6-23】 重复渐变的应用。代码如下：

```
	<!DOCTYPE html>
	<html>
	<head>
```

```
<title>重复渐变</title>
<style type="text/css">
	p{
		width:300px;
		height:200px;
		padding:10px;
		float:left;
		border:1px solid #000;
		background-repeat:no-repeat;
		font-size:14px;
	}
	.b1{
		background-image: repeating-radial-gradient(circle at center,#F0F 10%,#01f 40%,#cc0 30%);}
	}
</style>
</head>
<body>
	<p class="b1"><br />重复渐变</p>
</body>
</html>
```

运行后页面效果如图 6-23 所示。

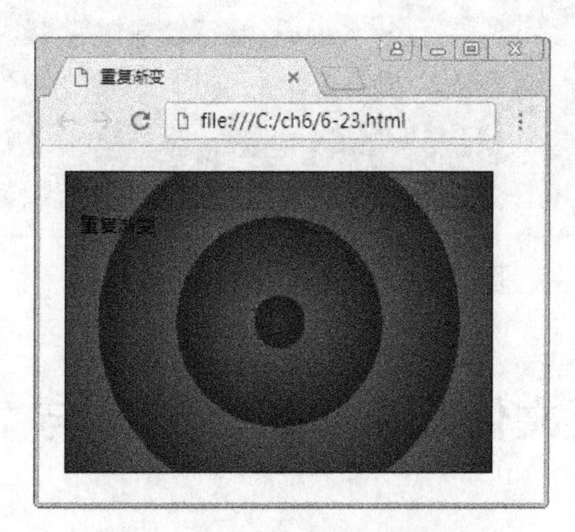

图 6-23　重复渐变页面效果

7．多背景图像的设置

在 CSS3 中，允许一个容器里显示多个背景图像，使背景图像效果更容易控制。通过 background-image、background-repeat、background-position 和 background-size 等属性提供多个属性值来实现多重背景图像效果，各属性值之间用逗号隔开。

【例 6-24】 多背景图像的应用。代码如下：

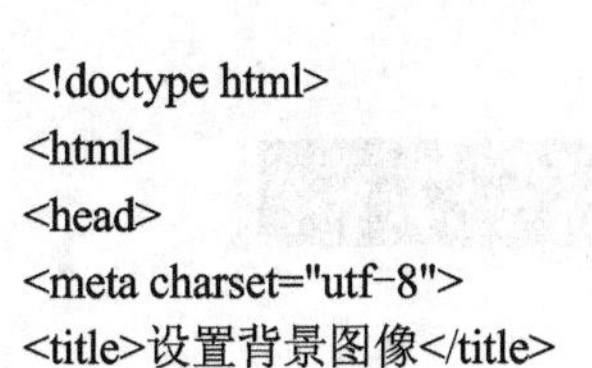

```
<!doctype html>
<html>
<head>
<meta charset="utf-8">
<title>设置背景图像</title>
```

```
<style type="text/css">
        p{
                width:1130px;
                height:400px;
                border:1px dotted #999;
                background-image:url(images/caodi2.jpg),
                url(images/taiyang.png);
                background-repeat:no-repeat;
                background-position:left bottom,right top;
        }
</style>
</head>
<body>
        <p>设置多重背景图像</p>
</body>
</html>
```

运行后页面效果如图 6-24 所示。

图 6-24　多背景图像的页面效果

6.4　项目实战：蒸丞文化页面“公司简介”与“版权信息”的美化

6.4.1　案例效果展示

在第 5.6 节案例的基础之上，美化“公司简介”部分，同时美化“版权信息”部分，如图 6-25 所示。

图 6-25　页面效果图

6.4.2 案例实现分析

根据效果图来看，完成项目要分为以下几步。

第 1 步：在原来案例的基础上，为“公司简介”部分添加对应的类名和 id 名。

第 2 步：通过 CSS 样式美化“公司简介”部分。

第 3 步：通过 CSS 样式美化“版权信息”部分。

6.4.3 案例实现过程

1. 添加“公司简介”对应的类名和 id 名

在 HTML 文件中对“公司简介”部分添加对应的类名和 id 名，将代码修改如下：

```
<section id="sec1">
<header class="sec1_title">
    <h2>公司简介  <span>company profile</span></h2>
</header>
<aside class="sec1_right"><img src="images/gsjj.jpg" width="418" height="149" alt=""/></aside>
<article class="sec1_left"> <br/>
    <p> 淮安燕丞文化传媒有限公司是一家做文化活动策划、会议策划；灯光、音响、舞台的设计与设备租赁；影视广播设备的租赁及技术开发，礼仪庆典策划，舞台艺术造型策划，会议服务，承办展览展示等，为婚庆、演出、会议、展览提供室内外 LED 显示屏、LED 彩幕、灯光、音响及其他特效设备和技术服务的策划公司。 </p>
  </article>
  <p class="clear"></p>
  <p align="center"><a href="#" class="sec1_more"   >查看更多>></a></p>
  </section>
```

2. 编写“公司简介”样式

在对应文件夹的 style.css 中进行添加，保存至目录文件夹下。代码添加如下：

```
#sec1 {
    width: 100%;                          /* 设置宽度 */
    padding-bottom: 28px;                 /* 设置下内边距*/
    background-color: #f5f5f5;            /* 设置背景颜色 */
}
.sec1_title {
    padding-top: 5px;                     /* 设置上内边距*/
    padding-bottom: 5px;                  /* 设置下内边距 */
}
.sec1_title h2 {
    font-family: "微软雅黑";              /* 设置字体 */
    color: #000;                          /* 设置颜色 */
    font-weight: 800;                     /* 设置粗体 */
    font-size: 24px;                      /* 设置字体大小 */
    text-align: center;                   /* 设置对齐方式 */
}
.sec1_box {
    width: 1110px;                        /* 设置宽度 */
```

```
        margin: 0 auto;                          /* 设置外边距*/
        padding-bottom: 9px;                     /* 设置下内边距*/
    }
    .sec1_left {
        float: left;                             /* 设置浮动 */
        width: 535px;                            /* 设置所宽度*/
        font-size: 12px;                         /* 设置字体大小 */
        line-height: 2.5em;                      /* 设置行高 */
        margin-left: 80px                        /* 设置左外边距*/
    }
    .sec1_left p {
        text-align: justify;                     /* 设置对齐方式 */
        text-indent: 30px;                       /* 设置缩进 */
    }
    .sec1_right {
        float: right;                            /* 设置浮动*/
        padding-top: 5px;                        /* 设置上内边距*/
        margin-right: 100px                      /* 设置右外边距*/
    }
    .sec1_right img {
        margin: 0 auto;                          /* 设置外边距*/
        width: 300px;                            /* 设置宽度*/
    }
    .sec1_more {
        width: 109px;                            /* 设置宽度 */
        height: 34px;                            /* 设置高度*/
        border: 1px #999999 solid;               /* 设置边框 */
        margin: 20px auto 20px;                  /* 设置所外边距*/
        display: block;                          /* 设置块状显示 */
        line-height: 34px;                       /* 设置行高 */
        text-align: center;                      /* 设置对齐方式*/
        font-size: 16px;                         /* 设置字体大小*/
        color: #999;                             /* 设置颜色 */
    }
    .clear {
        clear: both;                     /* 设置清除浮动*/
    }
```

运行以上代码，页面如图 6-26 所示。

图 6-26 页面效果图

3. 编写“页脚信息”样式

在对应文件夹的 style.css 中进行添加，保存至目录文件夹下。代码添加如下：

```
footer {
        height: 100px                         /* 设置高度*/
        line-height: 100px;                   /* 设置行高*/
        text-align: center;                   /* 设置对齐方式*/
        background: #000;                     /* 设置背景*/
        color: #FFF;                          /* 设置颜色*/
        font-size: 14px;                      /* 设置字体大小*/
}
```

运行以上代码，页面如图 6-25 所示。

6.5 习题与项目实践

1. 选择题

（1）下面（　　）属性用来设置段落的首行缩进。

A．line-height　　B．color　　C．text-indent　　D．text-decoration

（2）实现图 6-27 所示的辉光效果的代码是（　　）。

图 6-27　辉光效果

A．text-shadow: 0　0　20px red;　　B．text-shadow: 10px 0 20px red;

C．text-shadow: 10 10px 20px red;　　D．text-shadow: 10px 10px 10px red;

（3）实现背景平铺效果，对应的 CSS 为（　　）。

A．div{backgroud-image:url(images/bg.gif);}

B．div{backgroud-image:url(images/bg.gif) repeat-x;}

C．div{backgroud-image:url(images/bg.gif) repeat-y;}

D．div{backgroud-image:url(images/bg.gif) no-repeat;}

2. 实践项目

运用所学的知识，使用 CSS 样式表完成图 6-28 所示的页面效果。

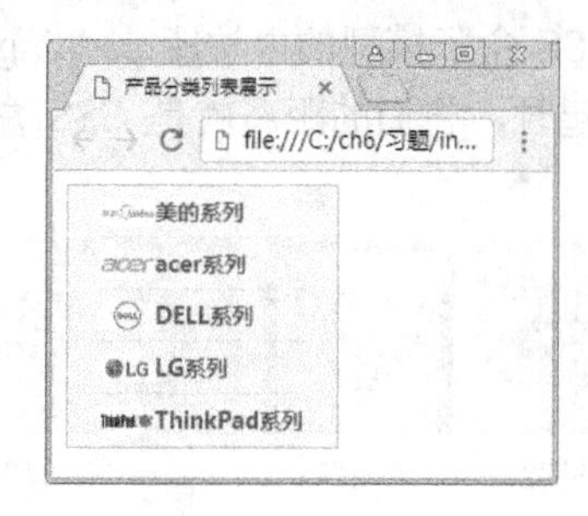

图 6-28　页面效果

第 7 章　网页布局的实现

7.1　盒子模型

盒子模型是 CSS 中一个重要的概念，理解了盒子模型才能更好地排版。所谓盒子模型，就是所有 HTML 元素可以看作盒子。CSS 盒模型本质上是一个盒子，封装周围的 HTML 元素，它包括外边距、边框、内边距和实际内容。

盒子类型

大多数浏览器都采用了 W3C 规范，一个标准的 W3C 盒子模型由内容（content）、内边距（padding）、边框（border）、外边距（margin）这 4 个属性组成，如图 7-1 所示。

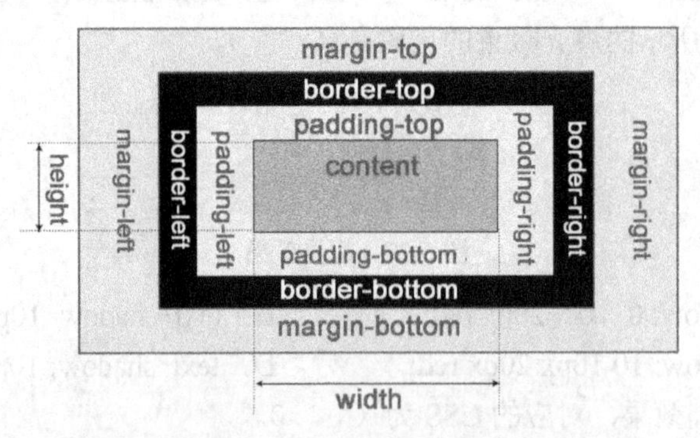

图 7-1　盒子模型示意图

所谓网页的布局，其实就是多个盒子嵌套排列。通常会使用 div 标签来作为容器进行网页布局。div 是英文 division 的缩写，意为“分割、区域”。<div>标记简单而言就是一个区块容器标记，可以将网页分割为独立的、不同的部分，以实现网页的规划和布局。

可以把这些属性转移到日常生活中的盒子上来理解，日常中生活的盒子也有这些属性。把月饼想象成 HTML 元素，那么月饼盒子就是一个 CSS 盒子模型，其中月饼为 CSS 盒子模型的内容，填充泡沫的厚度为 CSS 盒子模型的内边距 padding，纸盒为 CSS 盒子模型的边框 border，当多个月饼盒子装在一起时，它们的距离就是 CSS 盒子模型的外边距 margin，具体如图 7-2 所示。

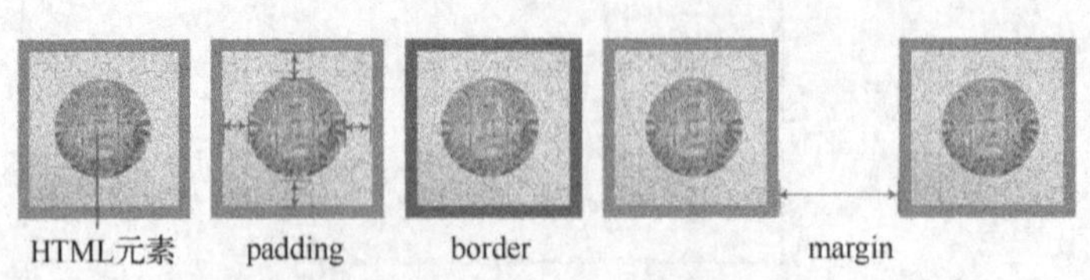

图 7-2　月饼与 CSS 盒子示意图

虽然盒子模型有内边距、边框、外边距、宽和高这些基本属性，但是并不要求每个元素都必须定义这些属性。

盒子结构的纵深顺序，自下而上为外边距、背景颜色、背景图像、内边距、内容、边框。

CSS 代码中的宽和高，指的是填充以内的内容范围。因此，可以得到以下结论：

盒子的总宽度=width+左右内边距之和+左右边框宽度之和+左右外边距之和

盒子的总高度=height+上下内边距之和+上下边框宽度之和+上下外边距之和

以月饼盒子为例，宽度的计算如图 7-3 所示。

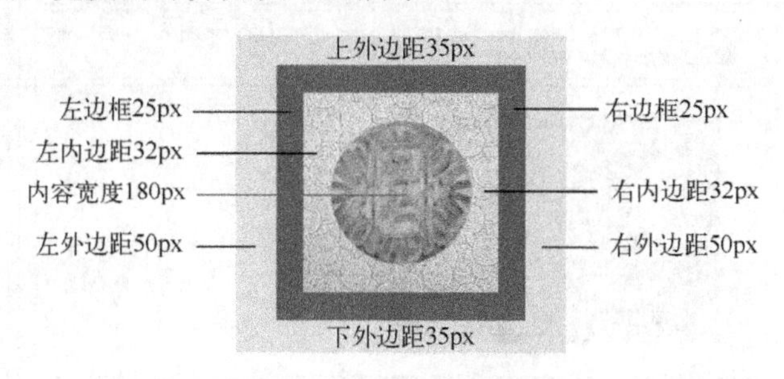

图 7-3　元素总宽度的计算

所以，盒子的宽度计算方法为 180+32×2+25×2+50×2=394（px）。若高度也为 180px，上下外边距为 35px，则盒子高度的计算方法为 180+32×2+25×2+35×2=364（px）。

【例 7-1】 认识盒子模型。代码如下：

```
<!doctype html>
<html>
<head>
<meta charset="utf-8">
<title>盒子模型</title>
    <style type="text/css">
    body,h1,p,b,img{
        margin:5px;                    /*外边距 5px*/
        padding:10px;                  /*内边距 10px*/
        border:2px dotted purple;      /*边框为 2px 紫色虚线*/
    }
    b{
        color:#F0F;}
    </style>
</head>
<body>
    <h1>标题</h1>
    <p>
    <b>段落 1：</b>感受 CSS 如何处理 HTML 元素盒子，为每个盒子添加边框和内外边距。
    </p>
    <p>段落 2：盒子必须了解的参数，border（边框）、padding（内边距）和 margin（外边距），
盒子模型规定了处理元素内容和内边距、边框以及外边距的方式。</p>
    <p><img src="images/box1.jpg"></p>
```

```
</body>
</html>
```

运行后页面效果如图 7-4 所示。

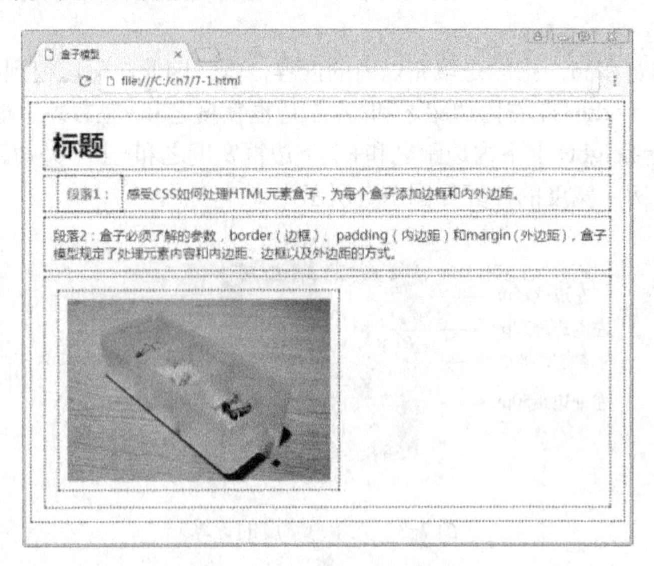

图 7-4　盒子模型页面效果

7.2　盒子模型的常用属性

7.2.1　边框 border 属性

边框属性控制元素所占用空间的边缘。主要包括边框宽度、边框样式、边框颜色等，此外还有 border 的综合属性，在 CSS3 中添加了圆角边框、图片边框属性。

1．边框样式

边框样式属性用以定义边框的风格呈现样式，这个属性必须用于指定的边框。

语法：border-style:上边框样式[右边框样式 下边框样式 左边框样式];

样式值可以取的值共有 9 种，如表 7-1 所示。

表 7-1　边框样式取值及含义

属性	含义	属性	含义
none	不显示边框，为默认属性值	groove	边框带有立体感的沟槽
dotted	点线	ridge	边框成脊形
dashed	虚线	inset	使整个方框凹陷，即在外框内嵌入一个立体边框
solid	实线	outset	使整个方框凸起，即在外框内嵌外一个立体边框
double	双实线		

语法中，border-style 属性为综合属性设置四边样式，必须按上右下左的顺时针顺序，省略

时同样采用值复制的原则，即 1 个值为 4 边，2 个值为上下/左右，3 个值为上/左右/下。也可以分别定义 border-top-style、border-right-style、border-bottom-style、border-left-style 的样式。表 7-1 中的 solid（实线）、dashed（虚线）、dotted（点线）、double（双实线）较为常用。

同样，border-style 也可以按照"border-top-style:样式""border-right-style:样式""border-bottom-style:样式""border-left-style:样式"逐个定义。

【例 7-2】 边框样式的应用。代码如下：

```
<!doctype html>
<html>
<head>
<meta charset="utf-8">
<title>边框样式</title>
<style type="text/css">
    div{
        width:100px;
        height:150px;
        margin:10px;        /*外边距*/
        float:left;         /*左边浮动*/
        font-size:13px;
    }
    #bs1{ border-style:none; }
    #bs2{ border-style:solid; }
    #bs3{ border-style:solid dashed;}
    #bs4{ border-style:solid dashed double; }
    #bs5{ border-style:solid dashed double dotted; }
    #bs6{ border-style:groove; }
    #bs7{ border-style:ridge; }
    #bs8{ border-style:inset; }
    #bs9{ border-style:outset; }
    #bs10{
         border-top-style:solid;
         border-right-style:dashed;
         border-bottom-style:double;
         border-left-style:dotted;
    }
</style>
</head>
<body>
    <div id="bs1">none 无边框</div>
    <div id="bs2">1 个值 solid</div>
    <div id="bs3">2 个值 solid dashed</div>
    <div id="bs4">3 个值 solid dashed double</div>
    <div id="bs5">4 个值 solid dashed double dotted</div>
    <div id="bs6">groove3D 凹槽</div>
    <div id="bs7">ridge3D 凸槽</div>
    <div id="bs8">inset3D 凹边</div>
    <div id="bs9">outset3D 凸边</div>
    <div id="bs10">分别设定四个边</div>
```

```
</body>
</html>
```

运行后页面效果如图 7-5 所示。

图 7-5　边框样式页面效果

2．边框宽度

边框宽度

边框宽度用于设置元素边框的宽度值。

语法：border-width:上边框宽度值[右边框宽度值 下边框宽度值 左边框宽度值];

其中，宽度值可以是长度或关键字，关键字可以是 medium、thin 和 thick，分别表示中等厚度的边框、细边框和粗边框。由数字和单位组成的长度值，不可为负值，常用取值单位为像素（px）。并且遵循值复制的原则，值可以取 1 到 4 个，设置了 1 个值，应用于 4 个边框；设置了 2 个或 3 个值，省略的值与对边相等；设置了 4 个值，按照上、右、下、左的顺序显示结果。

也可以按照“border-top-width:宽度值”“border-right-width:宽度值”“border-bottom-width:宽度值”“border-left-width:宽度值”逐个定义。

【例 7-3】 边框宽度的应用。代码如下：

```
<!doctype html>
<html>
<head>
<meta charset="utf-8">
<title>边框宽度</title>
<style type="text/css">
    div{
        width:100px;
        height:100px;
        margin:10px;                /*外边距*/
        float:left;                 /*左边浮动*/
        font-size:13px;
        border-style:solid;         /*边框样式 solid*/
    }
    #bw1{ border-width:thin; }
    #bw2{ border-width:2px 4px;}
    #bw3{ border-width:2px 4px 6px; }
    #bw4{ border-width:2px 4px 6px 8px; }
    #bw5{
        border-top-width:2px;
        border-right-width:4px;
```

```
            border-bottom-width:6px;
            border-left-width:8px;
        }
</style>
</head>
<body>
    <div id="bw1">值 thin</div>
    <div id="bw2">值 2px 4px</div>
    <div id="bw3">值 2px 4px 6px</div>
    <div id="bw4">值 2px 4px 6px 8px</div>
    <div id="bw5">设定 4 个边 2px、4px、6px 和 8px</div>
</body>
</html>
```

运行后页面效果如图 7-6 所示。

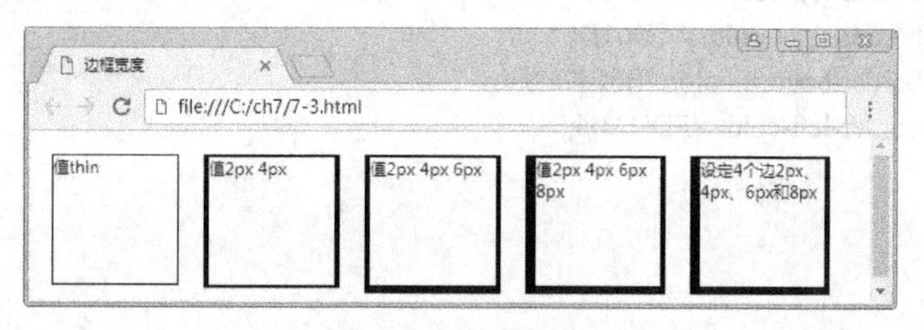

图 7-6　边框宽度页面效果

3．边框颜色

边框颜色属性用于定义边框的颜色。

语法：border-color:上边框颜色值[右边框颜色值 下边框颜色值 左边框颜色值];

其中，border-color 的属性值同样复合颜色的定义法：预定义的颜色值、十六进制#RRGGBB 和 RGB 代码 rgb（r，g，b）三种，其中十六进制#RRGGBB 使用的最多。

border-color 的值可以取 1 到 4 个，设置了 1 个值，应用于 4 个边框；设置了 2 个或 3 个值，省略的值与对边相等；设置了 4 个值，按照上、右、下、左的顺序显示结果。

同样，border-color 也可以按照"border-top-color:颜色值""border-right-color:颜色值""border-bottom-color:颜色值""border-left-color:颜色值"逐个定义。

【例 7-4】 边框颜色的应用。代码如下：

```
<!doctype html>
<html>
<head>
<meta charset="utf-8">
<title>边框颜色</title>
<style type="text/css">
    div{
        width:80px;
        height:50px;
```

```
            margin:10px;          /*外边距*/
            float:left;           /*左边浮动*/
            font-size:13px;
            border-style:solid;          /*边框样式 solid*/
            border-width:10px;         /*边框宽度 10px*/
        }
        #bc1{
            border-style:groove;
            border-color:#C47678;
        }
        #bc2{ border-color:#C47678 #CD61DC; }
        #bc3{ border-color:#C47678 #CD61DC #B6CE44; }
        #bc4{ border-color:#C47678 #CD61DC #B6CE44 #FDDA04; }
        #bc5{
            border-top-color:#C47678;
            border-right-color:#CD61DC;
            border-bottom-color:#B6CE44;
            border-left-color:#FDDA04;;
        }
    </style>
    </head>
    <body>
        <div id="bc1">1 个颜色值，样式 groove</div>
        <div id="bc2">2 个颜色值，样式 solid</div>
        <div id="bc3">3 个颜色值，样式 solid</div>
        <div id="bc4">4 个颜色值，样式 solid</div>
        <div id="bc5">分别设定 4 个边，样式 solid</div>
        </body>
    </html>
```

运行后页面效果如图 7-7 所示。

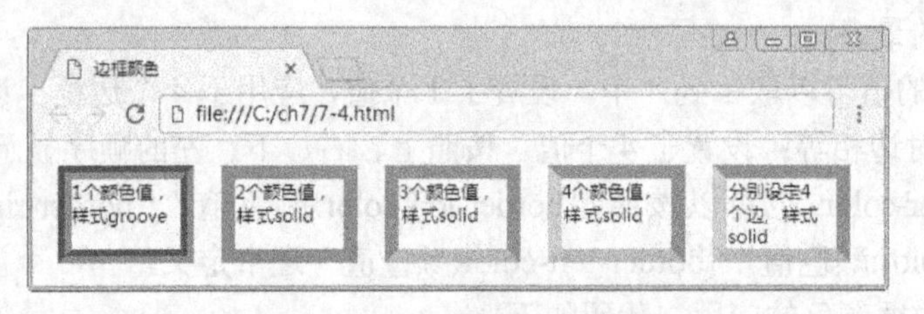

图 7-7　边框颜色页面效果

4．边框综合属性

border 复合属性

使用边框的边框宽度 border-width、样式 border-style 和颜色 border-color 属性分别设置一个元素的边框样式代码比较烦琐，为了编写更为简洁的代码，可以使用边框的综合属性。

语法：border:<边框宽度>|<边框样式>|<颜色>;

在复合属性中，边框属性 border 能同时设置 4 种边框。如果只需要给出一组边框的宽度、样式与颜色，可以通过“border-top”“border-right”“border-bottom” "border-left" 分别设置。

【例 7-5】 边框综合属性的应用。代码如下：

```
<!doctype html>
<html>
<head>
<meta charset="utf-8">
<title>边框复合属性</title>
    <style type="text/css">div{
        width:100px;
        height:60px;
        margin:10px;          /*外边距*/
        float:left;           /*左边浮动*/
        font-size:13px;
    }
    #b1{
        border-top:double;
        border-right:solid #B6CE44;
        border-bottom:dotted 2px;
        border-left:ridge #B7D5EF 8px;
    }
    #b2{ border:dashed #047C3F 6px;}
</style>
</head>
<body>
    <div id="b1">边框 1</div>
    <div id="b2">边框 2</div>
</body>
</html>
```

运行后页面效果如图 7-8 所示。

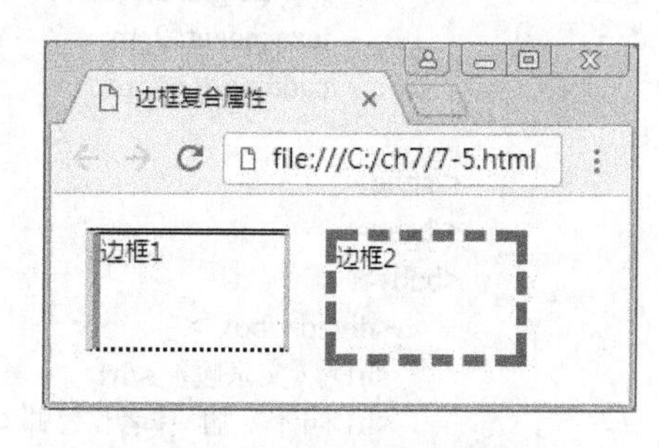

图 7-8 边框综合属性页面效果

7.2.2 边距属性

CSS 的边距属性分为内边距 padding 和外边距 margin 两种。

1. 内边距

内边距主要用来调整内容在盒子中的位置，指的是元素内容与边框 border 之间的距离，也被常称为内填充。

内边距

语法：padding:上内边距值[右内边距值 下内边距值 左内边距值];

在 CSS 中 padding 属性用于设置内边距，它是一个复合属性。其中，边距值由数字和单位组成的长度值，不可为负值，常用取值单位为 px，数值也可以是百分比。使用百分比时，内边距的宽度值随着父元素宽度 width 的变化而变化，与 height 无关。

padding 也遵循值复制的原则，值可以取 1 到 4 个，设置了 1 个值，应用于 4 个内边距相等；设置了 2 个或 3 个值，省略的值与对应的内边距相等；设置了 4 个值，按照上、右、下、左的顺序设置 4 个内边距。

当只对某个方向的填充进行设置时，可以通过 "padding-top" "padding-right" "padding-bottom（下填充）" "padding-left（左填充）" 分别设置。

【例 7-6】 内边距的应用。代码如下：

```
<!DOCTYPE html>
<html>
<head>
<title>内边距</title>
<style type="text/css">
    #box {
        padding: 20px 30px;                /*外层内边距*/
        background-color: #B0DFE9;         /*外层背景色*/
        border: #C33D3F 2px dotted;
    }
    h1 {
        font-size: 20px;
        border: 2px dashed #189FD7;
        padding-bottom: 10px;              /*下边内边距*/
        text-align: center;
    }
    p {
        font-size: 14px;
        line-height: 1.5;
        text-indent: 2em;
        padding-top: 5px;                  /*上边内边距*/
    }
</style>
</head>
<body>
    <div id="box">
    <h1>《文宗陵》</h1>
    <h1>年代: 唐 作者: 曹邺</h1>
    <p>千年尧舜心，心成身已殁。</p>
    <p>始随苍梧云，不返苍龙阙。</p>
    <p>宫女衣不香，黄金赐白发。</p>
    <p>留此奉天下，所以无征伐。</p>
    <p>至今汨罗水，不葬大夫骨。</p>
    </div>
</body>
</html>
```

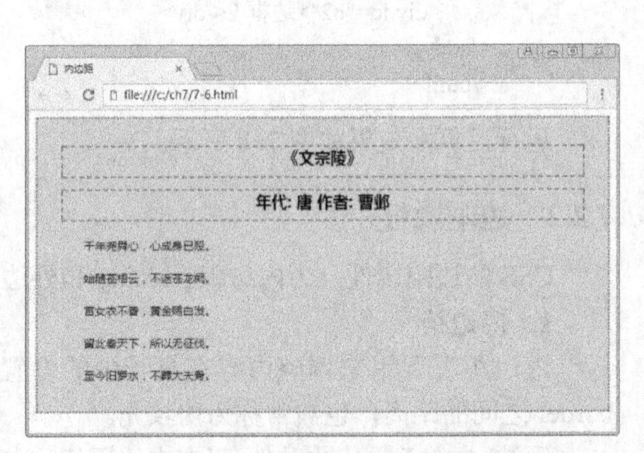

图 7-9　内边距页面效果

运行后页面效果如图 7-9 所示。

2．外边距

外边距 margin 指的是元素边框与相邻元素之间的距离。

语法：margin:上外边距值[右外边距值　下外边距值　左外边距值];

其中，margin 属性用于设置外边距，它是一个复合属性，与内边框 padding 的用法类似。当只需要对某个方向的外边距进行设置时，可以通过“margin-top”“margin-right”“margin-bottom”“margin-left”分别设置。

使用 margin 注意以下两点。

① 外边距可以为负值，使相邻元素重叠。

② 当使用盒元素进行布局时，使用了宽度属性，同时将 margin 的左右外边距设置为 auto 时，可以实现盒元素的居中。

【例 7-7】 外边距的应用。代码如下：

```
<!doctype html>
<html>
<head>
<meta charset="utf-8">
<title>外边距</title>
<style type="text/css">
    #box {
        padding: 20px 30px;                    /*外层内边距*/
        background-color: #B0DFE9;             /*外层背景色*/
        border: #C33D3F 2px dotted;
        margin:20px;                           /*外层外边距*/
    }
    h1 {
        font-size: 20px;
        border: 2px dashed #189FD7;
        padding-bottom:10px;                   /*下边内边距*/
        text-align: center;
    }
    p {
        font-size: 14px;
        line-height: 1.5;
        text-indent: 2em;
        padding-top: 5px;                      /*上边内边距*/
    }
    img{
        width:200px;
        margin:0px 10px;                       /*图像外边距*/
        float:right;
    }
</style>
</head>
<body>
    <div id="box">
    <h1>《文宗陵》</h1>
    <h1>年代: 唐 作者: 曹邺</h1>
    <img src="images/caoye.jpg" />
    <p>千年尧舜心，心成身已殁。</p>
    <p>始随苍梧云，不返苍龙阙。</p>
    <p>宫女衣不香，黄金赐白发。</p>
    <p>留此奉天下，所以无征伐。</p>
    <p>至今汨罗水，不葬大夫骨。</p>
    <br/><br/>
    </div>
</body>
</html>
```

运行后页面效果如图 7-10 所示。

图 7-10　外边距页面效果

7.2.3 边框其他属性

圆角边框

1．圆角边框

在 CSS3 中，使用 border-radius 属性实现了矩形边框的圆角化。

语法：border-radius:半径值 1/半径值 2;

其中，border-radius 的属性值包含 2 个参数，取值可以为像素值或百分比。其中“半径值 1”表示圆角的水平半径，“半径值 2”表示圆角的垂直半径，两个参数之间用“/”隔开。border-radius 也遵循值复制的原则，值可以取 1 到 4 个，设置 1 个值时，4 个圆角具有相同的弧度；设置了 2 个值时，左上与右下圆角半径使用第 1 个值，右上与左下使用第 2 个参数；设置了 3 个值时，左上圆角半径使用第 1 个值，右上与左下圆角半径使用第 2 个值，右下使用第 3 个参数；设置 4 个值时，将按左上、右上、右下与左下的顺序使用参数值。

【例 7-8】 圆角边框的应用。代码如下：

```
<!doctype html>
<html>
<head>
<meta charset="utf-8">
<title>圆角边框</title>
      <style type="text/css">
      #br1{ border-radius:180px;}
      #br2{ border-radius:100px 75px; }
      #br3{ border-radius:40px 185px 40px; }
      #br4{ border-radius:60px 95px 80px 125px; }
      </style>
</head>
<body>
      <img   id="br1" src="images/br1.jpg">
      <img   id="br2" src="images/br1.jpg">
      <img   id="br3" src="images/br1.jpg">
      <img   id="br4" src="images/br1.jpg">
</body>
</html>
```

运行本例，分别设置图片的圆角边框 4 种取值，页面效果如图 7-11 所示。

图 7-11　圆角边框的页面效果

阴影效果

2．阴影效果

CSS 中的 box-shadow 属性可以实现阴影效果。

语法：box-shadow:水平阴影值 垂直阴影值 模糊距离值 阴影大小值 颜色阴影类型;

其中，水平阴影值表示元素水平阴影位置，可以为负值（必选属性）；垂直阴影值表示元素垂直阴影位置，可以为负值（必选属性）；模糊距离值表示阴影模糊半径（可选属性）；阴影大小值表示阴影扩展半径，不能为负值（可选属性）；颜色表示阴影的颜色（可选属性）；阴影类型主要包含内阴影（inset）/外阴影（默认）（可选属性）。

【例 7-9】 阴影效果的应用。代码如下：

```
<!doctype html>
<html>
<head>
<meta charset="utf-8">
<title>盒子阴影</title>
<style type="text/css">
    div,img{
        width:180px;
        height:100px;
        margin:35px;
        padding:5px;
        float:left;
        font-size:13px;
    }
    #bs1{
        box-shadow:4px 20px 20px 12px #61f7eb;
        background-color:#EC3B58;
    }
    #bs2{
        box-shadow:0 0 20px 20px #9366f7;
    }
    #bs3{
        box-shadow:inset 0 0 20px 20px #9366f7;    /*内部阴影*/
    }
    #bs4{              /*多重阴影效果*/
        box-shadow: 0 0 2px 2px #56f79a, 0 0 12px 14px #fcf276,0 0 2px 7px #5fcff5,0 0 22px 21px
#f34ddf;
    }
</style>
</head>
<body>
    <div id="bs1">盒子阴影</div>
    <img  id="bs2" src="images/br3.jpg">
    <img  id="bs3" src="images/br3.jpg">
    <img  id="bs4" src="images/br3.jpg">
</body>
</html>
```

运行本例，分别设置阴影的 4 种取值，页面效果如图 7-12 所示。

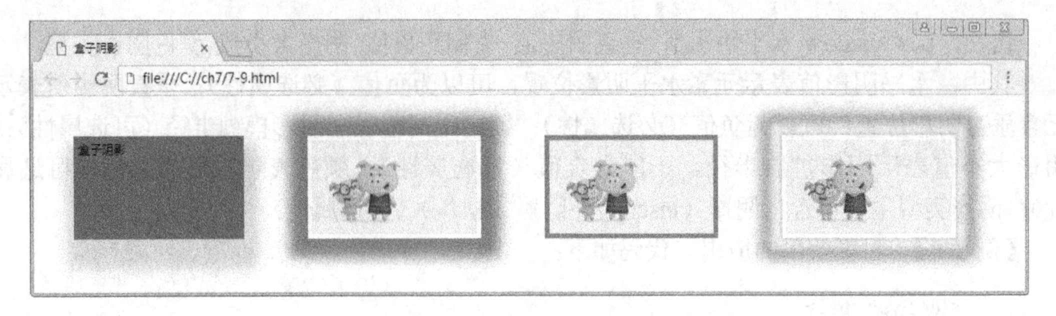

图 7-12　阴影的页面效果

3．box-sizing 属性

CSS 中盒子的实际宽等于 width 的值、左右内边距值、左右边框宽值、左右外边距值之和，高度也一样。这样容易出现当一个盒子的实际宽度确定之后，如果添加或者修改了边框或内边距，从而影响盒子的实际宽度，为了不影响整体布局，通常会通过调整 width 属性值，来保证盒子总宽度保持不变。运用 CSS3 的 box-sizing 属性可以解决这个问题。

box-sizing 属性

box-sizing 属性用于定义盒子的宽度 width 和高度值 height 是否包含元素的内边距和边框。

语法：box-sizing: content-box/border-box;

其中，box-sizing 属性的取值与含义如表 7-2 所示。

表 7-2　box-sizing 的取值与含义

名　称	含　义
content-box	宽度和高度分别应用到元素的内容框。 在宽度和高度之外绘制元素的内边距和边框
border-box	为元素设定的宽度和高度决定了元素的边框盒。 就是说，为元素指定的任何内边距 padding 和边框 border 都将在已设定的宽度和高度内进行绘制。 通过从已设定的宽度和高度分别减去边框和内边距才能得到内容的宽度和高度

【例 7-10】 box-sizing 属性的应用。代码如下：

```
<!doctype html>
<html>
<head>
<meta charset="utf-8">
<title>box-sizing</title>
<style type="text/css">
        .div1{
            width:300px;
            height:150px;
            padding-right:30px;
            background:#99F;
            border:4px solid    #00F;
            box-sizing:content-box;
            }
        .div2{
```

```
            width:300px;
            height:150px;
            padding-right:30px;
            background:#99f;
            border:4px solid    #00F;
            box-sizing:border-box;
            margin-top:10px;
            }
    </style>
    </head>
    <body>
        <div class="div1">content_box 属性</div>
        <div class="div2">border_box 属性</div>
    </body>
    </html>
```

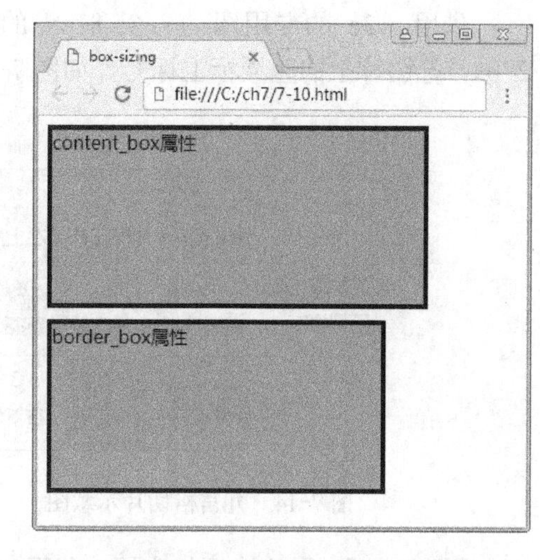

运行后页面效果如图 7-13 所示。

图 7-13　box-sizing 属性页面效果

4. 图片边框

在 CSS3 中，使用图片边框 border-image 实现对区域整体添加一个图片边框。border-image 属性是综合属性，还包括 border-image-source、border-image-slice、border-image-width、border-image-outset 以及 border-image-repeat 等属性，名称及其含义如表 7-3 所示。

表 7-3　图片边框的属性与含义

属 性 名 称	含　义
border-image-source	指定图片路径
border-image-slice	指定图像的切片方式，设置边框图像顶部、右侧、底部左侧内偏移量
border-image-width	指定边框宽度，可以设置 1～4 个值
border-image-outset	指定背景想盒子外部延伸的距离，可以设置 1～4 个值
border-image-repeat	指定背景图片的平铺方式：stretch 表示拉伸，repeat 重复，round 表示环绕

这些属性的使用语法如下。

border-image-source:none| 图片路径；

border-image-slice:图像顶部、右侧、底部左侧内偏移值（像素或百分比；数字 1-4&&fill）；这 4 个值分别表示相对于图片的上、右、下、左边缘的偏移量，将图像分成 4 个角、4 条边和中间区域的 9 个切片，中间区域始终是透明的（即没有图像填充），除非加上关键字 fill。

border-image-width:边框的宽度值(像素)；

border-image-outset:数值；

border-image-repeat:stretch| repeat | round；

综合属性语法如下：

border-image:border-image-sourceborder-image-slice/border-image-width/border-image-outsetborder-image-repeat;

其中，border-image-slice 的边框图片的九宫格切片如图 7-14 所示。

借用 w3c 的专用图，一个 81px 的正方形位图，九个菱形图案，图案大小为 27px×27px，把图片上的区域标上标号，如图 7-15 所示，以追踪在案例中出现的位置。

	left		right
top	1 左上角	5 顶部区域	2 右上角
设置fill则出现 否则为空	5 左侧区域	9 中间区域	6 右侧区域
bottom	4 左下角	7 底部区域	3 右下角

图 7-14　九宫格切片示意图

图 7-15　边框图像示意图

【例 7-11】 图片边框的应用。代码如下：

```
<!doctype html>
<html>
<head>
<meta charset="utf-8">
<title>图像边框</title>
<style type="text/css">
    div{
    padding:30px;
    margin:20px;
    font-size:14px;
    background-color:#9FF;          /*设置 div 背景颜色*/
    float:left;
    width:160px;
    height:80px;
}
#bi1{
    border-image-source:url("images/borderimg.png");
    border-image-slice:27 fill;
    border-image-width:auto;
    border-image-repeat:repeat;
    }
</style>
</head>
<body>
    <div id="bi1">
        <h1>加关键字 fill</h1>
    </div>
</body>
</html>
```

图 7-16　图片边框页面效果

运行后页面效果如图 7-16 所示。

7.3 浮动与定位

7.3.1 元素的类型与转换

元素的类型

1. 元素的类型

HTML 用于布局网页页面的元素主要分为块级元素、行内元素和行内块级元素。

（1）块级元素

块状元素在网页中就是以块的形式显示，所谓块状就是元素显示为矩形区域，主要用于网页布局和网页结构的搭建。具有以下特点。

在默认情况下，块状元素都会占据一行，通俗地说，两个相邻块状元素不会出现并列显示的现象；在默认情况下，块状元素会按顺序自上而下排列。

块状元素都可以定义自己的宽度和高度，还可以设置行高、边距等。

元素宽度在不设置的情况下，是它本身父容器的 100%（和父元素的宽度一致），除非设定一个宽度。

常见的块元素有<div>、<dl>、<dt>、<dd>、<ol>、<ul>、<fieldset>、<h1～h7>、<p>、<form>、<iframe>、<colgroup>、<table>、<tr>、<td>等，其中<div>标签是最典型的块级元素，被广泛地应用到了页面布局中。

通过代码“display:block;”将元素设置为块级元素。

（2）行内元素（inline）

行内元素也称为内联元素，是始终在行内逐个进行显示，常用于控制页面中文本的样式。具有以下特点。

- 和其他元素都在一行上。
- 元素的高度、宽度、行高及顶部和底部边距不可设置。
- 元素的宽度就是它包含的文字或图片的宽度，不可改变。

常见的行内元素有<a>、<samp>、<strong>、<b>、<em>、<i>、<del>、<s>、<ins>、<u>、<span>等。其中<span>标记是最典型的行内元素。<span>与</span>之间只能包含文本和各种文本的修饰标签，如加粗标记<strong>、倾斜标记<em>等，<span>中还可以嵌套多层<span>。

通过代码“display:inline;”将元素设置为行内元素。

（3）行内块级元素

行内块级元素（inline-block）就是同时具备行内元素、块级元素的特点。本质仍是行内元素，但是可以设置 width 及 height 属性。

例如<img>、<input>标签就是这种行内块级标签。

通过代码“display:inline-block;”将元素设置为行内块级元素。

【例 7-12】 元素的类型使用。代码如下：

```
<!doctype html><html>
<head>
```

```
<meta charset="utf-8">
<title>元素的类型</title>
<style type="text/css">
    div, h2, p {
        background-color: #CF64CB;
        height: 40px;
    }   /*定义块级元素的样式*/
    b, span, em {
        background-color: #B05051;
        color: white;
    }   /*定义行内元素的样式*/
    a {                                                         /*定义行内块元素的样式*/
        width: 200px;
        height: 50px;
        background-color:#E1D790;
        display: inline-block;
    }
    </style>
</head>
    <a href="#">行内块元素 1</a><a href="#">行内块元素 2</a>
    <h2>块元素 1</h2>
    <p>段落块<b>行内元素 1</b></span><em>行内元素 2</em></p>
    <div>块元素 2</div>
</html>
```

运行后页面效果如图 7-17 所示。

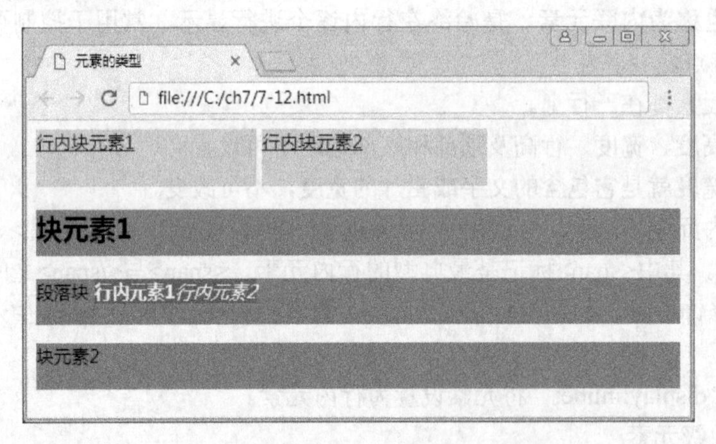

图 7-17　不同类型的元素页面效果

行内元素与块级元素直观上的区别如下。

- 行内元素会在一条直线上排列，都是同一行的，水平方向排列。块级元素各占据一行，垂直方向排列。块级元素从新行开始结束接着一个断行。
- 块级元素可以包含行内元素和块级元素。行内元素不能包含块级元素。
- 行内元素与块级元素的属性不同，主要体现在盒模型属性上。行内元素设置 width 无效，height 无效（可以设置 line-height），margin 上下无效，padding 上下无效。

2．元素类型的转换

盒子模型可通过 display 属性来改变默认的显示类型。

语法：display:inline | block | inline-block | none;

inline：此元素将显示为行内元素（行内元素默认的 display 属性值）。block：此元素将显示为块元素（块元素默认的 display 属性值）。inline-block：此元素将显示为行内块元素，可以对其设置宽高和对齐等属性，但是该元素不会独占一行（行内块级元素的 display 属性值）。none：此元素将被隐藏，不显示，也不占用页面空间，相当于该元素不存在。

【例 7-13】 元素类型的转换。代码如下：

```
<!DOCTYPE html>
<html>
<head>
<meta charset="utf-8" />
<title>元素类型的转换</title>
<style type="text/css">
      div {
            height: 40px;
            width: 200px;
            background-color: #933A3C;
            margin-bottom:5px;
      }
      .trs1 {
            background-color: #eafc8f;
            display: inline;                    /*将块级元素 div 转换为行内元素*/
      }
      .trs2 {
            width: 100px;
            height: 40px;
            margin: 5px 0;
            background-color: pink;
            display: block;                     /*将行内元素 a 转换为块级元素*/
      }
</style>
</head>
<body>
      <div class="trs1">块元素 1 转换为行元素</div>
      <div>块元素 2</div>
      <div>块元素 3</div>
      <a href="http://www.baidu.com">百度网</a>
      <a href="https://www.taobao.com">淘宝网</a>
      <a class="trs2" href="https://www.taobao.com">淘宝网</a>
</body>
</html>
```

块元素 1 转换为行元素，a 元素为行元素，将最后一个“淘宝网”转换成块元素显示。所以它显示在下一行，运行后页面效果如图 7-18 所示。

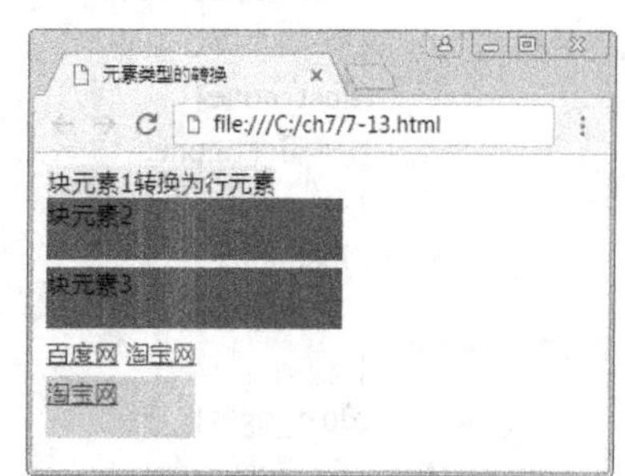

图 7-18　元素的转换效果

7.3.2 浮动属性 float

在 CSS 中，通过 float 属性定义元素向哪个方向浮动。应用了浮动后元素会脱离标准文档流的控制，移动到其父元素中指定位置。

语法：float: none| left | right;

其中，属性值 none 表示元素不浮动，默认值。属性值 left 表示元素向左浮动，属性值 right 表示元素向右浮动。

如果当前行没有足够的水平空间来包含该浮动盒子，则它逐行向下移动直至某一行有足够的空间来容纳。

【例 7-14】 float 浮动属性的使用。代码如下：

```
<!DOCTYPE html>
<html>
<head>
<title>浮动</title>
<style type="text/css">
    section{
        width:500px;
        height:120px;
        border:1px solid #000;
        margin:10px;
        background:#BF84BE;
    }
    h1,h3{
        background:#F76F90;
        margin:10px;
        padding:5px;
        border:1px solid #000;
        font-size:14px;
        text-align:center;
        height:auto;
    }
    h1{
        width:60px;
    }
    h3{
        width:150px;
    }
    .float_none{
        float:none;             /*不浮动*/
    }
    .float_left{
        float:left;             /*浮动在左*/
    }
    .float_right{
        float:right;            /*浮动在右*/
    }
```

```
</style>
</head>
<body>
    <!--第 1 组的盒子浮动方式：不浮动-->
    <section>
    <h1 class="float_none">H1</h1>
    <h3 class="float_none">H3</h3>
    </section>
    <!--第 2 组的盒子浮动方式：前两个浮动在左，第 3 个浮动在右-->
    <section>
    <h1 class="float_left">H1</h1>
    <h3 class="float_right">H3</h3>
    </section>
    <!--第 3 组的盒子浮动方式：浮动在右-->
    <section>
    <h1 class="float_right">H1</h1>
    <h3 class="float_right">H3</h3>
    </section>
</body>
</html>
```

该例中，总共 3 组内容，每组包含 h1 元素，h3 元素。第 1 组为默认的文档流顺序；第 2 组中 h1 元素左浮动，h3 元素右浮动；第 3 组中元素均设置 float 属性为右浮动。运行后页面效果如图 7-19 所示。

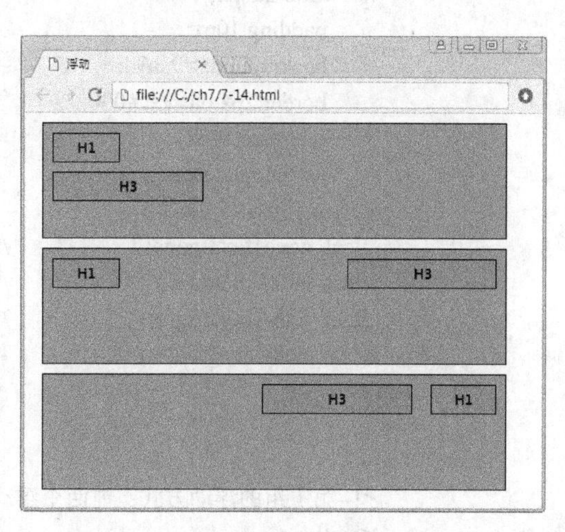

图 7-19 浮动页面效果

7.3.3 清除浮动属性 clear

在 CSS 中，清除浮动属性 clear 定义了元素的哪一侧不允许出现浮动元素。

语法：clear: left | right | both;

其中，属性值 left 表示不允许左侧有浮动元素，属性值 right 表示不允许右侧有浮动元素，属性值 both 同时清除左右两侧浮动的影响。

【例 7-15】 clear 清除浮动属性的使用。代码如下：

```
<!DOCTYPE html>
<html>
<head>
<title>清除浮动</title>
<style type="text/css">
    section{width:500px;
        height:120px;
        border:1px solid #000;
        margin:10px;
        background:#BF84BE;}
    h1,h2,h3{background:#daf6f7;
```

```
            margin:10px;
            padding:5px;
            border:1px solid #000;
            font-size:14px;
            text-align:center;
            height:auto;}
        h1{width:60px;}
        h2{width:100px;}
        h3{width:150px;}
        h4{width:200px;
            padding:10px;
            background:#f9aa9d;
            border:2px dashed #000;
            font-size:14px;
            text-align:center;    }
        p{font:13px/1.5 宋体;}
        .float_none{float:none; }               /*不浮动*/
        .float_left{   float:left; }            /*浮动在左*/
        .float_right{float:right;}              /*浮动在右*/
        .clear_both{clear:both;}                /*清除两侧浮动*/
    </style>
    </head>
    <body>
        <!--第 1 组的浮动方式：前两个浮动在左，第 3 个浮动在右，第 4 个不浮动-->
        <section>
        <h1 class="float_left">H1 左浮动</h1>
        <h2 class="float_left">H2 左浮动</h2>
        <h3 class="float_right">H3 右浮动</h3>
        <h4 class="float_none">H4 不浮动</h4>
        </section>
        <!--第 2 组的浮动方式：前两个浮动在左，第 3 个浮动在右，段落不浮动-->
        <section>
        <h1 class="float_left">H1 左浮动</h1>
        <h2 class="float_left">H2 左浮动</h2>
        <h3 class="float_right">H3 右浮动</h3>
        <p>段落文字，不浮动，不清除浮动时效果。段落文字，不浮动，不清除浮动时效果。段落
    文字，不浮动，不清除浮动时效果。段落文字，不浮动，不清除浮动时效果。</p>
        </section>
        <!--第 3 组浮动方式：前两个浮动在左，第 3 个浮动在右，第 4 个不浮动且不允许两侧浮动-->
        <section>
        <h1 class="float_left">H1 左浮动</h1>
        <h2 class="float_left">H2 左浮动</h2>
        <h3 class="float_right">H3 右浮动</h3>
        <h4 class="float_none clear_both">H4 不浮动，清除两侧浮动</h4>
        </section>
        <!--第 4 组浮动方式：前两个浮动在左，第 3 个浮动在右，段落清除浮动-->
        <section>
        <h1 class="float_left">H1 左浮动</h1>
```

```
        <h2 class="float_left">H2 左浮动</h2>
        <h3 class="float_right">H3 右浮动</h3>
        <p class="clear_both">段落文字，不浮动，除浮左右两侧动时效果。段落文字，不浮动，除
    浮左右两侧动时效果。段落文字，不浮动，除浮左右两侧动时效果。段落文字，不浮动，除浮左右两
    侧动时效果。</p>
        </section>
    </body>
    </html>
```

此案例中，第 1 组浮动方式：前两个浮动在左，第 3 个浮动在右，第 4 个不浮动运行；第 2 组浮动方式：前两个浮动在左，第 3 个浮动在右，段落不浮动；第 3 组浮动方式：前两个浮动在左，第 3 个浮动在右，第 4 个不浮动且不允许两侧浮动；第 4 组浮动方式：前两个浮动在左，第 3 个浮动在右，段落清除浮动。运行后页面效果如图 7-20 所示。

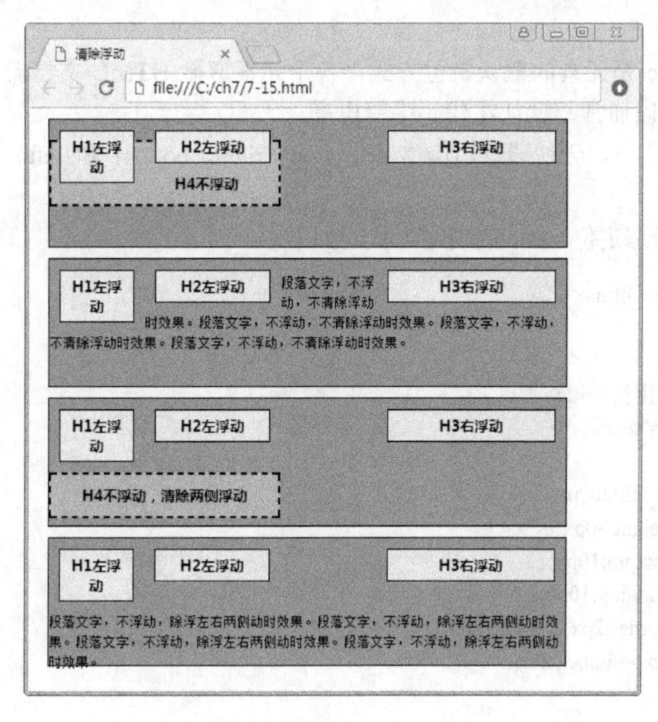

图 7-20　清除浮动时的页面效果

7.3.4　元素的定位

在 CSS 页面布局时，通过 position 属性来设置元素的定位模式。

语法：position: static | relative | absolute | fixed;

其中，static 表示静态定位，是默认的定位方式；relative 表示相对定位，相对于其原文档流的位置进行定位；absolute 表示绝对定位，相对于其上一个已经定位的父元素进行定位；fixed 表示固定定位，相对于浏览器窗口进行定位。

在确定了定位模式后，还要配合偏移的边缘属性来定义元素的具体位置，在 CSS 中主要通过 top、right、bottom 和 left 来精确定义定位元素的位置，具体含义如表 7-4 所示。

表 7-4　偏移边缘属性及含义

名　称	含 义
top	规定元素的顶部边缘，定义元素相对于其父元素上边线的距离
right	右侧偏移量，定义元素相对于其父元素右边线的距离
bottom	底部偏移量，定义元素相对于其父元素下边线的距离
left	左侧偏移量，定义元素相对于其父元素左边线的距离

当多个元素同时设置定位时，定位元素之间有可能会发生重叠，在 CSS 中，要想调整重叠定位元素的堆叠顺序，可以对定位元素应用 z-index 层叠等级属性，其值可为正整数、负整数和 0。

下面分别介绍一下几种定位方式。

1．静态定位

静态定位

静态定位 static 是元素的默认定位方式，各个元素遵循 HTML 文档流中默认的位置。所以通常都默认在代码中写出来。

在静态定位状态下，无法通过边偏移属性（top、right、bottom 和 left）来改变元素的位置。

【例 7-16】 静态定位 static 的使用。代码如下：

```
<!DOCTYPE html>
<html>
<head>
<title>静态定位</title>
<style type="text/css">
    div{
        width:200px;
        height:80px;
        margin:10px;
        padding:10px;
        border:2px dashed #000;
        text-align:center;
    }
    #div1{
        background:#AC80AF;
        color:#FFF;
        position: static;        /*设置静态定位，在默认情况下可以省略*/
    }
    #div2{background:#8C5556;  color:#000;}
    #div3{background:#c0c17f;color:#FFF;}
    b{border:1px solid red;}
</style>
</head>
<body>
    <div id="div1">
        <p>div1</p>
        <b>b 元素 1</b>
```

```
            <b>b 元素 2</b>
            <b>b 元素 3</b>
        </div>
        <div id="div2"><p>div2</p></div>
        <div id="div3"><p>div3</p></div>
    </body>
    </html>
```

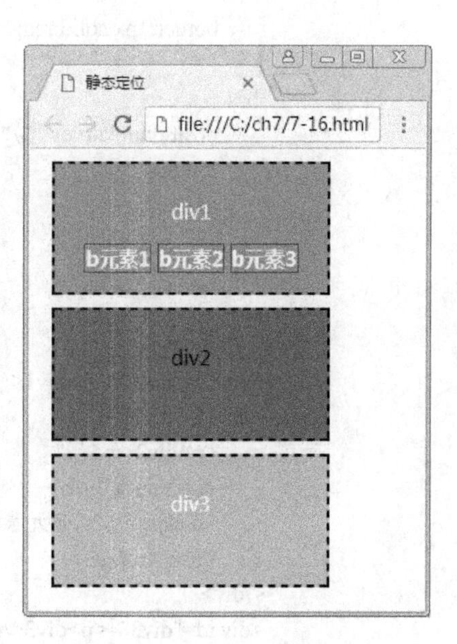

图 7-21　静态定位的页面效果

此案例中，3 个 div 元素对象和 3 个 b 元素，div 是块级元素，默认定位自上而下，b 是行内元素，默认定位自左而右。运行后预览效果如图 7-21 所示。

2．相对定位

相对定位 relative 表示它相对的参照物就是它在 static 状态下的位置，即默认的位置，通过 top、right、bottom 和 left 属性来控制它们的位置。

【例 7-17】 相对定位的使用。代码如下：

```
    <!DOCTYPE html>
    <html>
    <head>
    <title>相对定位</title>
    <style type="text/css">
        div{
            width:200px;
            height:80px;
            margin:10px;
            padding:10px;
            border:2px dashed #000;
            text-align:center;
        }
        #div1{
            position:static;        /*静态定位*/
            background:#E994E6;
            color:#FFF;
        }
        #div2{
            position:relative;    /*相对定位*/
            top:60px;
            left:30px;
            background:#C2EFD0;
            color:#000;
        }
        #div3{
            position:static;        /*静态定位*/
            background:#ADD0F5;
            color:#FFF;
        }
        b{
```

```
            border:1px solid red;
        }
        .b2{
            position:relative;      /*相对定位*/
            left:80px;
            top:60px;
        }
</style>
</head>
<body>
    <div id="div1"><p>div1</p></div>
    <div id="div2">
        <p>div2</p>
        <b>b 元素 1</b>
        <b class="b2">b 元素 2</b>
        <b>b 元素 3</b>
    </div>
    <div id="div3"><p>div3</p></div>
</body>
</html>
```

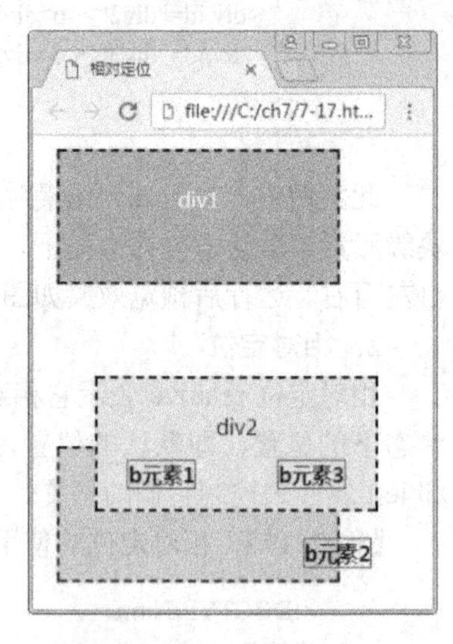

图 7-22　相对定位的页面效果

运行后预览效果如图 7-22 所示。

在此案例中，div2 为相对定位，该初始的位置被保留，只是会偏离原先的位置（向左偏移 30px，向上偏移 60px），而偏移后的初始位置，为一片空白。第 2 个 b 元素采用相对定位，参考原来的位置向右 80px，向下 60px。

3．绝对定位

当 position 属性的取值为 absolute 时，可以将元素的定位模式设置为绝对定位。绝对定位 absolute 是使用最多的属性之一。与 relative 相比，它的特点在于当对象发生位移时，原先初始位置的内容如同被去除了一样，这个对象对立于其他页面内容，而初始位置的空白被其他内容自然填补。

【例 7-18】 绝对定位的使用。代码如下：

绝对定位

```
<!DOCTYPE html>
<html>
<head><title>绝对定位</title>
<style type="text/css">
    div{
        width:200px;
        height:80px;
        margin:10px;
        padding:10px;
        border:2px dashed #000;
        text-align:center;
    }
    #div1{
        position:absolute;      /*绝对定位*/
        top:100px;
```

```
            right:30px;
            background:#ba9578;
            color:#FFF;
        }
        #div2{
            position:relative;           /*相对定位*/
            top:60px;
            left:30px;
            background:#cef091;
            color:#000;
        }
        #div3{
            position:static;             /*静态定位*/
            background:#70c17f;
            color:#FFF;
        }
        b{
            border:1px solid red;
        }
        .b2{
            position:absolute;           /*绝对定位*/
            left:80px;
            top:120px;
        }
    </style>
    </head>
    <body>
        <div id="div1"><p>div1</p></div>
        <div id="div2">
            <p>div2</p>
            <b>b 元素 1</b>
            <b class="b2">b 元素 2</b>
            <b>b 元素 3</b>
        </div>
        <div id="div3"><p>div3</p></div>
    </body>
    </html>
```

运行后预览效果如图 7-23 所示。

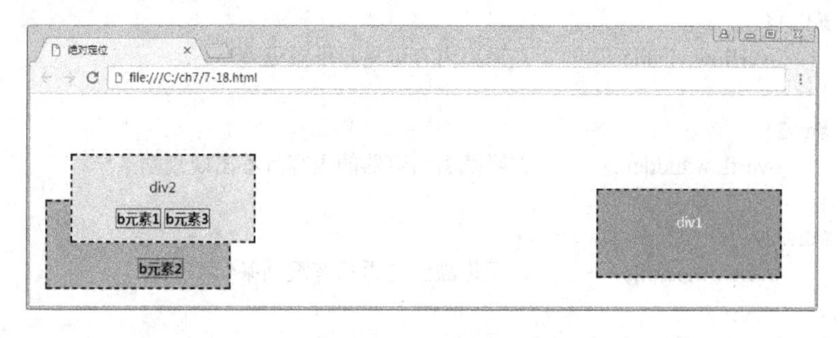

图 7-23　绝对定位的页面效果

在此案例中，div1 为绝对定位，脱离正常文档流，参考父对象（浏览器窗口），相对顶部偏移 100px，向右偏移 30px; div2 为相对定位，参考默认位置，相对顶部偏移 60px，向左偏移 30px; div3 为静态定位，默认位置。第 2 个 b 元素采用绝对定位，参考已定位的父对象 div2，相对顶部偏移 120px，向左偏移 80px。

4．固定定位 fixed

固定定位 fixed 是绝对定位的一种特殊形式，它以浏览器窗口作为参照物来定义网页元素。当页面长度超出浏览器窗口时，页面会出现滚动条，绝对定位下的元素会随着页面一起移动，而固定定位下的页面元素不会随着页面滚动，会始终显示在浏览器窗口的固定位置。

7.3.5 overflow 溢出属性

overflow
溢出属性

在 CSS 中，overflow 属性主要应用在当盒子内的元素超出盒子自身的大小时，内容就会溢出，如果想要规范溢出内容的显示方式，就需要使用 overflow 属性。

语法：overflow: visible| hidden | auto | scroll;

其中，属性值 visible 为默认值，表示内容不会被修剪，会呈现在元素框之外；hidden 表示溢出内容会被修剪，并且被修剪的内容是不可见的；auto 表示在需要时产生滚动条，即自适应所要显示的内容；scroll 表示溢出内容会被修剪，且浏览器会始终显示滚动条。

【例 7-19】 overflow 属性的使用，代码如下：

```
<!DOCTYPE html>
<html>
<head>
<title>溢出</title>
<style type="text/css">
      div{
            width:200px;
            height:100px;
            margin:30px 5px ;
            padding:5px;
            border:1px solid #000;
            text-align:center;
            float:left;
            background:#D5B9F3;
      }
      #div1{
            overflow:visible;            /*溢出内容可见，不做处理*/
      }
      #div2{
            overflow:hidden;             /*隐藏溢出容器的内容且不出现滚动条*/
      }
      #div3{
            overflow:scroll;             /*无论溢出与否都有滚动条*/
      }
      #div4{
```

```
            overflow:auto;              /*按需出现滚动条*/
        }
    </style>
    </head>
    <body>
        <div id="div1">
        《水浒传》是研究宋朝历史的一幅风俗画卷,也是一部描写宋朝人“吃喝”的百科全书,除了梁山好汉这些粗人“大碗喝酒、大块吃肉”的江湖生活,还有对社会精英生活的细致记录,而茶文化可以说是世俗生活与精英生活不同之处的一大体现。
        </div>
        <div id="div2">
        《水浒传》是研究宋朝历史的一幅风俗画卷,也是一部描写宋朝人“吃喝”的百科全书,除了梁山好汉这些粗人“大碗喝酒、大块吃肉”的江湖生活,还有对社会精英生活的细致记录,而茶文化可以说是世俗生活与精英生活不同之处的一大体现。
        </div>
        <div id="div3">
        《水浒传》是研究宋朝历史的一幅风俗画卷,也是一部描写宋朝人“吃喝”的百科全书,除了梁山好汉这些粗人“大碗喝酒、大块吃肉”的江湖生活,还有对社会精英生活的细致记录,而茶文化可以说是世俗生活与精英生活不同之处的一大体现。
        </div>
        <div id="div4">
        《水浒传》是研究宋朝历史的一幅风俗画卷,也是一部描写宋朝人“吃喝”的百科全书,除了梁山好汉这些粗人“大碗喝酒、大块吃肉”的江湖生活,还有对社会精英生活的细致记录,而茶文化可以说是世俗生活与精英生活不同之处的一大体现。
        </div>
    </body>
    </html>
```

运行后页面效果如图 7-24 所示。

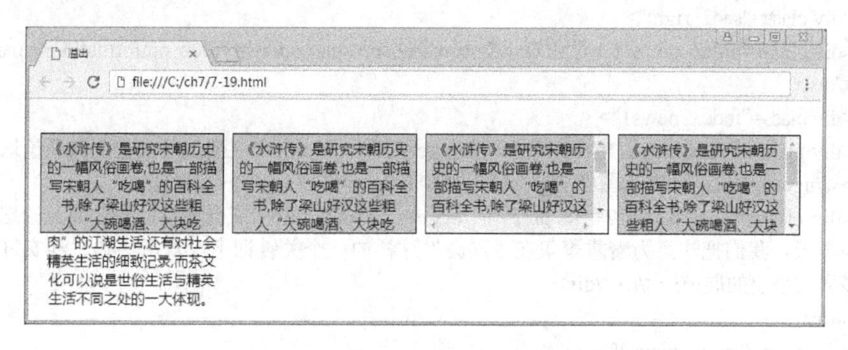

图 7-24　overflow 属性的页面效果

7.4　项目实战：蒸丞文化页面“行业资讯”模块的制作

7.4.1　案例效果展示

在第 6.4 节案例的基础之上，采用所学的布局方式，在“公司简介”模块后添加“行业资讯”部分，同时美化。页面预览效果如图 7-25 所示。

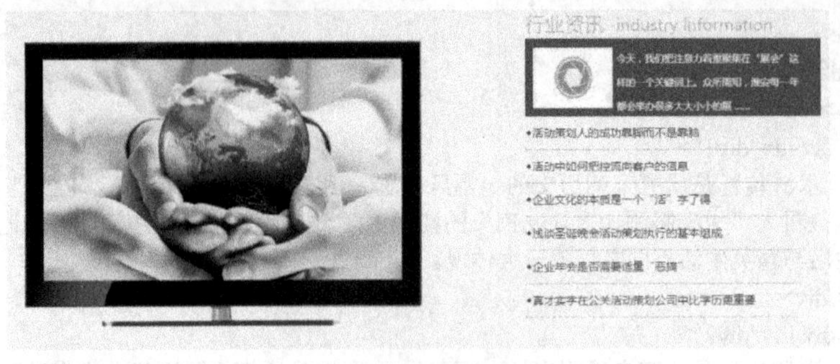

图 7-25　页面效果图

7.4.2　案例实现分析

根据效果图来看，完成项目要分为以下几步。

第 1 步：在原来案例基础上，添加“行业资讯”对应的 HTML 语句。

第 2 步：通过 CSS 样式定位并美化“行业资讯”部分。

7.4.3　案例实现过程

1．添加“行业资讯”对应的 HTML 语句

将 HTML 文件中添加对应的 HTML 语句，将代码修改如下：

```
<div class="line1"></div>
<!—行业资讯信息-->
<section id="sec2">
<div class="sec2_left"></div>
<div class="sec2_right">
<div class="index_news_t">行业资讯  <span>industry information</span>
</div>
<div class="index_news1">
<div class="index_news11"><a href="#" target="_blank" title="展会现场的企业商业论坛活动怎么搞好？"><img src="images/资讯图标.jpg" width="96" height="70" alt=""></a></div>
<div class="index_news12"><a href="#" target="_blank" title="展会现场的企业商业论坛活动怎么搞好？">今天，我们把注意力着重聚集在“展会”这样的一个关键词上。众所周知，淮安每一年都会举办很多大大小小的展……</a></div>
</div>
<div class="index_news2">
<ul>
<li><a href="#" target="_blank" title="活动策划人的成功靠脚而不是靠脑">◆活动策划人的成功靠脚而不是靠脑</a></li>
<li><a href="#" target="_blank" title="活动中如何把控流向客户的信息">◆活动中如何把控流向客户的信息</a></li>
<li><a href="#" target="_blank" title="企业文化的本质是一个“活”字了得">◆企业文化的本质是一个“活”字了得</a></li>
<li><a href="#" target="_blank" title="浅谈圣诞晚会活动策划执行的基本组成">◆浅谈圣诞晚会活动策划执行的基本组成</a></li>
```

```
<li><a href="#" target="_blank" title="企业年会是否需要适量“恶搞”">◆企业年会是否需要适量“恶搞”</a></li>
<li><a href="#" target="_blank" title="真才实学在公关活动策划公司中比学历更重要">◆真才实学在公关活动策划公司中比学历更重要</a></li>
</ul>
</div>
</section>
```

2．编写“视频与资讯”样式

在对应文件夹的 style.css 中进行添加，保存至目录文件夹下。代码添加如下：

```
.line1 {
    width: 100%;                            /* 设置宽度*/
    height: 2px;                            /* 设置高度*/
    background-color:#e3e3e3;               /* 设置背景颜色*/

}
#sec2 {
    width: 100%;                            /* 设置宽度 */
    height: 435px;                          /* 设置高度 */
    margin: 0px auto 0px auto;              /* 设置外边距 */
    background-color: #f5f5f5;              /* 设置背景颜色 */
}
.sec2_left {
    width: 690px;                           /* 设置宽度 */
    height: 435px;                          /* 设置高度 */
    float: left;                            /* 设置浮动 */
    background: url(images/video.png) no-repeat center; /* 设置背景 */
    margin-left: 114px;                     /* 设置左外边距 */
}
.sec2_right {
    width: 370px;                           /* 设置宽度 */
    height: 435px;                          /* 设置高度 */
    float: right;                           /* 设置右浮动 */
    margin-right: 140px;                    /* 设置左外边距 */
}
.index_news_t {
    width: 100%;                            /* 设置宽度 */
    height: 35px;                           /* 设置高度 */
    margin: 0px auto;                       /* 设置外边距 */
    font-family: "微软雅黑";                 /* 设置字体 */
    font-size: 25px;                        /* 设置字号 */
    color: #FCBD05;                         /* 设置颜色 */
    padding-top: 10px;                      /* 设置上内边距 */
    font-weight: 900px;                     /* 设置字体粗细 */
}
.index_news_t span {
    font-weight: 900px;                     /* 设置字体粗细 */
    font-size: 20px;                        /* 设置字号 */
```

```
}
.index_news1 {
    width: 100%;                              /* 设置宽度 */
    height: 95px;                             /* 设置高度*/
    margin: 0px auto 0px auto;                /* 设置外边距*/
    background-color: #AF2B2E;                /* 设置背景色*/
}
.index_news11 {
    width: 100px;                             /* 设置宽度 */
    height: 74px;                             /* 设置高度*/
    float: left;                              /* 设置左浮动*/
    margin-top: 11px;                         /* 设置上外边距*/
    margin-left: 10px;                        /* 设置左外边距*/
}
.index_news11 img {
    width: 96px;                              /* 设置宽度 */
    height: 70px;                             /* 设置高度*/
    border: #fff 2px solid;                   /* 设置边框样式*/
}
.index_news12 {
    width: 230px;                             /* 设置宽度 */
    height: 85px;                             /* 设置高度*/
    line-height: 29px;                        /* 设置行高*/
    float: left;                              /* 设置左浮动*/
    margin-top: 10px;                         /* 设置上外边距*/
    margin-left: 5px;                         /* 设置左外边距*/
    font-family: "微软雅黑";                  /* 设置字体*/
    font-size: 12px;                          /* 设置字号*/
    text-align: left;                         /* 设置对齐方式*/
}
.index_news12 a {
    font-family: "微软雅黑";                  /* 设置字体*/
    font-size: 12px;                          /* 设置字号*/
    color: #fff;                              /* 设置颜色*/
    text-align: left;                         /* 设置对齐方式*/
}
.index_news2 {
    width: 340px;                             /* 设置宽度 */
    height: auto;                             /* 设置高度*/
}
.index_news2 ul li {
    width: 100%;                              /* 设置宽度 */
    height: 40px;                             /* 设置高度*/
    line-height: 40px;                        /* 设置行高*/
    list-style-type: none;                    /* 设置列表样式*/
    text-align: left;                         /* 设置对齐方式*/
    border-bottom: #a39fa0 1px dotted;        /* 设置下边框线*/
}
.index_news2 ul li a {
```

```
        font-family: "微软雅黑";                /* 设置字体*/
        font-size: 14px;                      /* 设置字体大小*/
        color: #333;                          /* 设置颜色*/
    }
    .index_news2 ul li a:hover {
        font-family: "微软雅黑";                /* 设置字体*/
        font-size: 14px;                      /* 设置字体大小*/
        color: #C00;                          /* 设置颜色*/
    }
```

运行以上代码，页面效果如图 7-25 所示。

7.5 习题与项目实践

1．选择题

（1）overflow 的默认选项是（　　）。

A．auto　　B．hidden　　C．visible　　D．scroll

（2）一个 div 元素设置宽度为 400px，高度为 100px，边框为红色。添加（　　）代码能实现 div 元素居中对齐。

A．text-align:center;　　B．margin:0 auto;

C．vertical-align:middle;　　D．left:50%;right:50%;

（3）下列（　　）不是 css3 新特性。

A．实现圆角（border-radius:8px;）　　B．阴影（box-shadow:10px）

C．线性渐变（gradient）　　D．边框（border:1px solid red）

2．实践项目

根据图 7-26 的页面效果来完成工业建筑页面效果，使用 HTML 与 CSS 实现整体页面布局。

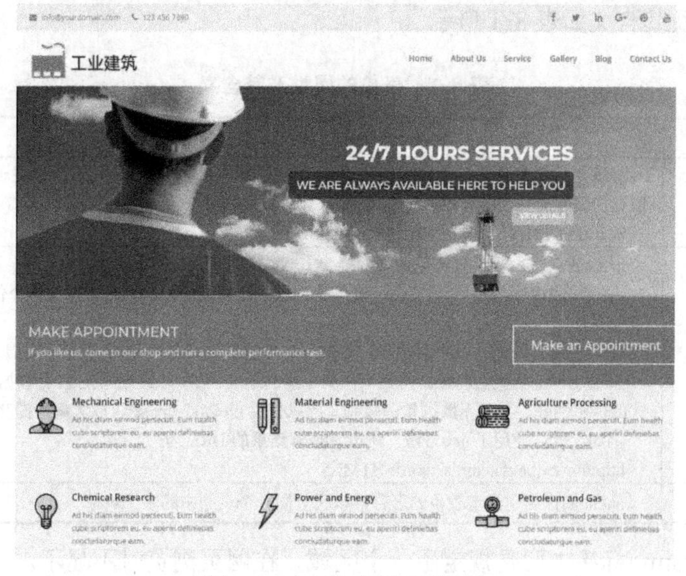

图 7-26　工业建筑页面效果

第 8 章　表单的实现

8.1　表单的概述

表单是 HTML 的一个重要组成部分，一般来说，网页通常会通过“表单”形式收集来自用户的信息，然后将表单数据返回服务器，以备登录或查询之用，从而实现 Web 搜索、注册、登录、问卷调查等功能。

一般表单的创建需要 3 个步骤。

第 1 步：决定要搜集的数据，即决定了表单需要搜集用户的哪些数据。

第 2 步：建立表单，根据第一步的要求选择合适的表单元素控件来创建表单。

第 3 步：设计表单处理程序：用于接受浏览者通过表单所输入的数据并将数据进行进一步处理。

8.2　表单的建立

表单的建立

<form>标签的主要作用是设定表单的起始位置，并指定处理表单数据程序的 URL 地址，表单所包含的控件就在<form>与</form>之间定义。其基本语法规则为：

语法：<form action="url" method="get|post" name="value">…</form>

表单的属性及其含义如表 8-1 所示。

表 8-1　表单的属性及其含义

属性名称	含义
action=url	在表单收集到信息后，需要将信息传递给服务器进行处理，action 属性用于指定接收并处理表单数据的服务器程序的 URL 地址。例如： action="http://www.baidu.com/s"
method="get|post"	method 属性用于设置表单数据的提交方式，其取值为 get 或 post。 get 方法为默认值，浏览器会与表单处理服务器建立连接，然后直接在一个传输步骤中发送所有的表单数据。 使用 post 方法时，表单数据是与 URL 分开发送的。 采用 get 方法提交的数据将显示在浏览器的地址栏中，保密性差，且有数据量的限制。而 post 方式的保密性好，并且无数据量的限制，所以使用 method="post"可以大量地提交数据。 例如，默认使用了 get 方法，所以，搜索结果的 URL 为： http://www.baidu.com/s?word=HTML5
name	name 属性用于指定表单的名称，以区分同一个页面中的多个表单

<form>…</form>标签主要是规定了一个区域，在网页浏览时不显示。

【例 8-1】 认识表单。代码如下：

```
<body>
    <form action="http://www.baidu.com/s" target="_blank">
    输入搜索信息:
    <input type="text"  name="word" size="20" maxlength="60">
    <input type="submit" value="搜索">
    </form>
</body>
```

运行后页面效果如图 8-1 所示。

图 8-1　表单页面效果

8.3　表单的基本元素

表单的基本元素

表单重要组成包含两个部分：表单域、表单按钮。

8.3.1　表单域

表单域，具体是指文本框、密码框、隐藏域、多行文本框、复选框、单选框、下拉选择框和文件上传框等各类控件。表单常用控件如表 8-2 所示。

表 8-2　常用的表单域元素

属　　性	说　　明
input type="text"	单行文本输入框
input type="password"	密码输入框（输入的文字用*表示）
input type="radio"	单选框
input type="checkbox"	复选框
input type="hidden"	隐藏域
input type="file"	文件域
select	列表框
textarea	多行文本输入框

以上类型的输入区域有一个公共的属性 name，此属性给每一个输入区域一个名字。这个名字与输入区域是一一对应的，即一个输入区域对应一个名字。服务器就是通过调用某一输入区域的名字的 value 值来获取该区域的数据。而 value 属性是另一个公共属性，它可以用来指定输入区域的默认值。表单域常用属性如表 8-3 所示。

表 8-3 表单域常用属性

属 性	说 明
name	控件名称
type	控件的类型，如 radio、text、password、file 等
size	指定控件的宽度
value	用于设定输入默认值
maxlength	在单行文本的时候允许输入的最大字符数
src	插入图像的地址

（1）单行文本输入框<input type="text" />

单行文本输入框允许用户输入一些简短的单行信息，如用户姓名。

语法：<input type="text" name="name"maxlength="value" size="value" value="value" />

（2）密码输入框<input type="password" />

密码输入框主要用于保密信息的输入，如密码。因为用户输入的时候，显示的不是输入的内容，而是“*”号。

语法：<input type="password" name=" name"maxlength="value" size="value" />

（3）单选按钮<input type="radio" />

单选按钮用于单项选择，如问卷调查中的单选，或者选择性别等。在定义单选按钮时，必须为同一组中的选项指定相同的 name 值，这样“单选”才会生效。此外，可以对单选按钮应用 checked 属性，指定默认选中项。

语法：<input type="radio" name="field_name" value="value" checked>

（4）复选框<input type="checkbox" />

复选框允许用户在一组选项中选择多个，如问卷调查中的多选，或者选择兴趣爱好等。在定义复选框时，必须为同一组中的选项指定相同的 name 值，这样“复选”才会生效。此外，可以对复选选项应用 checked 属性，指定默认选中项。

语法：<input type="checkbox" name=" name" value="value" checked/>

（5）隐藏域<input type="hidden" />

隐藏域对于用户是不可见的，主要用于后台编程时使用。

语法：<input type="hidden" name=" name" value="value" />

（6）文件域<input type="file"/>

当定义文件域时，页面中将出现一个文本框和一个“浏览...”按钮，用户可以通过填写文件路径或直接选择文件的方式，将文件提交给后台服务器。

语法：<input type="file" name="name" />

（7）列表框<select>

列表框是一种最节省空间的方式，正常状态下只能看到一个选项，单击下拉按钮打开列表后才能看到全部选项。

列表框可以显示一定数量的选项，如果超出了这个数量，会自动出现滚动条，浏览者可以通过拖动滚动条来查看各选项。

通过<select>和<option>标签可以设计页面中的下拉列表框和列表框效果。

语法：

```
<select name="name" size="value" multiple>
<option value="value" selected>选项 1</option>
<option value="value">选项 2</option>
…
</select>
```

这些属性的含义如表 8-4 所示。

表 8-4　列表框标签的属性

属　性	说　明
name	菜单和列表的名称
size	显示选项的数目，当 size 为 1 时，为列表框控件
multiple	列表中的项目多选，用户用〈Ctrl〉键来实现多选
value	选项值
selected	默认选项

（8）多行文本输入框（textarea）

多行文本输入框（textarea）主要用于输入较长的文本信息。

语法：

```
<textarea name="textfield_name" cols="value" rows="value" value="textfield_value">
…</textarea>
```

这些属性的含义如表 8-5 所示。

表 8-5　多行文本输入框的属性

属　性	说　明	属　性	说　明
name	多行输入框的名称	rows	多行输入框的行数
cols	多行输入框的宽度（列数）	value	多行输入框的默认值

8.3.2　表单按钮

表单按钮可分为提交按钮、复位按钮和一般按钮，用于将数据传送到服务器上的 CGI 脚本或者取消输入，还可以用表单按钮来控制其他定义了处理脚本的处理工作。

（1）普通按钮<input type="button" />

表单中按钮起着至关重要的作用，按钮可以触发提交表单的动作，主要配合 JavaScript 脚本使用。

语法：<input type=" button" name="name" />

（2）提交按钮<input type="submit" />

通过提交按钮可以将表单中的信息提交给表单中的 action 所指向的文件。

语法：<input type="submit" name="button_name" id="button_id" value="提交">

（3）图片式提交按钮<input type="image" />

图片式提交按钮是指可以在提交按钮位置上放置图片，这幅图片具有提交按钮的功能。

语法：<input type="image" src="图片路径" value="提交" name="button_name ">

type="image"相当于 type="submit"，不同的是 type="images"以一个图片作为表单的按钮；src 属性表示图片的路径；name 为按钮名称。

（4）重置按钮<input type="reset" />

通过重置按钮将表单内容全部清除，恢复成默认的表单内容设定，重新填写。

语法：<input type="reset" value="重置">

【例 8-2】 表单基本元素的应用。代码如下：

```
<body>
    <form action="#" target="_blank" method="post">
        用户名（单行文本框）：<input type="text"  name="word" /><br/>
        密码（密码框）：<input type="password"  name="pass" /><br/>
        性别（单选）：<input type="radio"  name="edu" value="男" />男
        <input type="radio"  name="edu" value="女" />女
        <br/>
        期望的工作城市（多选）：<input type="checkbox"  name="city" value="北京" />北京
        <input type="checkbox"  name="city" value="上海" />上海
        <input type="checkbox"  name="city" value="南京" />南京
        <input type="checkbox"  name="city" value="其他" />其他<br/>
        工作类型（列表框）：
        <select name="Certificates" size="1">
    <option value="网络架构师" selected>网络架构师</option>
    <option value="数据开发工程师">数据开发工程师</option>
    <option value=" 高级 Java 工程师">高级 Java 工程师</option>
        </select><br/>
个人简介（多行文本框）：<textarea rows="10" cols="30" name="txtarea"></textarea><br/>
        上传简历（文件域）：<input type="file"  name="filetype" /><br/>
        <input type="button" value="普通按钮" />
        <input type="reset" value="重置按钮" />
        <input type="submit" value="提交按钮" />
        <input type="image" src="images/button.JPG"/>
    </form>
</body>
```

运行后页面效果如图 8-2 所示。

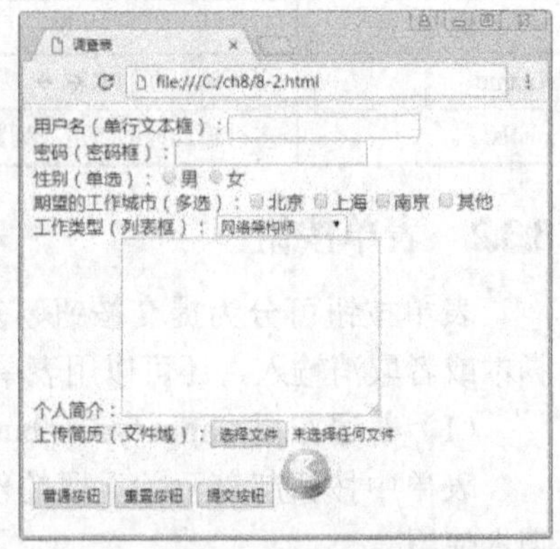

图 8-2 表单基本元素页面效果

8.4 表单新增元素

8.4.1 新增的表单元素

（1）email 域

email 域是一种专门用于输入 E-mail 地址的文本输入框，在包含 E-mail 元素的表单提交时，能自动验证 E-mail 域的值是否符合邮件地址格式。

语法：<input type="email" name="email _name" />

【例 8-3】 email 域的应用。代码如下：

```
<body>
    <form>
        请输入邮箱地址：
        <input type="email" name="Uemail" />
        <input type="submit" value="提交"/>
    </form>
</body>
```

运行该例，当输入的数据不是正确的邮箱格式时，提交会验证，并提示错误信息，页面不会跳转。页面效果如图 8-3 所示。

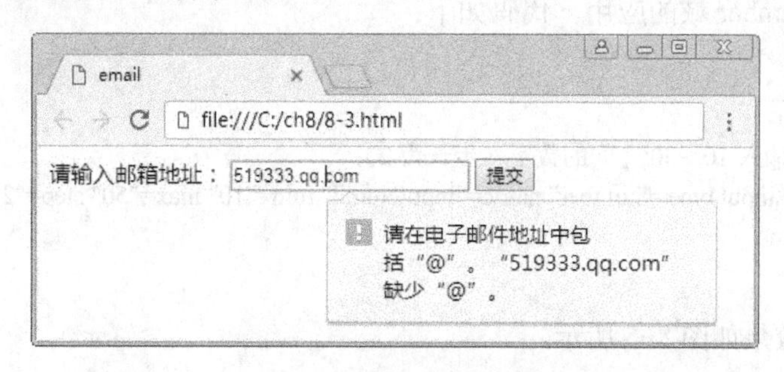

图 8-3　email 域页面效果

（2）url 域

URL 类型用于输入 URL 地址的表单元素。当表单提交时会自动验证 url 域的值格式是否正确。

url 域

语法：<input type="url " name="url _name" />

【例 8-4】 url 域的应用。代码如下：

```
<body>
    <form>
        请输入想访问的网站地址:
        <input type="url" name="Visit_url" />
        <input type="submit"/>
    </form>
</body>
```

运行后页面效果如图 8-4 所示。

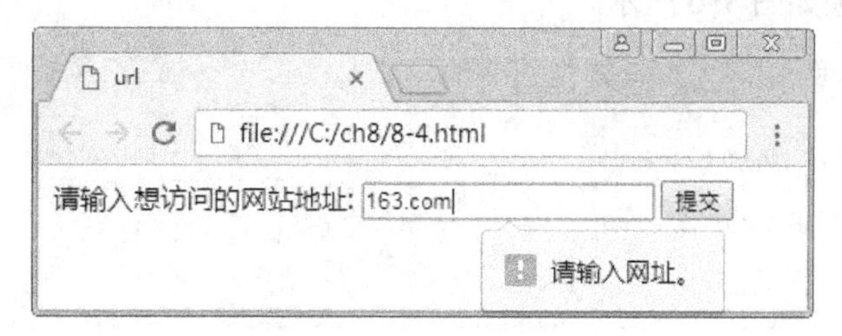

图 8-4　url 域页面效果

（3）number 域

number 域

number 域是用于提供输入数值的文本框，在提交表单时，会自动检查该输入框中的内容是否为数字。

语法：<input type="number" name="number _name" value="value" min="value" max= "value" setp="value" />

number 域的输入框可以对输入的数字进行限制，规定允许的最大值和最小值、合法的数字间隔或默认值等，value 指定输入框的默认值；max 指定输入框可以接受的最大输入值；min 指定输入框可以接受的最小输入值；step 输入域合法的间隔，如果不设置，默认值是 1。

【例 8-5】 number 域的应用。代码如下：

```
<body>
    <form>
        输入 10～50 之间的数字（步长为 2）：
        <input type="number" name="inputNum2" min="10" max="50" step="2" />
    </form>
</body>
```

运行后页面效果如图 8-5 所示。

（4）range 域

range 域

range 域用于应该包含一定范围内数字值的输入域，在网页中显示为滑动条。

语法：<input type="range" name="range_name" value="value" min="value" max="value" setp="value" />

range 域与 number 域一样，通过 min 属性和 max 属性，可以设置最小值和最大值，通过 step 属性指定每次滑动的步幅。

【例 8-6】 range 域的应用。代码如下：

```
<body>
    <form>
        输入 0～100 之间的数字：
        <input type="range" name="inputNum3" min="1" max="100" value="30"/>
    </form>
</body>
```

运行后页面效果如图 8-6 所示。

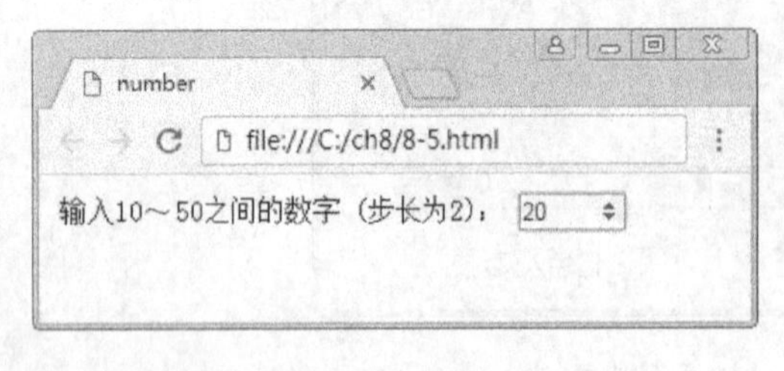

图 8-5　number 域页面效果

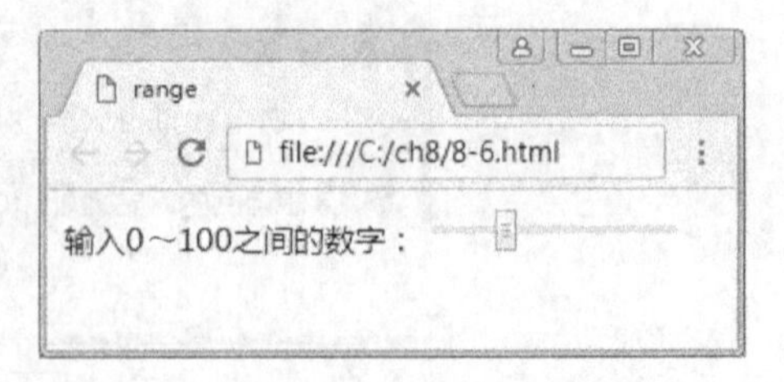

图 8-6　range 域页面效果

（5）日期数据 Date Pickers

Date Pickers 类型是指时间日期类型，HTML5 中提供了多个可供选取日期和时间的输入类型。

- Date 选取日、月和年。
- Month 选取月和年。
- Week 选取周和年。
- Time 选取时间（小时和分钟）。
- Datetime 选取时间、日、月和年（UTC 时间）。
- Datetime-local 选取时间、日、月和年（本地时间）。

在 input 标签中，用户分别通过 type 设置相应的类别即可。

语法：<input type="类型" name="Date_name" />

【例 8-7】 日期时间的应用，代码如下：

```
<body>
    <form>
        日期与时间类：<br/><br/>
        <input name="txtDate_1" type="date"/><br/><br/>
        <input name="txtDate_2" type="time"><br/><br/>
        月份与星期类：<br/><br/>
        <input name="txtDate_3" type="month"/><br/><br/>
        <input name="txtDate_4" type="week"/><br/><br/>
        日期时间型：<br/><br/>
        <input name="txtDate_5" type="datetime"/><br/><br/>
        <input name="txtDate_6"type="datetime-local"/><br/><br/>
    </form>
</body>
```

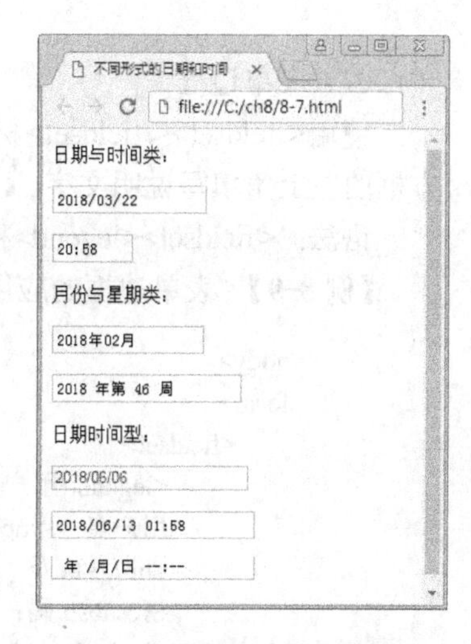

图 8-7　日期时间的页面效果

运行后页面效果如图 8-7 所示。

（6）color 域

color 域对象用于选择颜色，实现一个 RGB 颜色值的输入。

语法：<input type="color " name= "color_name" />

【例 8-8】 color 域的应用。代码如下：

```
<body>
    <form>
        选择颜色：
        <input type="color" name="select_color" />
        <input type="submit"/>
    </form>
</body>
```

运行后页面效果如图 8-8 所示。

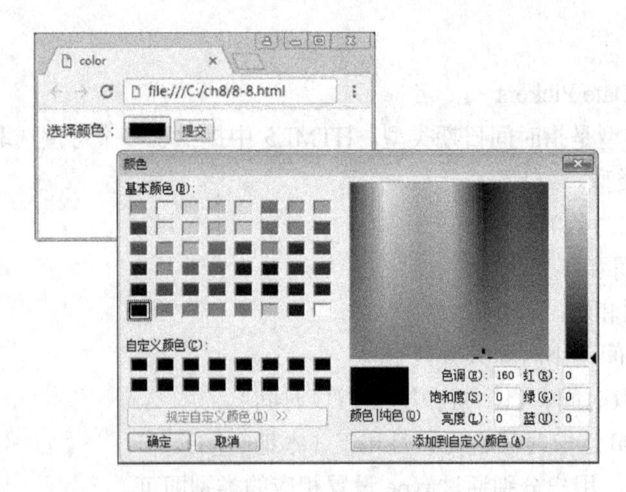

图 8-8 color 域页面效果

（7）表单边框

使用<fieldset></fieldset>标签将指定的表单字段框起来，使用<legend></legend>标签在方框的左上角填写说明文字。

语法：<fieldset><legend>控件组标题</legend>…</fieldset>

表单边框

【例 8-9】 表单边框的应用。代码如下：

```
<body>
<form>
    <fieldset>
        <legend>用户登录</legend><br/>
        用户名：<input type="text" name="uname" />
        <br /><br />
        密 码：<input type="password" name="upass" />
        <br /><br />
        <input type="submit" value="提交"/>
    </fieldset>
</form>
</body>
```

运行后页面效果如图 8-9 所示。

图 8-9 表单边框页面效果

（8）search 域

search 类型用于搜索域，例如站点搜索或者 Google 搜索。但这个类型功能有限，真正的搜索功能是需要大量的代码和算法支持的，其外观与常规文本标记类似。

search 域等

语法：<input type="search" name="search_name" />

（9）tel 域

tel 域用于输入电话号码，tel 域通常会和 pattern 属性配合使用。具体应用见 pattern 属性。

语法：<input type="tel " name="tel_name" />

（10）datalist 元素

datalist 元素规定输入框的选项列表，列表是通过 datalist 内的 option 元素进行创建的。如果用户不希望从列表中选择某项，也可以自行输入其他内容。datalist 元素通常与 input 元素配合使用来定义 input 的取值。在使用<datalist>标记时，需要通过 id 属性为其指定一个唯一的标识，然后为 input 元素指定 list 属性。

【例 8-10】 datalist 元素的应用。代码如下：

```
<body>
<form>
        请选择你喜欢的城市: <input type="text" list="datalistid" name="city" />
        <datalist id="datalistid">
                <option >北京</option>
                <option >上海</option>
                <option >广州</option>
                <option >南京</option>
        </datalist>
 </form>
</body>
```

运行后页面效果如图 8-10 所示，当鼠标聚焦到文本框后，文本框右侧会出现一个向下的箭头，如图 8-11 所示，单击箭头，即可浏览到 datalist 中定义的选项列表内容，如图 8-12 所示。

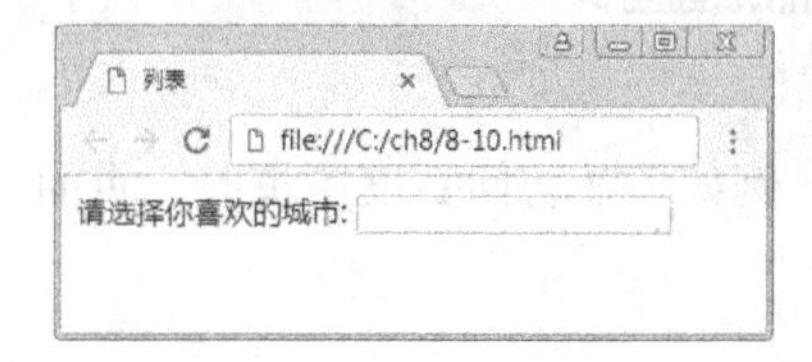

图 8-10　使用 datalist 初始状态

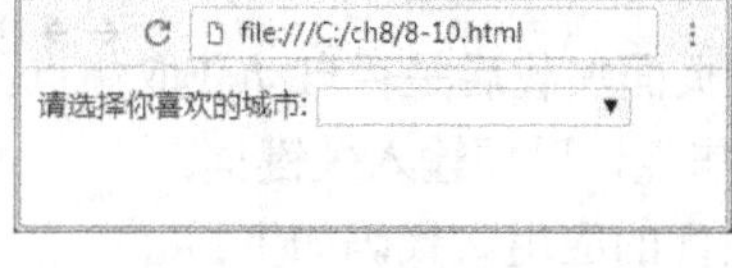

图 8-11　鼠标聚焦状态

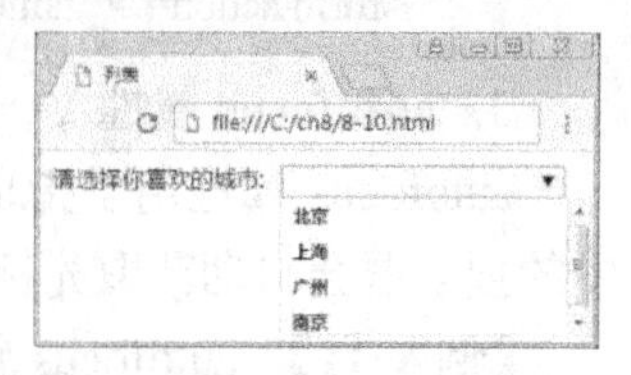

图 8-12　选择列表选项状态

（11）keygen 元素

keygen 元素用于表单的密钥生成器，能够使用户验证更为安全、可靠。当提交表单时会生成两个键：一个是私钥，它存储在客户端；另一个是公钥，它被发送到服务器，用于验证用户的客户端证书。

如果新的浏览器能够对元素的支持度再增强一些，则有望使其成为一种有用的安全标准。

（12）output 元素

output 元素与 input 元素是对应的，所以 output 主要用于不同类型的输出，显示计算结果或脚本输出。

8.4.2 新增的表单属性

1. autocomplete 属性

autocomplete 属性用于指定表单是否有自动完成功能，HTML5 新增的属性。“自动完成”是指将表单控件输入的内容记录下来，当再次输入时，会将输入的历史记录显示在一个下拉列表里，以实现自动完成输入。autocomplete 属性有两个值：on：表单有自动完成功能；off：表单无自动完成功能。这个属性默认为 on。

autocomplete 属性适用于<form>，以及下面的<input>类型：text、search、url、tel、email、password、date pickers、range 以及 color。

例如，例 8-4 中输入 URL 地址，当鼠标再次聚焦 URL 元素时，则会自动提示上次输入的 URL 地址，如图 8-13 所示。

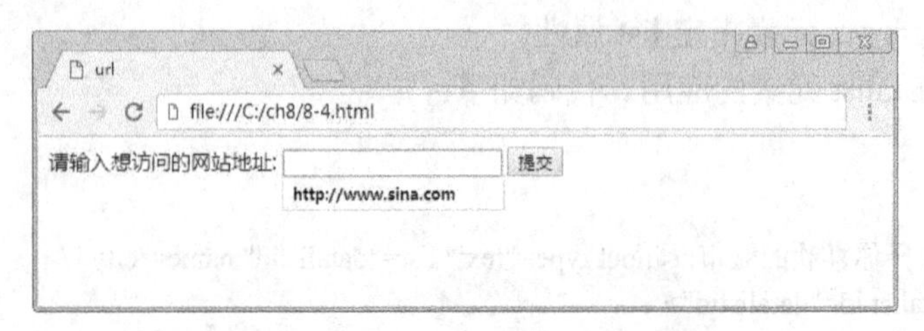

图 8-13 autocomplete 属性页面效果

2. novalidate 属性

指定在提交表单时取消对表单进行有效的检查，这是 HTML5 新增的属性。为表单设置该属性时，可以关闭整个表单的验证，这样可以使 form 内所有表单控件不被验证。

如果 form 表单中添加 novalidate 属性，所有元素在提交按钮时，将不通过验证直接提交页面。例如：

```
<form action="#" target="_blank" method="post" novalidate="novalidate">
```

3. autofocus 属性

autofocus 属性用于指定页面加载后是否自动获取焦点。例如，在访问百度主页时，页面中的搜索框会自动获取光标焦点，以便输入关键词。

【例 8-11】 autofocus 属性的应用。代码如下：

```
<body>
    <form>
        <fieldset>
            <legend>用户登录</legend><br/>
            用户名：<input type="text" name="uname" />
            <br /><br />
            密 码：<input type="password" name="upass" />
            <br /><br />
            <input type="submit" value="提交"/>
        </fieldset>
```

```
        </form>
    </body>
```

运行该例，其搜索框设置了 autofocus 属性，所以，当页面预览时光标焦点将直接聚焦到搜索框中。页面效果如图 8-14 所示。

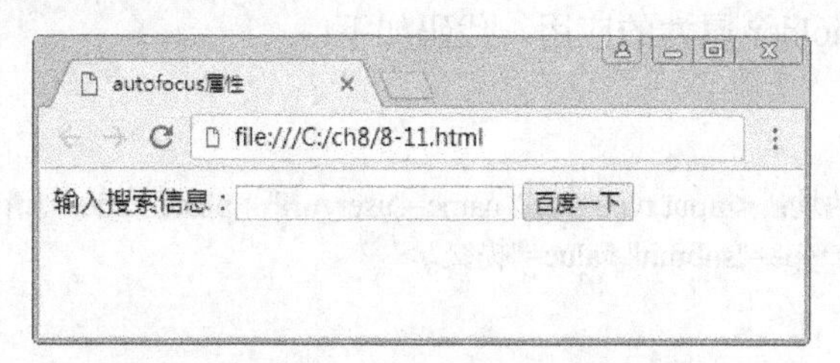

图 8-14　autofocus 属性的页面效果

4．multiple 属性

multiple 属性指定输入框可以选择多个值，该属性适用于 select 列表框元素，也适合于 email 域和 file 域的 input 元素。multiple 属性用于 email 类型的 input 元素时，表示可以向文本框中输入多个 E-mail 地址，多个地址之间通过逗号（,）隔开；multiple 属性用于 file 类型的 input 元素时，表示可以选择多个文件。

【例 8-12】 multiple 属性的应用。代码如下：

```
    <body>
        <form action="#" target="_blank">
        请选择你所喜欢的电影：
        <select name="film" size="6" id="film" multiple="multiple" >
        <option value="1">战狼 2</option>
        <option value="2">正义联盟</option>
        <option value="3">东方快车谋杀案</option>
        <option value="4">全球风暴</option>
        <option value="5">王牌特工 2</option>
        <option value="6">英雄本色</option>
        </select>
        </form>
    </body>
```

运行该例，列表框设置了 multiple 属性，列表中的元素可以实现多选，页面效果如图 8-15 所示。如果删除“multiple”属性，则只能选择一项内容。

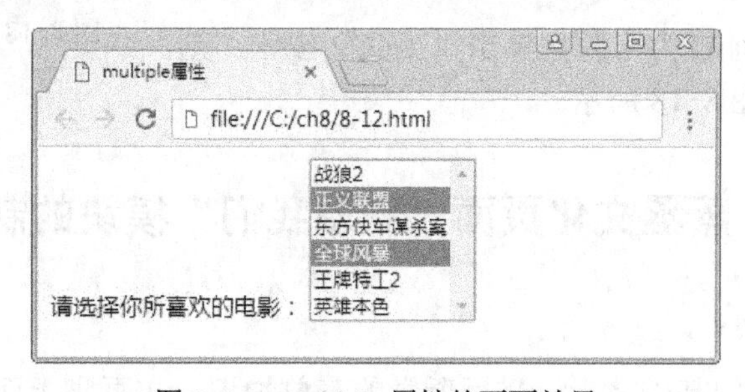

图 8-15　multiple 属性的页面效果

5．placeholder 属性

placeholder 属性用于为 input 类型的输入框提供相关提示信息，以描述输入框期待用户输入何种内容。在输入框为空时显式出现，而当输入框获得焦点时则会消失。

placeholder
属性

【例 8-13】 placeholder 属性的应用。代码如下：

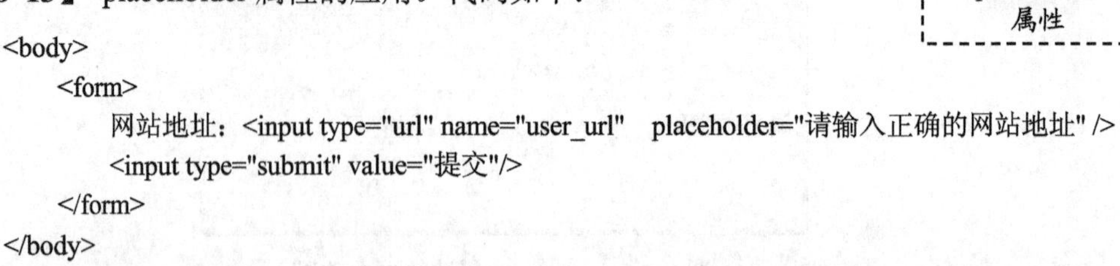

```
<body>
    <form>
        网站地址：<input type="url" name="user_url"   placeholder="请输入正确的网站地址" />
        <input type="submit" value="提交"/>
    </form>
</body>
```

运行后页面效果如图 8-16 所示，此时“请输入正确的网站地址”在文本框中，鼠标聚焦到文本框，输入“www.sina.com.cn”后，提示文本自动消失，如图 8-17 所示。

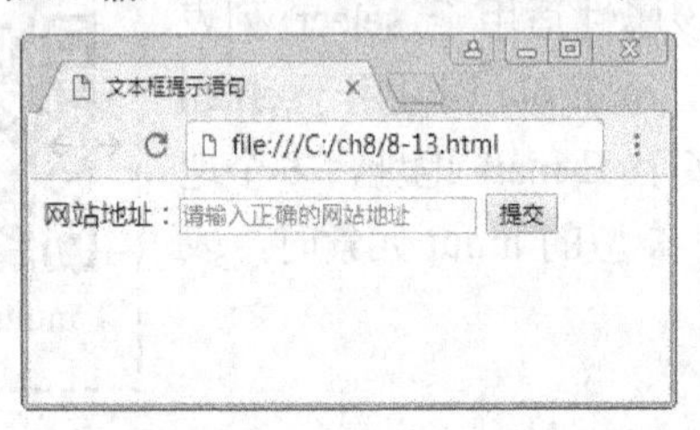

图 8-16　placeholder 属性预览效果

图 8-17　鼠标聚焦后的效果

6．required 属性

required 属性

在默认情况下，输入元素不会自动判断用户是否在输入框中输入了内容，如果开发者要求输入框的内容是必须填写的，那么需要为 input 元素指定 required 属性。required 属性用于规定输入框填写的内容不能为空，否则不允许用户提交表单。

【例 8-14】 required 属性的应用。代码如下：

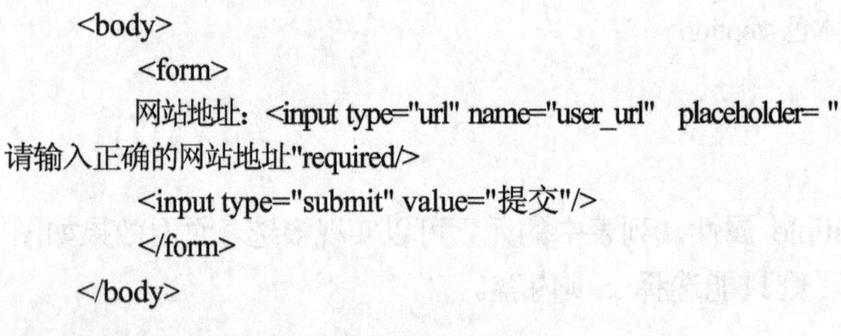

```
<body>
    <form>
    网站地址：<input type="url" name="user_url"   placeholder= "
请输入正确的网站地址"required/>
    <input type="submit" value="提交"/>
    </form>
</body>
```

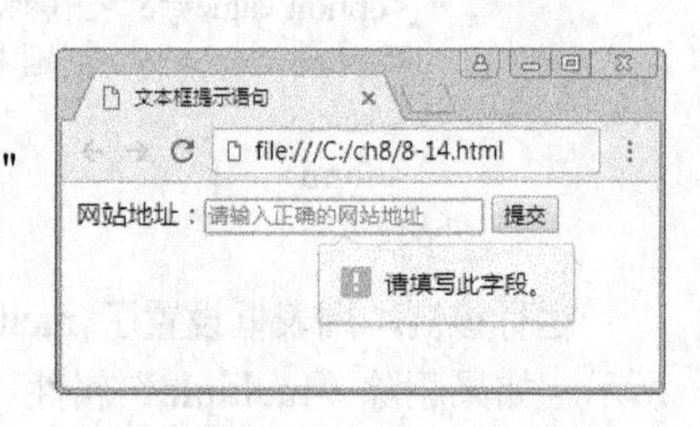

图 8-18　required 属性的使用

运行该例，当地址框为空时，单击“提交”按钮，则会出现信息提示，如图 8-18 所示。

8.5　项目实战：蒸丞文化页面“联系我们”模块的制作

8.5.1　案例效果展示

在第 7.4 节案例的基础之上，采用所学的表单知识，在页脚上面添加“联系我们”模块，同时美化，页面效果如图 8-19 所示。

慕课文化传播有限公司

file:///C:/ch8/8.5项目实战/index.html

联系我们

无论您是想咨询信息，解决问题，或者是对我们的服务提出建议，您都可以用多种方式联系我们。我们会尽我们所能为您服务！

用户名

123456@126.com

提交

图 8-19　页面效果图

8.5.2　案例实现分析

根据效果图来看，表单的 HTML 结构设计示意图如图 8-20 所示。

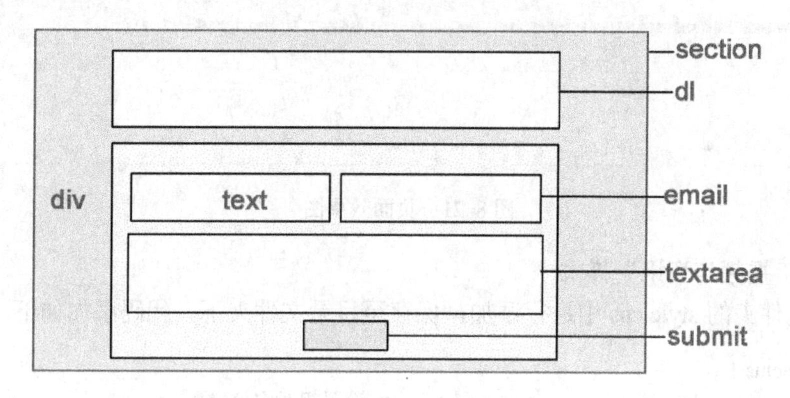

图 8-20　表单的界面与元素设计

完成项目要分为以下几步。

第 1 步：设计表单的 HTML 结构代码。

第 2 步：给表单元素设计适合的 CSS 样式表。

8.5.3　案例实现过程

1．添加“联系我们”对应的 HTML 语句

将 HTML 文件中添加对应的 HTML 语句，将代码添加如下：

```
<!--联系我们-->
```

```
<section class="contactus">
<dl>
<dt class="title">联系我们</dt>
<dd>无论您是想咨询信息，解决问题，或者是对我们的服务提出建议，您都可以用多种方式联系
我们。我们会尽我们所能为您服务！</dd>
</dl>
<div class="nav1">
<form action="#" >
<input class="fullname" type="text"    placeholder="用户名" required />
<input class="email" type="email" placeholder="123456@126.com" required multiple/>
<br/>
<textarea class="message" type="text"    placeholder="您的建议" />
</textarea>
<br/>
<input class="submit" type="submit"    value="提  交" />
</form>
</div>
</section>
<!--联系我们-->
```

运行以上代码，页面预览效果如图 8-21 所示。

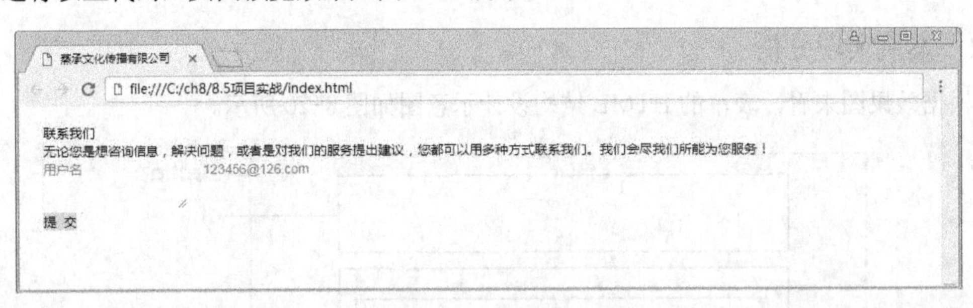

图 8-21　页面效果图

2．编写“视频与资讯”样式

在对应文件夹的 style.css 中进行添加，保存至目录文件夹下。代码添加如下：

```
.contactus {
    position: relative;                    /* 设置相对定位 */
    overflow: auto;                        /* 设置溢出方式 */
}
.contactus dl {
    display: block;                        /* 设置元素块状显示 */
}
.contactus dl dt {
    margin-top: 30px;                      /* 设置上外边距*/
    margin-bottom: 20px;                   /* 设置下外边距*/
    color: #f4651d;                        /* 设置颜色*/
    font-size: 28px;                       /* 设置字体大小*/
    font-weight: bold;                     /* 设置字体粗细*/
    text-align: center;                    /* 设置对齐方式*/
```

```
        letter-spacing: 10px;                       /* 设置字母间距*/
}
.contactus dl dd:first-of-type {
        font-size: 14px;                            /* 设置字体大小*/
        line-height: 22px;                          /* 设置行高*/
        text-align: center;                         /* 设置对齐方式*/
}
.contactus .nav1 {
        width: 800px;                               /* 设置宽度 */
        margin: 30px auto;                          /* 设置外边距*/
}
.contactus .nav1 form .fullname {
        display: block;                             /* 设置元素块状显示 */
        float: left;                                /* 设置浮动*/
        margin-left: 10px;                          /* 设置左外边距*/
        padding: 3px 5px;                           /* 设置内边距*/
        margin-bottom: 10px;                        /* 设置下外边距*/
        width: 370px;                               /* 设置宽度 */
        height: 30px;                               /* 设置高度*/
        border: 1px solid #999;                     /* 设置边框样式*/
}
.contactus .nav1 form .email {
        display: block;                             /* 设置元素块状显示 */
        float: left;                                /* 设置浮动方式*/
        margin-left: 20px;                          /* 设置左外边距*/
        padding: 3px 5px;                           /* 设置内边距*/
        margin-bottom: 10px;                        /* 设置下外边距*/
        width: 370px;                               /* 设置宽度*/
        height: 30px;                               /* 设置高度*/
        border: 1px solid #999;                     /* 设置边框样式*/
}
.contactus .nav1 form .message {
        display: block;                             /* 设置元素块状显示 */
        clear: left;                                /* 设置清除浮动*/
        margin-left: 10px;                          /* 设置左外边距*/
        padding: 3px 5px;                           /* 设置内边距*/
        margin-bottom: 10px;                        /* 设置下外边距*/
        width: 772px;                               /* 设置宽度 */
        height: 200px;                              /* 设置高度*/
        border: 1px solid #999;                     /* 设置边框样式*/
}
.contactus .nav1 form .submit {
        display: block;                             /* 设置元素块状显示 */
        margin: 20px auto;                          /* 设置外边距*/
        padding: 8px 20px;                          /* 设置内边距*/
        height: 40px;                               /* 设置高度*/
        background-color: #f4651d;                  /* 设置背景色*/
        color: #fff;                                /* 设置字体颜色*/
}
```

运行以上代码，页面如图 8-19 所示。

8.6 习题与项目实践

1．选择题

（1）以下不是 input 在 html5 的新类型的是（　　）。

A．DateTime　　B．file　　C．Color　　D．Range

（2）下列（　　）属性用于控制文本框最大字符数。

A．<input type="text" maxlength="20">　　B．<input type="text" name="20">

C．<input type="text" size="20">　　D.<input type="text" class="20">

（3）在 HTML 中，（　　）标签用于在网页中创建表单。

A．<input>　　B.<select>　　C．<table>　　D．<form>

2．实践项目

根据图 8-22 的页面效果来完成会员注册页面的效果，使用 HTML 与 CSS 实现整体页面布局。 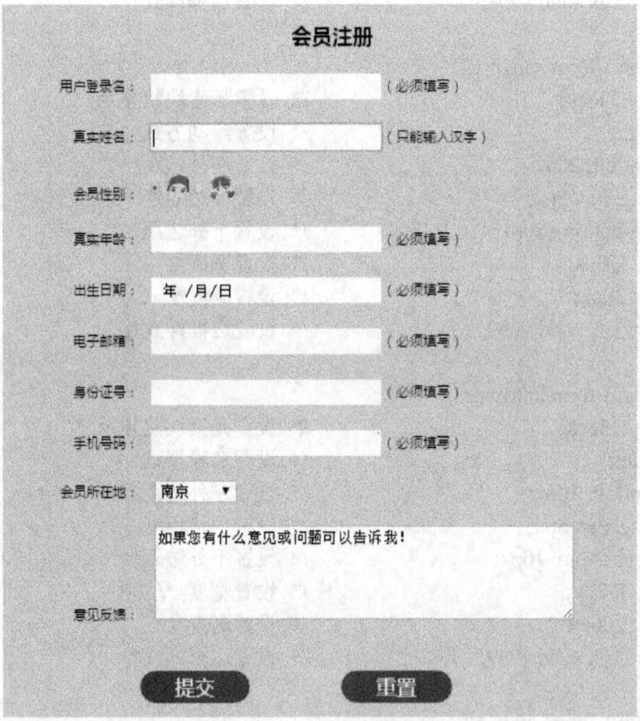

图 8-22　会员注册页面效果

第 9 章　利用 CSS 实现动态效果

9.1　CSS3 转换

9.1.1　transform 简介

在 CSS3 中，可以利用 transform 功能来实现文字或图像的旋转、缩放、倾斜、移动等变形处理，结合即将学习的过渡和动画属性产生一些新的动画效果。

语法：transform：none| transform-function；

transform 属性的默认值为 none，适用于内联元素和块元素，表示不进行变形。transform-function 用于设置变形函数，可以是一个或多个变形函数列表。IE10、Firefox、Opera 支持 transition 属性。Chrome 和 Safari 需要前缀 -webkit-，IE 9 需要前缀 -ms-。

transform-function 常用函数如表 9-1 所示。

表 9-1　transform-function 常用函数及含义

函数名称	含　义
translate()	移动元素对象，即基于 x 和 y 坐标重新定位元素
scale()	缩放元素对象，可以使任意元素对象尺寸发生变化，取值包括正数、负数和小数
rotate()	旋转元素对象，取值为一个度数值
skew()	倾斜元素对象，取值为一个度数值
matrix()	定义矩形变换，即基于 x 和 y 坐标重新定位元素的位置

9.1.2　常用的 transform 变形方法

移动方法
translate()

1．移动方法 translate()

在 CSS3 中，使用 translate()方法来实现图像或文字的移动。

语法：transform: translate(x,y);

translate()移动函数示意图如图 9-1 所示。

其中，x 指元素在水平方向上移动的距离，y 指元素在垂直方向上移动的距离。当使用一个参数时表示 X 轴上移动的距离，x 和 y 可以为负值，表示反方向移动元素。

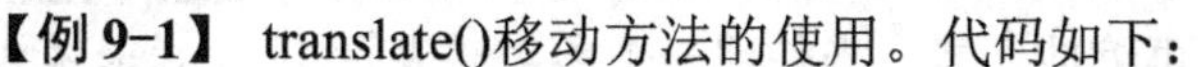

【例 9-1】 translate()移动方法的使用。代码如下：

```
<style type="text/css">
<!doctype html>
```

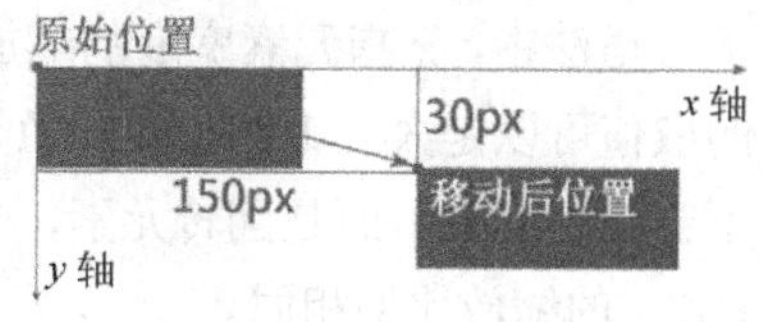

图 9-1　translate()移动函数示意图

```
<html>
<head>
<meta charset="utf-8">
<title>translate 移动</title>
<style type="text/css">
div {
        width: 300px;
        text-align: center;
        padding: 10px;
        background: red;
}
div:hover {
        transform: translate(150px, 30px);            /*实现向右平移 150 像素，向下平移 30 像素*/
        -webkit-transform: translate(150px, 30px);    /*Safari 和 Chrome 浏览器兼容代码*/
        -moz-transform: translate(150px, 30px);       /*Firefox 浏览器兼容代码*/
        -ms-transform: translate(150px, 30px);        /*IE9 浏览器兼容代码*/
}
</style>
</head>
<body>
<div>translate 移动</div>
</body>
</html>
```

运行后页面效果如图 9-2 所示，当把鼠标放置到 div 上方时，div 将实现向右平移 150 像素，向下平移 30 像素，页面效果如图 9-3 所示。

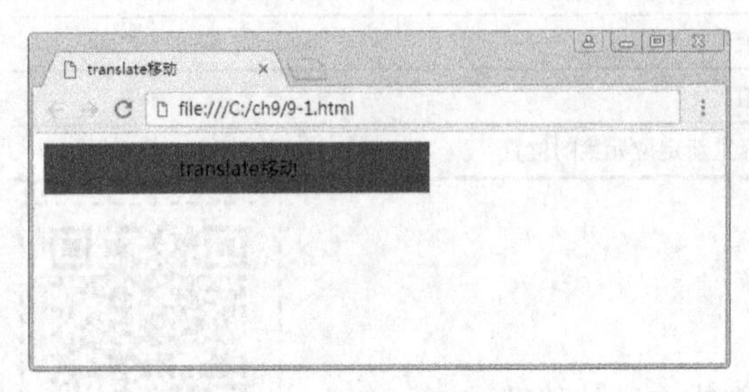

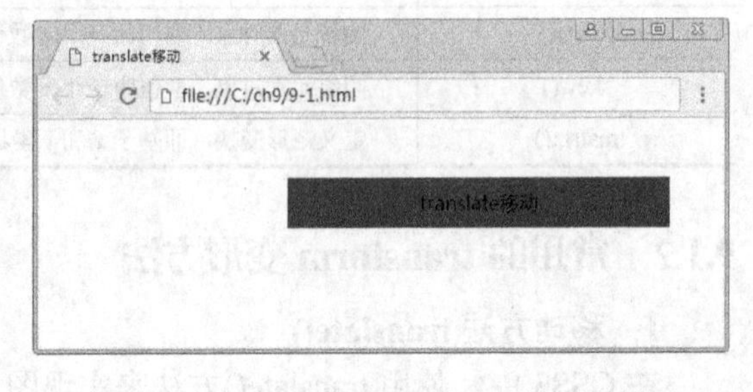

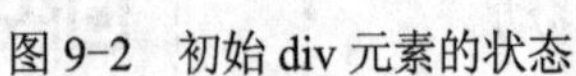

图 9-2　初始 div 元素的状态　　　　图 9-3　运用 translate 移动后的页面效果

2．缩放方法 scale()

在 CSS3 中，使用 scale()方法来实现图像或文字的缩放。

语法：transform:scale(x,y);

语法中，*x* 指元素宽度的缩放比例，*y* 指元素高度的缩放比例。*x* 和 *y* 的取值可以是大于 1 的正数、负数和小数。大于 1 正数表示放大，负数值不会缩小元素，而是翻转元素，然后再缩放元素。当使用一个参数时表示 *x* 和 *y* 的缩放比例相同。

以 scale(-3,2)为例，scale()缩放函数示意图如图 9-4 所示。

【例 9-2】 scale()缩放方法的使用。代码如下：

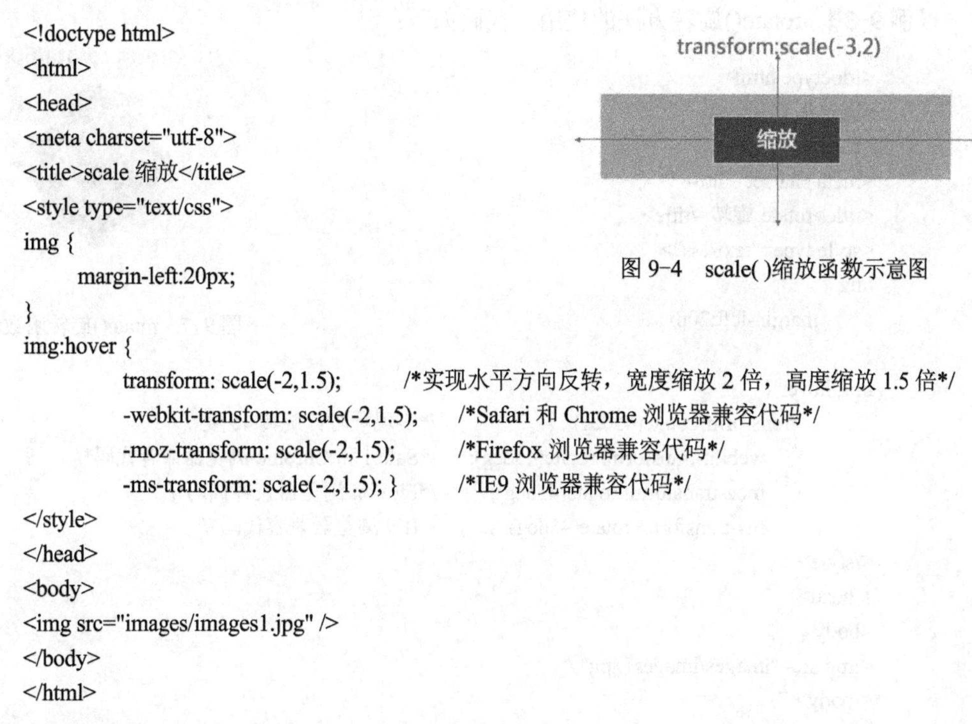

图 9-4 scale( )缩放函数示意图

```
<!doctype html>
<html>
<head>
<meta charset="utf-8">
<title>scale 缩放</title>
<style type="text/css">
img {
      margin-left:20px;
}
img:hover {
            transform: scale(-2,1.5);          /*实现水平方向反转，宽度缩放 2 倍，高度缩放 1.5 倍*/
            -webkit-transform: scale(-2,1.5);     /*Safari 和 Chrome 浏览器兼容代码*/
            -moz-transform: scale(-2,1.5);        /*Firefox 浏览器兼容代码*/
            -ms-transform: scale(-2,1.5); }       /*IE9 浏览器兼容代码*/
</style>
</head>
<body>
<img src="images/images1.jpg" />
</body>
</html>
```

运行后页面效果如图 9-5 所示，当把鼠标放置到 img 上方时，实现水平方向翻转，宽度缩放 2 倍，高度缩放 1.5 倍，页面效果如图 9-6 所示。

图 9-5 初始状态的页面效果

图 9-6 运用 scale 缩放后的页面效果

3．旋转方法 rotate()

在 CSS3 中，使用 rotate()方法来实现图像或文字的旋转。

语法：transform:rotate (angle);

其中，angle 指元素旋转的角度值，如果角度为正数时，按照顺时针进行旋转，负值时，按照逆时针旋转。

rotate 旋转

以 rotate(60deg)为例，rotate()旋转函数示意图如图 9-7 所示。

【例 9-3】 rotate()旋转方法的使用。代码如下：

```
<!doctype html>
<html>
<head>
<meta charset="utf-8">
<title>rotate 旋转</title>
<style type="text/css">
img {
	margin-left:20px;
}
img:hover {
		transform: rotate(45deg);				/*实现顺时针旋转 45 度*/
			-webkit-transform: rotate(45deg);	/*Safari 和 Chrome 浏览器兼容代码*/
			-moz-transform: rotate(45deg);		/*Firefox 浏览器兼容代码*/
			-ms-transform: rotate(45deg); }		/*IE9 浏览器兼容代码*/
</style>
</head>
<body>
<img src="images/images1.jpg" />
</body>
</html>
```

transform:rotate(60deg)

60°

图 9-7　rotate()旋转函数示意图

运行后页面效果如图 9-8 所示，当把鼠标放置到 img 上方时，实现顺时针旋转 45 度，页面效果如图 9-9 所示。

图 9-8　初始状态的页面效果

rotate旋转

file:///C:/ch9/9-4.html

图 9-9　运用 rotate()旋转方法后的页面效果

4．斜切方法 skew()

在 CSS3 中，使用 skew()方法来实现图像或文字的倾斜显示。

语法：transform: skew (x-angle,y-angle);

语法中，x-angle 表示相对于 x 轴进行倾斜角度值，y-angle 表示相对于 y 轴进行倾斜角度值，x 轴逆时针转为正；y 轴顺时针转为正。

skew 斜切

以 skew(30deg,20deg)为例，skew()斜切函数示意图如图 9-10 所示。

【例 9-4】 skew()斜切方法的使用。代码如下：

```
<!doctype html>
<html>
<head>
<meta charset="utf-8">
<title>skew 斜切</title>
<style type="text/css">
img {
      margin-left:20px;
      border:#C89596 1px dashed;
}
img:hover {
            transform: skew(30deg,20deg);                /*实现 x 轴斜切 30 度，y 轴斜切 20 度*/
              -webkit-transform: skew(30deg,20deg);      /*Safari 和 Chrome 浏览器兼容代码*/
              -moz-transform: skew(30deg,20deg);         /*Firefox 浏览器兼容代码*/
              -ms-transform: skew(30deg,20deg); }        /*IE9 浏览器兼容代码*/
</style>
</head>
<body>
<img src="images/images1.jpg" />
</body>
</html>
```

transform:skew(30deg,30deg)

y 轴

30°

x 轴

30°

图 9-10 skew( )斜切函数示意图

运行后页面效果如图 9-11 所示，当把鼠标放置到 img 上方时，实现 *x* 轴斜切 30°，*y* 轴斜切 20°，页面效果如图 9-12 所示。

图 9-11 初始状态的页面效果

图 9-12 运用 skew()斜切方法后的页面效果

5. 更改变换的中心点 transform-origin

更改变换的中心点 transform-origin

在 CSS3 中，transform 属性平移、缩放、倾斜及旋转等效果，针对的元素默认都是以元素的正中心为中心点的，如果需要改变这个中心点，可以使用 transform-origin 属性。

语法：transform-origin: xyz;

语法中，*x,y,z* 的默认值为 50%、50%、0，这表示元素的中心。x 表示视图被置于 *x* 轴的何处，可取值有 left、center、right、length，也可以使用“%”；y 表示视图被置于 y 轴的何处，可取值有 top、center、bottom、length，也可以使用“%”；z 表示被置于 z 轴的何处，主要使用 length。变换的中心点示意图如图 9-13 所示。

其实除了中心点的变换以外，还可以将平移、缩放、倾斜及旋转等效果进行叠加。

【例 9-5】 transform 综合应用与中心点的变换的使用。代码如下：

```
<!doctype html>
<html>
<head>
<meta charset="utf-8">
<title>transform 综合应用与中心点的变换</title>
<style type="text/css">
img {
      margin-left:20px;
    border:#C89596 1px dashed;
}
img:hover {
            transform-origin: left top;                    /*变换中心点为左上角*/
            -webkit-transform-origin: left top;            /*Safari 和 Chrome 浏览器兼容代码*/
            -moz-transform-origin: left top;               /*Firefox 浏览器兼容代码*/
            -ms-transform-origin: left top;                /*IE9 浏览器兼容代码*/
            transform: rotate(30deg) skew(25deg,0) scale(1.5);       /*综合应用旋转、斜切、缩放*/
            -webkit-transform: rotate(30deg) skew(25deg,0) scale(1.5);
            -moz-transform: rotate(30deg) skew(25deg,0) scale(1.5);
            -ms-transform: rotate(30deg) skew(25deg,0) scale(1.5);
</style>
</head>
<body>
<img src="images/images1.jpg" />
</body>
</html>
```


图 9-13　变换的中心点示意图

运行后页面效果如图 9-14 所示，当把鼠标放置到 img 上方时，实现顺时针旋转 30°，同时缩放 1.5 倍和斜切 25°，页面效果如图 9-15 所示。

图 9-14　初始状态的页面效果

图 9-15　transform 综合应用与中心点的变换效果

9.1.3 3D 变形

3D 变形中可以让元素围绕 *x* 轴、*y* 轴、*z* 轴进行旋转。

要想呈现立体透视的效果，必须设置 perspective 属性，它是透视，视角的意思。显示器中 3D 效果元素的透视点在显示器的上方，近似大家眼睛所在方位。

1．rotateX()、rotateY()、rotateZ()函数

3D 变形常用的函数包括 rotateX()、rotateY()、rotateZ()，元素在 3D 空间旋转的角度，如果其值为正，元素顺时针旋转，反之元素逆时针旋转。

rotateX()函数用于指定元素围绕 *x* 轴旋转。

语法：transform:rotateX(angle);

rotateY()函数用于指定元素围绕 *y* 轴旋转。

语法：transform:rotateX(angle);

rotateZ()函数用于指定元素围绕 *z* 轴旋转。

语法：transform:rotateZ(angle);

【例 9-6】 3D 转换的效果。代码如下：

```
<!doctype html>
<html>
<head>
<meta charset="utf-8">
<title>3D 转换</title>
<style type="text/css">
div {
 height: 200px;
 width: 370px;
 margin: 10px;
 padding: 20px;
 float: left;
 background-color: #C48E8F;
 border: 1px solid black;
 perspective: 800px;              /*设置 3D 元素的透视视角*/
 -webkit-perspective: 800px;     /*Safari 和 Chrome 浏览器兼容代码*/
 -moz-perspective: 800px;
}    /*Firefox 浏览器兼容代码*/
.img1 {
 width: 400px;
 border: 1px solid black;
 transform: rotateX(30deg);                /*元素围绕 x 轴旋转 30 度*/
 -webkit-transform: rotateX(30deg);    /*Safari 和 Chrome 浏览器兼容代码*/
 -moz-transform: rotateX(30deg);
}    /*Firefox 浏览器兼容代码*/
.img2 {
 width: 400px;
 border: 1px solid black;
 transform: rotateY(30deg);                /*元素围绕 y 轴旋转 30 度*/
 -webkit-transform: rotateY(30deg);    /*Safari 和 Chrome 浏览器兼容代码*/
```

```
    -moz-transform: rotateY(30deg);
}     /*Firefox 浏览器兼容代码*/
.img3 {
    width: 400px;
    border: 1px solid black;
    transform: rotateZ(30deg);                /*元素围绕 z 轴旋转 30 度*/
    -webkit-transform: rotateZ(30deg);    /*Safari and Chrome 浏览器兼容代码*/
    -moz-transform: rotateZ(30deg);
}     /*Firefox 浏览器兼容代码*/
</style>
</head>
<body>
      <div><img class="img1" src="images/images4.jpg" /></div>
      <div><img class="img2" src="images/images4.jpg" /></div>
      <div><img class="img3" src="images/images4.jpg" /></div>
</body>
</html>
```

在 IE9 中运行代码，不支持 3D 元素的透视效果，在谷歌 Chrome 或者 Firefox 浏览器中浏览，页面效果如图 9-16 所示。

图 9-16　3D 转换的页面效果

此案例中第 1 个 img 元素是图片沿着 *x* 轴旋转 30°的效果；第 2 个 img 元素是图片沿着 *y* 轴旋转 30°的效果；第 3 个 img 元素是图片沿着 *z* 轴旋转 30°的效果。

从视觉角度上看，rotate()函数与 rotateZ()函数实现的效果相同，不同的是 rotate()函数是在 2D 平面上的旋转，而 rotateZ()函数实在 3D 空间上旋转。

可以将“perspective:800px”和“transform: rotateX(30deg)”整合为一行代码，以复合属性的方式呈现。

transform: perspective(800px) rotateX(30deg);

2．3D 变形及 transform 的转换属性

在 3D 空间，3 个维度也就是 3 个坐标，即长、宽、高。轴的旋转是围绕一个[x，y，z]向量并经过元素原点。

语法：transform:rotate3d(x,y,z,angle);

其中，x，y，z 分别代表横向、纵向、*z* 轴坐标位移向量的长度。可以变换理解方式：

x，y，z 为 0 是代表不旋转，为 1 时代表旋转。angle 表示角度值。

例如：“transform:rotate3d(1,0,0,45deg);”表示沿着 X 轴旋转 45 度。

此外，在使用 3D 变形时，会经常用到 perspective-origin 属性。perspective-origin 主要设置一个 3D 元素的底部位置，默认就是所在舞台或元素的中心，与 transform-origin 属性类似，所以，取值也与 transform-origin 类似。

值得注意的是，目前浏览器都不支持 perspective-origin 属性，只有 Chrome 和 Safari 支持替代的 -webkit-perspecitve-origin 属性。

transform-style 属性也是 3D 效果中经常使用的，其两个参数为 flat 和 preserve-3d。flat 为默认值，表示平面的；preserve-3d 表示 3D 透视。

【例 9-7】 3D 转换的效果。代码如下：

```
<!doctype html>
<html>
<head>
<meta charset="utf-8">
<title>3D 转换</title>
<style type="text/css">
div {
    height: 200px;width: 400px;   margin: 150px;padding:10px;
    background-color:rgba(105,85,155,0.5);   /*设置背景颜色半透明*/
    border: 1px solid black;
    perspective:800px;                        /*设置 3D 元素的透视效果*/
    -webkit-perspective:800px;                /*Safari 和 Chrome 浏览器兼容代码*/
    -moz-perspective:800px;                   /*Firefox 浏览器兼容代码*/
    perspective-origin:0% 0%;                 /*调整 3D 元素的底部位置*/
    transform-style: preserve-3d;             /*定义 3D 透视*/
    -webkit-transform-style: preserve-3d;     /*Safari and Chrome 浏览器兼容代码*/
    -moz-transform-style: preserve-3d;   }    /*Firefox 浏览器兼容代码*/
img {
    width: 400px;
    border: 1px solid black;
    transform: rotateX(45deg);                /*元素围绕 x 轴旋转 45 度*/
    -webkit-transform: rotateX(45deg);        /*Safari and Chrome 浏览器兼容代码*/
    -moz-transform: rotateX(45deg); }         /*Firefox 浏览器兼容代码*/
</style>
</head>
<body>
<div><img src="images/images4.jpg" /></div>
</body>
</html>
```

运行后页面效果如图 9-17 所示。

此外，转换的属性还有 backface-visibility，这个属性主要定义元素在不面对屏幕时是否可见。为了切合实际，常常会设置后面元素不可见，例如“backface-visibility:hidden;”。

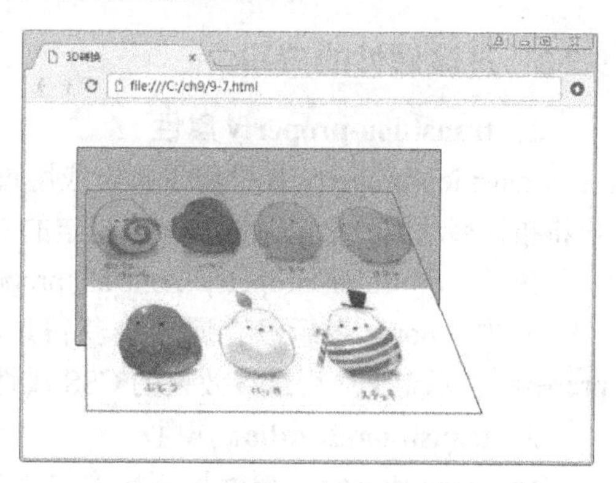

图 9-17　3D 页面透视效果

CSS3 中还有其他一些 3D 的转换方法，如表 9-2 所示。

表 9-2　3D 变形函数及其含义

函数名称	含　义
translate3d(x,y,z)、translateZ(z)	定义 3D 位移转换
scale3d(x,y,z)、scaleZ(z)	定义 3D 缩放转换
rotate3d(x,y,z,angle)、rotateX(angle)、rotateY(angle)、rotateZ(angle)	定义 3D 旋转
perspective(n)	定义 3D 转换元素的透视视图
matrix3d（n,n,n,n,n,n,n,n,n,n,n,n,n,n,n,n）	定义 3D 转换，使用 16 个值的 4×4 矩阵

9.2　transitions 过渡

9.2.1　transitions 功能介绍

在 CSS3 中，可以利用 transitions 实现元素从一种样式转变为另一种样式时添加效果，如渐显、渐弱、动画快慢等。

过渡属性主要包括 transition-property、transition-duration、transition-timing-function、transition-delay，属性的名称与含义如图表 9-3 所示。

表 9-3　过渡属性及其含义

属性名	含　义
transition-property	规定应用过渡的 CSS 属性的名称
transition-duration	定义过渡效果花费的时间。默认是 0
transition-timing-function	规定过渡效果的时间曲线。默认是“ease”
transition-delay	规定过渡效果何时开始。默认是 0
transition	简写属性，用于在一个属性中设置 4 个过渡属性

注意：IE10、Firefox、Chrome 以及 Opera 支持 transition 属性。Safari 需要前缀-webkit-。IE 9 以及更早的版本，不支持 transition 属性。Chrome 25 以及更早的版本，需要前缀-webkit-。

9.2.2　过渡属性的应用

1．transition-property 属性

transition-property 属性用于指定应用过渡效果的 CSS 属性的名称，其过渡效果通常在用户将指针移动到元素上时触发。当指定的 CSS 属性改变时，过渡效果才开始。

语法：transition-property :none|all| property;

其中，none 表示没有属性会获得过渡效果；all 表示所有属性都将获得过渡效果；property 表示定义应用过渡效果的 CSS 属性名称，多个名称之间以逗号分隔。

2．transition-duration 属性

transition-duration 属性用于定义过渡效果所花费的时间，默认值为 0，常用单位是秒

（s）或者毫秒（ms）。

语法：transition-duration :time;

【例 9-8】 过渡属性的应用①。代码如下：

```
<!doctype html>
<html>
<head>
<meta charset="utf-8">
<title>过渡属性</title>
<style type="text/css">
    img {
        display: block;
        height: 150px;
        margin: 30px auto;
        border: 10px solid#5A3333;
        opacity: 0.3;                    /*定义不透明度为 0.3*/
    }
    img:hover {
        opacity: 1;                      /*定义完全不透明*/
        transition-property:opacity;     /*设置过渡属性为 opacity */
        transition-duration: 3s;         /*设置过渡所花费的时间为 2s*/
    }
</style>
</head>
<body>
    <div><img   src="images/image6.jpg" /></div>
</body>
</html>
```

运行后页面效果如图 9-18 所示，当鼠标放置在图片上方时，图片会由不透明度 0.3 向 1 逐步清晰显示，花费时间为 3s，最终状态如图 9-19 所示。为了解决不同浏览器的兼容性，自行添加-webkit-、-moz-、-o-浏览器前缀代码。

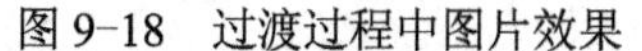

图 9-18　过渡过程中图片效果

图 9-19　过渡完成后的效果

3．transition-timing-function 属性

transition-timing-function 属性规定过渡效果的速度曲线，默认值为“ease”。

语法：transition-timing-function:linear|ease ease-in|ease-out|ease-in-out|cubic-bezier(n,n,n,n);

本属性的取值较多，属性值及含义如表 9-4 所示。

表 9-4　transition-timing-function 属性的取值及其含义

属 性 取 值	含　义
linear	指定以相同速度（匀速）开始至结束的过渡效果
ease	指定以慢速开始，然后加快，最后慢慢结束的过渡效果
ease-in	指定以慢速开始，然后逐渐加快
ease-out	指定以慢速结束的过渡效果
ease-in-out	指定以慢速开始和结束的过渡效果
cubic-bezier（n,n,n,n）	定义用于加速或者减速的贝塞尔曲线的形状，它们的值为 0～1

4．transition-delay 属性

transition-delay 属性规定过渡效果何时开始，默认值为 0，常用单位是秒（s）或者毫秒（ms）。

语法：transition-delay:time;

transition-delay 的属性值可以为正整数、负整数和 0。当设置为负数时，过渡动作会从该时间点开始，之前的动作被截断；设置为正数时，过渡动作会被延迟触发。

【例 9-9】 过渡属性的应用②。代码如下：

```
<!doctype html>
<html>
<head>
<meta charset="utf-8">
<title>过渡属性</title>
<style type="text/css">
div {
  width: 300px;
  padding: 10px;
  background: #CAA4CF;
}
img {
  height: 150px;
  margin-bottom: 15px;
}
div:hover {
  transform: translate(500px, 200px) rotate(360deg);  /*定义 div 元素向右下移动，同时旋转 360 度*/
  transition-property: transform;                     /*定义动画过渡的 CSS 属性为 transform*/
  transition-duration: 4s;                            /*定义动画过渡时间为 5s*/
  transition-timing-function: ease-in-out;            /*定义动画慢速开始和结束*/
  transition-delay: 1s;                               /*定义动画延迟触发时间为 2s*/
}
</style>
</head>
<body>
<div><img  src="images/image6.jpg" /></div>
</body>
```

```
</html>
```

运行后页面效果如图 9-20 所示，当鼠标放置在 div 元素上方，元素并不会马上执行动画效果，1s 后 div 元素开始移动，运行中间状态如图 9-21 所示，动画完成后的状态如图 9-22 所示。为了解决不同浏览器的兼容性，自行添加-webkit-、-moz-、-o-浏览器前缀代码。

图 9-20　元素动画开始效果

图 9-21　元素动画中间某阶段效果

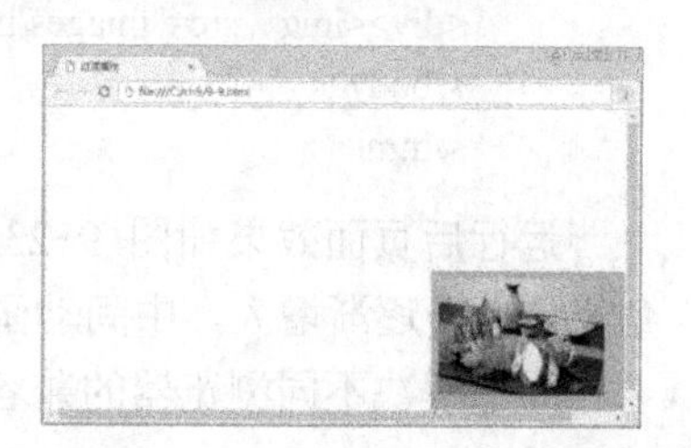

图 9-22　动画过渡完成后的效果

5．transition 属性

transition 属性是一个复合属性，用于在一个属性中设置 transition-property、transition-duration、transition-timing-function、transition-delay 共 4 个过渡属性。

语法：transition:property duration timing-function delay;

语法中，在使用 transition 属性设置多个过渡效果时，它的各个参数必须按照顺序进行定义。无论是单个属性还是简写属性，使用时都可以实现多个过渡效果。

例如，在例 9-9 中的动画的 4 个过渡效果，可以修改为：

```
transition:transform4s ease-in-out 1s;
```

为了不同浏览器的兼容性，以“Safari and Chrome 浏览器兼容代码”为例：

```
-webkit-transition:-webkit-transform 4s ease-in-out 1s;
```

如果使用 transition 简写属性设置多种过渡效果，需要为每个过渡属性集中指定所有的值，并且使用逗号进行分隔。

【例 9-10】 过渡属性的应用③。代码如下：

```
<!doctype html>
<html>
<head>
<meta charset="utf-8">
<title>过渡属性</title>
<style type="text/css">
 img {
     display: block;
     height: 150px;
     margin: 30px auto;
     border: 10px solid #FcF;
     border-radius: 10px;
     opacity: 0.5;}
  img:hover {
     opacity: 1;                    /*定义完全不透明*/
```

```
        border-radius: 80px;            /*定义圆角边框半径为 80 像素*/
        transition: opacity 3s ease-out,border-radius 3s ease-out; }   /*复合属性设置*/
</style>
</head>
<body>
<div><img  src="images/image7.jpg" /></div>
</body>
</html>
```

运行后页面效果如图 9-23 所示，当鼠标放置在图片上方时，图片会淡出显示，同时圆角半径也会逐渐增大，中间动画效果如图 9-24 所示，动画完成最终状态如图 9-25 所示。

为了解决不同浏览器的兼容性，自行添加-webkit-、-moz-、-o-浏览器前缀代码。

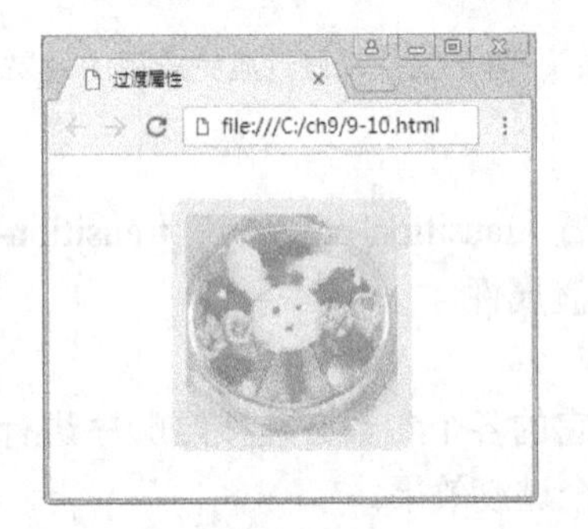

图 9-23　动画的初始状态

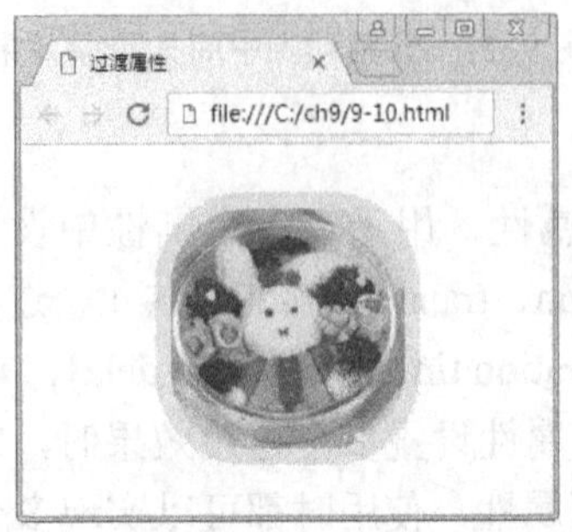

图 9-24　动画中间过程的效果

图 9-25　动画完成时的效果

9.3　animation 动画

9.3.1　动画的基本定义与调用

animation
动画

动画是使元素从一种样式逐渐变化为另一种样式的效果。CSS3 中主要运用@keyframes 关键帧和 animation 相关属性来实现。@keyframes 用来定义动画，animation 将定义好的动画绑定到特定元素，并定义动画时长、重复次数等相关属性。

注意：IE10、Firefox 以及 Opera 支持@keyframes 规则和 animation 属性。Chrome 和 Safari 需要前缀 -webkit-。Internet Explorer 9 以及更早的版本，不支持@keyframe 规则或 animation 属性。

1．@keyframes 的使用方法

语法格式：

```
@keyframesanimationname{
    keyframes-selector{ CSS-styles; }
}
```

其中，animationname 表示动画名称，动画必须具有名称，不能重名，它是动画引用时的唯一标识。keyframes-selector 是关键帧选择器，表示指定当前关键帧要应用到整个动画过程中的位置，通常通过百分比去表达，还可以使用 from 或者 to 表示，from 表示动画的开始，相当于 0%，to 表示动画的结束，相当于 100%。CSS-styles 表示执行到当前关键帧时对应的动画状态。

例如：

```
@keyframesmyanimation{              /*定义动画，命名为 myanimation*/
    0%{width:20px；}                /*定义动画开始时的状态，元素宽为 20 像素*/
    100%{width:300px；}             /*定义动画结束时的状态，元素宽为 300 像素*/
}
```

这段代码定义了一个名为“myanimation”的动画，该动画在开始时的状态，定义了元素宽为 20 像素，动画的结束时的状态，定义了元素宽为 300 像素。这段代码等同于：

```
@keyframesmyanimation{              /*定义动画，命名为 myanimatione*/
    from{width:20px；}              /*定义动画开始时的状态，元素宽为 20 像素*/
    to{width:300px；}               /*定义动画结束时的状态，元素宽为 300 像素*/
}
```

2．动画的调用

当在 @keyframes 中创建动画时，需把它捆绑到某个选择器，否则不会产生动画效果。通过规定至少以下两项 CSS3 动画属性（animation-name 和 animation-duration。），即可将动画绑定到选择器。

animation-name 属性用于定义要应用的动画名称，为@keyframes 动画规定名称。

语法：animation-name:keyframeneme| none;

其中，keyframename 参数用于规定需要绑定到选择器的 keyframe 的名称，如果值为 none，则表示不应用任何动画，通常用于覆盖或者取消动画。

用户需始终规定 animation-duration 属性，否则时长为 0，就不会播放动画了。

animation-duration 属性用于定义整个动画效果完成所需要的时间，以秒或毫秒计。

语法：animation-duration:time;

其中，animation-duration 属性初始值为 0，time 多数是以秒（s）或者毫秒（ms）为单位的时间，默认值为 0，表示没有任何动画效果。

【例 9-11】 animation 的使用。代码如下：

```
<!doctype html>
<html>
<head>
<meta charset="utf-8">
<title>animation 的使用</title>
<style type="text/css">
    img{
        display: block;
        margin-left: 50px;
        width: 20px;
        animation-name: my1;                    /*定义要使用的动画名称*/
```

```
        -webkit-animation-name: my1;        /*Safari 和 Chrome 浏览器兼容代码*/
        animation-duration: 5s;             /*定义动画持续时间*/
        -webkit-animation-duration: 5s; }   /*Safari 和 Chrome 浏览器兼容代码*/
    @keyframes my1{                         /*定义动画，命名为 my1*/
        from {width: 50px;opacity: 0.2;} /*定义动画开始状态，元素宽为 50 像素，透明度 0.2*/
        to {width: 300px;opacity: 1;}    /*定义动画结束状态，元素宽为 300 像素，透明度 1*/
    }
    @-webkit-keyframes my1{              /*定义动画，Safari and Chrome 浏览器兼容代码*/
        from {width: 50px; opacity: 0.2;}
        to {width: 300px; opacity: 1;}      }
    </style>
    </head>
    <body>
    <div><img    src="images/image8.jpg" /></div>
    </body>
    </html>
```

运行该例，页面中动画的初始效果如图 9-26 所示，随着动画的执行，5s 动画完成，最终效果如图 9-27 所示。

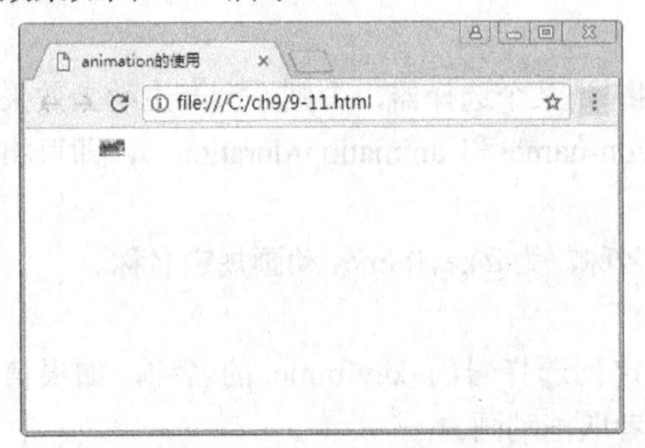

图 9-26　初始动画效果

图 9-27　动画完成时的效果

9.3.2　animation 的其他属性

除了 animation-name 和 animation-duration 两个属性外，还需要学习其他几个属性。

1．animation-timing-function 属性

animation-timing-function 用来规定动画的速度曲线，定义使用哪种方式执行动画效果。

语法：animation-timing-function:linear|ease ease-in|ease-out|ease-in-out|cubic-bezier(n,n,n,n);

本属性的取值较多，属性值及含义与 transition-timing-function 属性的取值类似。

2．animation-delay 属性

animation-delay 属性用于定义执行动画效果之前延迟的时间，即规定动画的开始时间。

语法：animation-delay:time;

其中，参数 time 用于定义动画开始前等待的时间，其单位是 s 或者 ms，默认属性值为 0，animation-delay 属性适用于所有的块元素和行内元素。

3．animation-iteration-count 属性

animation-iteration-count 属性用于定义动画的播放次数。

语法：animation-iteration-count:number | infinite;

其中，animation-iteration-count 属性初始值为 1，也就是动画只播放一次，适用于所有的块匀速和行内元素。如果属性值为 number，则用于定义播放动画的次数；如果是 infinite（无限的，无穷的），则指定动画循环播放。

4．animation-direction 属性

animation-direction 属性定义当前动画播放的方向，即动画播放完成后是否逆向交替循环。

语法：animation-direction:normal | alternate;

其中，animation-direction 属性初始值为 normal，适用于所有的块元素和行内元素。默认值 normal 表示动画正常显示。如果属性值是 alternate，则实现逆向播放。

5．animation-play-state 属性

animation-play-state 属性规定动画是否正在运行或暂停。

语法：animation-play-state: paused | running;

其中，paused 表示规定动画已暂停；running 规定动画正在播放。animation-play-state 属性默认是 running。

6．animation-fill-mode 属性

animation-fill-mode 属性规定动画在播放之前或之后，其动画效果是否可见。

语法：animation-fill-mode: none | forwards | backwards | both;

其中，none 表示不设置结束之后的状态，默认情况下回到跟初始状态一样；forwards 表示将动画元素设置为整个动画结束时的状态；backwards 明确设置动画结束之后回到初始状态；both 表示设置为结束或者开始时的状态。一般都是回到默认状态。

例如，动画执行完成后，不用保持在最后的状态，而是消失回到初始状态，这是默认的 none 所致，如果给 img 元素添加以下代码：

```
animation-fill-mode:forwards;              /*定义规定对象动画结束后的状态*/
-webkit-animation-fill-mode:forwards;      /*Safari 和 Chrome 浏览器兼容代码*/
```

则在动画结束时保持动画结束时的状态，即“to”或者“100%”的状态。

7．animation 属性

animation 属性是一个复合属性。

语法：animation: animation-name animation-duration animation-timing-function animation-delay animation-iteration-count animation-direction;

其中，使用 animation 属性时必须指定 animation-name 和 animation-direction 属性，如果持续的时间为 0，则不会播放动画。其他属性如果没有设置，可以省略。

除了 animation-play-state 属性，所有动画属性都可以在使用 animation 简写属性。

此外，还可以实现分步过渡，添加 steps(n)函数来实现。

例如，使用 animation 属性表达的方式如下：

```
animation: logorotate 5s ease-out 2s infinite alternate;     /*定义动画复合属性*/
animation-play-state: paused;                                 /*定义动画运行状态*/
/*Safari 和 Chrome 浏览器兼容代码定义动画复合属性*/
-webkit-animation: logorotate 5s ease-out 2s infinite alternate;
-webkit-animation-play-state: paused;                         /*定义动画运行状态*/
```

【例 9-12】 animation 属性的使用。代码如下：

```
<!doctype html>
<!doctype html>
<html>
<head>
<meta charset="utf-8">
<title>banner 轮播图</title>
<style type="text/css">
body{background-color: #D88B8C;}
.mr-out{
    width:1130px;
    height:500px;
    overflow:hidden;
    margin:0 auto;
    border:3px solid bule;
}
img{
    width:1130px;
    height:500px;
    margin-left:0;
    float:left;
}
.mr-in{
    width:5650px;
    height:500px;
    -moz-animation: lunbo 20s linear infinite;/*定义动画*/
    -webkit-animation: lunbo 20s linear infinite;/*定义动画*/
}
@keyframeslunbo {/*通过百分比指定过渡的各个状态时间*/
    0%{margin-left:0;}
    20%{margin-left:0;}
    25%{margin-left:-1130px;}
    45%{margin-left:-1130px;}
    50%{margin-left:-2260px;}
    65%{margin-left:-2260px;}
    70%{margin-left:-3390px;}
    100%{margin-left:-3390px;}
}
</style>
</head>
<body>
<div class="mr-out">
<div class="mr-in">
    <img src="images/12a.jpg" alt="">
<img src="images/12b.jpg" alt="">
<img src="images/12c.jpg" alt="">
<img src="images/12d.jpg" alt="">
```

```
        </div>
        </div>
    </body>
</html>
```

运行该例，页面 4 张图片将循环滚动，形成轮播效果，其中图 9-28 和 9-29 为部分轮播图所示。

图 9-28　banner 轮播图的页面效果一

图 9-29　banner 轮播图的页面效果二

9.4　项目实战：蒸丞文化页面“项目介绍”和“经典案例”模块的制作

9.4.1　案例效果展示

在第 8.5 节案例的基础之上，采用所学的知识，在“联系我们”模块上面添加“项目介绍”和“经典案例”模块，同时美化并添加效果，页面初始预览效果如图 9-30 所示。

图 9-30　页面效果图

单击“项目介绍”的图标，图标背景将变化。单击“经典案例”下的“设备租赁安装”的图标，图标将变成圆角边框，并在 3s 内图标透明度变成 0.5，如图 9-31 所示；单击“经典案例”下的“大会堂”图标页面效果如图 9-32 所示。

图 9-31　单击“设备租赁安装”图标效果图

图 9-32　单击“大会堂”图标效果图

9.4.2　案例实现分析

根据效果图来看，“项目介绍”和“经典案例”模块的 HTML 结构设计示意图如图 9-33 所示。

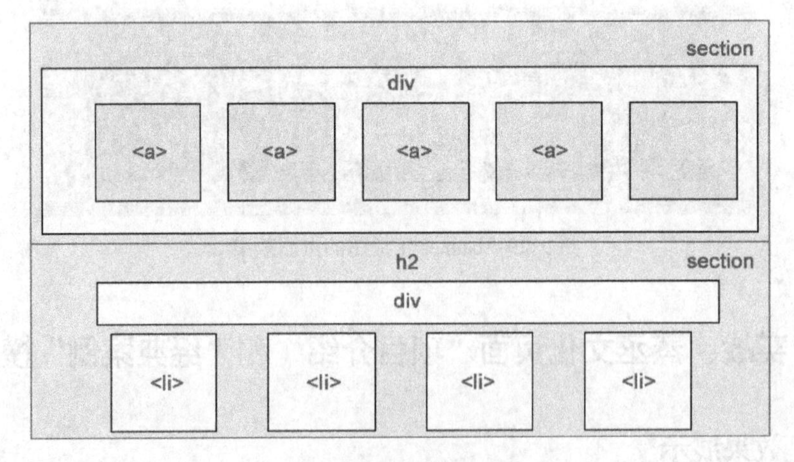

图 9-33　模块的界面与元素设计

完成项目要分为以下几步。

第 1 步：设计相关模块的 HTML 结构代码。

第 2 步：给模块设计适合的 CSS 样式表。

9.4.3　案例实现过程

1．添加“项目介绍”和“经典案例”对应的 HTML 语句

将 HTML 文件中添加对应的 HTML 语句，将代码添加如下：

```
<!--项目介绍-->
<section id="sec3">
<div class="xiangmulist">
<a href="#" class="xm1" target="_blank"></a>
<a href="#" class="xm2" target="_blank"></a>
<a href="#" class="xm3" target="_blank"></a>
```

```
<a href="#" class="xm4" target="_blank"></a>
<a href="#" class="xm5" target="_blank"></a>
<a href="#" class="xm6" target="_blank"></a>
</div>
</section>
<!--项目介绍-->
<div class="line1"></div> /*添加分割线*/
<!--经典案例 -->
<section id="sec4">
<h2>经典案例 CLASSIC CASES</h2>
<div id="contentc">
<div class="index_anli_info">  我们做过的案例有：开幕式、文化节、音乐剧、话剧、企业年会、新闻发布、开业庆典、文艺演出、展览展示、婚礼服务。我们有专业技术的团队，为您的活动提供保障，一流的设备、一流的服务，让客户省心、放心！</div>
<div class="index_anli_list">
<ul>
<li><a href="#" target="_blank" title="水城活动"><img src="images/example1.jpg"></a><p><a href="#" target="_blank" title="水城活动">水城活动</a></p></li>
<li><a href="#" target="_blank" title="水上公园大型活动"><img src="images/example2.jpg" ></a><p><a href="#" target="_blank" title="水上公园大型活动">水上公园大型活动</a></p></li>
<li><a href="#" target="_blank" title="大会堂"><img src="images/example3.jpg" ></a><p><a href="#" target="_blank" title="大会堂">大会堂</a></p></li>
<li><a href="#" target="_blank" title="大厅"><img src="images/example4.jpg" ></a><p><a href="#" target="_blank" title="金色大厅">金色大厅</a></p></li>
</ul>
</div>
</div>
</div>
</section><!--经典案例-->
```

运行以上代码，页面预览效果如图 9-34 所示。

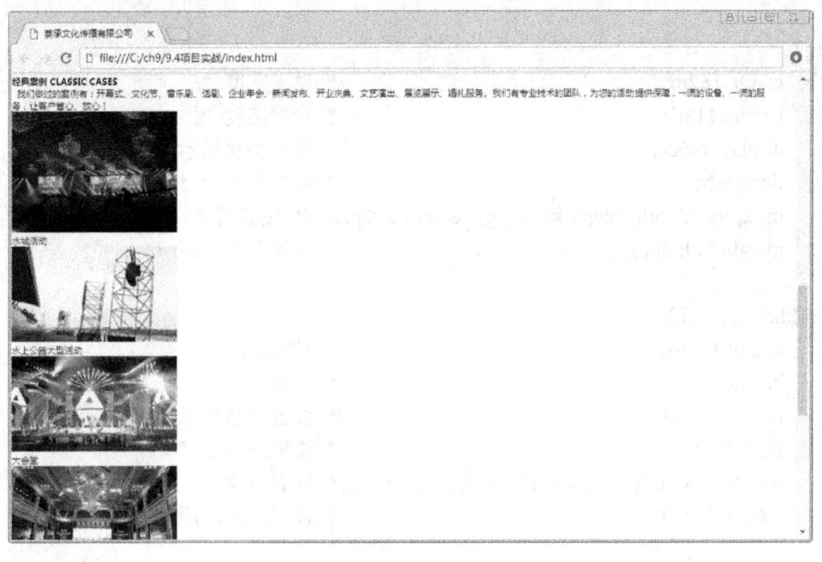

图 9-34　页面效果图

2．编写“项目介绍”和“经典案例”样式

在对应文件夹的style.css中进行添加，保存至目录文件夹下。代码添加如下：

```
#sec3 {
    width: 1280px;                                  /* 设置宽度 */
    height: 202px;                                  /* 设置高度*/
    margin:0 auto;                                  /* 设置外边距*/
    background: url(images/xiangmubg.jpg) #F5F5F5 no-repeat top center; /* 设置背景*/
    overflow: hidden;                                                    /* 设置溢出方式*/
}
.xiangmulist {
    width: 1210px;                                  /* 设置宽度 */
    height: 118px;                                  /* 设置高度*/
    margin:   50px auto;                            /* 设置外边距*/

}
.xm1 {
    width: 162px;                                   /* 设置宽度 */
    height: 113px;                                  /* 设置高度 */
    display: block;                                 /* 设置块状显示 */
    float: left;                                    /* 设置左浮动 */
    background: url(images/xm1.jpg) no-repeat;      /* 设置背景 */
    margin-left: 10px;                              /* 设置左外边距 */
}
.xm1:hover, .xm12 {
    width: 162px;                                   /* 设置宽度 */
    height: 113px;                                  /* 设置高度 */
    display: block;                                 /* 设置块状显示 */
    float: left;                                    /* 设置左浮动 */
    background: url(images/xm11.jpg) no-repeat;     /* 设置背景 */
    margin-left: 10px;                              /* 设置左外边距 */
}
.xm2 {
    width: 162px;                                   /* 设置宽度 */
    height: 118px;                                  /* 设置高度 */
    display: block;                                 /* 设置块状显示 */
    float: left;                                    /* 设置左浮动 */
    background: url(images/xm2.jpg) center no-repeat; /* 设置背景 */
    margin-left: 38px;                              /* 设置左外边距 */
}
.xm2:hover, .xm22 {
    width: 162px;                                   /* 设置宽度 */
    height: 118px;                                  /* 设置高度 */
    display: block;                                 /* 设置块状显示 */
    float: left;                                    /* 设置左浮动 */
    background: url(images/xm2.jpg) no-repeat;      /* 设置背景 */
    margin-left: 38px;                              /* 设置左外边距 */
}
```

```
.xm3 {
    width: 162px;                                       /* 设置宽度 */
    height: 118px;                                      /* 设置高度 */
    display: block;                                     /* 设置块状显示 */
    float: left;                                        /* 设置左浮动 */
    background: url(images/xm3.jpg) center no-repeat;   /* 设置背景 */
    margin-left: 38px;                                  /* 设置左外边距 */
}
.xm3:hover, .xm38 {
    width: 162px;                                       /* 设置宽度 */
    height: 118px;                                      /* 设置高度 */
    display: block;                                     /* 设置块状显示 */
    float: left;                                        /* 设置左浮动 */
    background: url(images/xm33.jpg) center no-repeat;  /* 设置背景 */
    margin-left: 38px;                                  /* 设置左外边距 */
}
.xm4 {
    width: 162px;                                       /* 设置宽度 */
    height: 118px;                                      /* 设置高度 */
    display: block;                                     /* 设置块状显示 */
    float: left;                                        /* 设置左浮动 */
    background: url(images/xm4.jpg) center no-repeat;   /* 设置背景 */
    margin-left: 38px;                                  /* 设置左外边距 */
}
.xm4:hover, .xm42 {
    width: 162px;                                       /* 设置宽度 */
    height: 118px;                                      /* 设置高度 */
    display: block;                                     /* 设置块状显示 */
    float: left;                                        /* 设置左浮动 */
    background: url(images/xm44.jpg) center no-repeat;  /* 设置背景 */
    margin-left: 38px;                                  /* 设置左外边距 */
}
.xm5 {
    width: 162px;                                       /* 设置宽度 */
    height: 118px;                                      /* 设置高度 */
    display: block;                                     /* 设置块状显示 */
    float: left;                                        /* 设置左浮动 */
    background: url(images/xm5.jpg) center no-repeat;   /* 设置背景 */
    margin-left: 38px;                                  /* 设置左外边距 */
}
.xm5:hover, .xm52 {
    width: 162px;                                       /* 设置宽度 */
    height: 118px;                                      /* 设置高度 */
    display: block;                                     /* 设置块状显示 */
    float: left;                                        /* 设置左浮动 */
    background: url(images/xm55.jpg) center no-repeat;  /* 设置背景 */
    margin-left: 38px;                                  /* 设置左外边距 */
}
```

```
.xm6 {
    width: 162px;                                          /* 设置宽度 */
    height: 118px;                                         /* 设置高度 */
    display: block;                                        /* 设置块状显示 */
    float: left;                                           /* 设置左浮动 */
    background: url(images/xm6.jpg) center no-repeat;      /* 设置背景 */
    margin-left: 38px;                                     /* 设置左外边距 */
}
.xm6:hover, .xm62 {
    width: 162px;                                          /* 设置宽度 */
    height: 118px;                                         /* 设置高度 */
    display: block;                                        /* 设置块状显示 */
    float: left;                                           /* 设置左浮动 */
    background: url(images/xm66.jpg) center no-repeat;     /* 设置背景 */
    margin-left: 38px;                                     /* 设置左外边距 */
}
#sec4 {
    width:1280px;                                          /*设置宽度*/
    height:auto;                                           /*设置高度*/
    margin:0 auto;                                         /*设置外边距*/
    background-color:#f5f5f5;                              /*设置背景*/
}
#sec4 h2 {
    font-family: "微软雅黑";                                /*设置字体*/
    color: #FB0509;                                        /*设置颜色*/
    font-weight: 800;                                      /*设置字体粗细*/
    font-size: 24px;                                       /*设置字号*/
    text-align: center;                                    /*设置对齐方式*/
    line-height:60px;                                      /*设置行高*/
    height:60px;                                           /*设置高度*/

}
.index_anli_info {
    width: 1240px;                                         /*设置宽度*/
    height: auto;                                          /*设置高度*/
    line-height: 25px;                                     /*设置行高*/
    margin-top: 5px;                                       /*设置上外边距*/
    font-family: "微软雅黑";                                /*设置字体*/
    font-size: 14px;                                       /*设置字号*/
    color: #585858;                                        /*设置颜色*/
    text-align: left;                                      /*设置对齐方式*/
}
.index_anli_list {
    width: 1140px;                                         /*设置宽度*/
    height: 222px;                                         /*设置高度*/
    margin: 30px auto;                                     /*设置外边距*/
}
.index_anli_list ul li {
```

```
        width: 208px;                          /*设置宽度*/
        height: 222px;                         /*设置高度*/
        float: left;                           /*设置浮动*/
        list-style-type:none;                  /*设置列表类型*/
        margin-right: 60px;                    /*设置右外边距*/
        text-align: center;                    /*设置对齐方式*/
    }
    .index_anli_list ul li img {
        width: 203px;                          /*设置宽度*/
        height: 140px;                         /*设置高度*/
        margin-top: 5px;                       /*设置上外边距*/
    }
    .index_anli_list ul li img:hover {
        background-color: #5d5d5d;             /*设置背景色*/
        border-radius: 50px;                   /*设置圆角边框*/
        opacity: 0.5;                          /*定义透明度*/
        transition-property: opacity;          /*设置过渡属性为 opacity */
        transition-duration: 3s;               /*设置过渡所花费的时间为 3s*/
    }
    }
    .index_anli_list ul li p {
        width: 203px;                          /*设置宽度*/
        height: 50px;                          /*设置高度*/
        line-height: 25px;                     /*设置行高*/
        margin-top: 15px;                      /*设置上外边距*/
    }
    .index_anli_list ul li p a {
        font-family: "微软雅黑";                /*设置字体*/
        font-size: 16px;                       /*设置字号*/
        color: #000;                           /*设置颜色*/
        text-align: center;                    /*设置对齐方式*/
    }
```

运行以上代码，页面如图 9-30 所示。

9.5 习题与项目实践

1．选择题

（1）实现对任意元素对象尺寸发生变化的函数是（　　）。

A．translate()　　B．scale()　　C．rotate()　　D．skew()

（2）transitions 实现元素从一种样式转变为另一种样式时添加效果，其中必须设置的两个属性是（　　）。

A．transition-property 和 transition-duration

B．transition-property 和 transition-timing-function

C．transition-duration 和 transition-timing-function

D．transition-property 和 transition-delay

（3）设置 transition-timing-function 属性时，（　　）属性值是慢速结束的过渡效果。

A．linear　　　　B．ease　　　　C．ease-out　　　　D．ease-in-out

2．实践项目

运用所学的 CSS3 中的高级应用，包括过渡、变形等知识，完成黄山风景照片墙的制作。当鼠标悬浮于页面中的任何一张图像，图像位置发生改变并同时放大一定倍数，其默认效果如图 9-35 所示，悬浮效果如图 9-36 所示。

图 9-35　简易照片墙的默认页面效果

图 9-36　鼠标悬浮照片后的页面效果

第 10 章　利用 JavaScript 实现动态效果

10.1　JavaScript 概述

10.1.1　JavaScript 简介

脚本（Script）实际上就是一段程序，用来完成某些特殊的功能。脚本程序既可以在服务器端运行（称为服务器脚本，如 ASP 脚本、PHP 脚本等），也可以直接在浏览器端运行（称为客户端脚本）。

JavaScript 是一种基于对象（Object）和事件驱动（Event Driver）并具有安全性能的脚本语言。使用它的目的是与 HTML、CSS 一起实现在一个 Web 页面中链接多个对象，与 Web 客户交互的作用。

JavaScript 不是 Java，只不过两者类似。JavaScript 语言的前身叫作 LiveScript，自从 Sun 公司推出著名的 Java 语言后，Netscape 公司引进了 Sun 公司（后被 Oracle 公司收购）有关 Java 的程序概念，将 LiveScript 重新进行设计，并改名为 JavaScript。

JavaScript 是一种新的描述语言，可以被嵌入 HTML 文件之中。它是一种基于对象和事件驱动，并具有安全性能的脚本语言。使用它的目的是与 HTML 超文本标记语言、Java 脚本语言一起实现在一个 Web 页面中链接多个对象，与 Web 客户交互作用，从而可以开发客户端的应用程序等。

10.1.2　JavaScript 的特点

JavaScript 的出现弥补了 HTML 语言的缺陷，它是 Java 与 HTML 折中的选择，具有以下几个特点。

- JavaScript 具有简单性。首先它是一种基于 Java 基本语句和控制流之上的简单而紧凑的设计，其次它的变量类型采用弱类型，并未使用严格的数据类型。
- JavaScript 是一种安全性语言，它不允许访问本地硬盘，并且不能将数据存入到服务器上，不允许对网络文档进行修改和删除，只能通过浏览器实现信息浏览或动态交互，从而有效地防止数据的丢失。
- JavaScript 是动态的，它可以是直接对用户或客户输入作出响应，无须经过 Web 服务程序。它对用户的响应，是采用以事件驱动的方式进行的。所谓事件驱动，就是指在主页中执行了某种操作所产生了动作，从而触发响应的事件响应。
- JavaScript 具有跨平台性。它依赖于浏览器本身，与操作环境无关，只要能运行浏览器并支持 JavaScript 浏览器的计算机就能正确执行。

10.1.3　JavaScript 的使用方法

将 JavaScript 语句插入到 HTML 文档中有两种方法。

1．内嵌 JavaScript 脚本

通常，JavaScript 代码是使用<script>标记嵌入 HTML 文档中的。可以将多个脚本嵌入到一个文档中，只要将每个脚本都封在<script>标记中，浏览器在遇到<script>标记时，将逐行读取内容，直到</script>结束标记。然后，浏览器将检查 JavaScript 语句的语法。如有任何错误，就会在警告框中显示；如果没有错误，浏览器将编译并执行语句。

<script>标记的格式如下：

```
<script type="text/JavaScript">
//JavaScript 语句;
</script>
```

其中，type 属性用于指定 HTML 文档引用脚本的语言类型，“type='text/JavaScript'”表示<script></script>元素中包含的是 JavaScript 脚本。“//”表示单行注释标记，使用“/**/”定义多行注释。同时需要注意，JavaScript 语句必须以分号“;”结束； JavaScript 区分大小写。

2．使用外部 JavaScript 文件

使用外部 JavaScript 文件的方法就是将 JavaScript 代码放入一个单独的文件（*.js），然后将此外部文件链接到一个 HTML 文档即可。链接外部 JavaScript 文件的好处是可以在多个文档之间共享函数。

语法：<script src="JS 文件路径" type="text/javascript"></script>

10.2　jQuery 概述

10.2.1　jQuery 简介

jQuery 是一个快速、简洁的 JavaScript 框架，是继 Prototype 之后又一个优秀的 JavaScript 代码库（或 JavaScript 框架）。jQuery 设计的宗旨是“Write Less，Do More”，即倡导写更少的代码，做更多的事情。它封装 JavaScript 常用的功能代码，提供一种简便的 JavaScript 设计模式，优化 HTML 文档操作、事件处理、动画设计和 Ajax 交互。

10.2.2　jQuery 基础

1．选择器

jQuery 采用了 CSS 选择器的语法来选择 HTML 元素。

语法：$(selector).action()

- 美元符号定义 jQuery。
- 选择符（selector）“查询”和“查找”HTML 元素。
- jQuery 的 action()执行对元素的操作。

例如：

```
$(document).ready(function(){
//当文档加载完毕后执行…
});
```

选择器使用了 CSS 的各种选择器，如元素选择器、类选择器、ID 选择器、属性选择器。在选择到元素后设置 CSS 只需要使用 css()方法即可。

2．事件处理

jQuery 专门为事件处理进行了封装，只需要调用选择器上定义的事件方法即可。

例如：

```
${"#id"}.click(function() {…})
```

除此之外，jQuery 定义了一系列方法对浏览器进行抽象，对各种常用操作进行封装。

10.2.3 jQuery 引用

jQuery 是一个函数库，简单来讲就是一个后缀名为“.js”的文件。可以在这里找到 jQuery 的最新版本文件：http://jquery.com/。使用前需要下载它的压缩版本。当单击 Download 按钮后，只会打开一个窗口，在这个页面下选择“文件”→“页面另存为”命令保存即可。

jQuery 的引用方式和其他的外部 JavaScript 文件一样。

语法：<script type="text/javascript" src="scripts/jquery-1.5.2.min.js"></script>

需要注意的是，这个引用应该放在其他 JavaScript 文件的引用之前，这样其他的 JavaScript 文件才能使用 jQuery 方法。

10.3 常用的 jQuery+CSS3 特效应用实例

10.3.1 实例 1：时间，倒计时

在网站中经常会在页面中显示倒计时，实现该特效的步骤如下。

1．HTML 语句设置

```
<!doctype html>
<html>
<head>
<meta charset="utf-8">
<title>倒计时</title>
<link href="style.css" type="text/css" rel="stylesheet">
<script type="text/javascript" src="jquery-1.5.2.min.js"></script><!-- import jQuery -->
<script type="text/javascript" src="daojishi.js"></script>
</head>
<body>
<div class="box">
<span>距离 2018 年圣诞节还剩：</span>
<div class="content">
<input type="text" id="time_d">天<input type="text" id="time_h">时<input type="text" id="time_m">
分<input type="text" id="time_s">秒
```

```
</div>
</div>
</body>
</html>
```

2．CSS 样式设置

建立“style.css”文件,该文件代码如下:

```
div.box {
        width:300px;
        padding:20px;
        margin:20px;
        border:4px dashed #ccc;
}
div.box>span {
        color:#999;
        font-style:italic;
}
div.content {
        width:250px;
        margin:10px 0;
        padding:20px;
        border:2px solid #ff6666;
}
input[type='text'] {
        width:45px;
        height:35px;
        padding:5px 10px;
        margin:5px 0;
        border:1px solid #ff9966;
}
```

3．Javasript 设置

引用 jQuery，并建立“daojishi.js”文件，该文件代码如下:

```
$(function() {
        show_time();
});
function show_time() {
        vartime_start = new Date().getTime(); //设定当前时间
        vartime_end = new Date("2017/12/25 00:00:00").getTime(); //设定目标时间
        //计算时间差
        vartime_distance = time_end - time_start;
        //天
        varint_day = Math.floor(time_distance / 86400000)
        time_distance -= int_day * 86400000;
        //时
        varint_hour = Math.floor(time_distance / 3600000)
        time_distance -= int_hour * 3600000;
```

```
        //分
        varint_minute = Math.floor(time_distance / 60000)
        time_distance -= int_minute * 60000;
        //秒
        varint_second = Math.floor(time_distance / 1000)
        //时分秒为单数时前面加零
        if (int_day< 10) {
        int_day = "0" + int_day;
        }
        if (int_hour< 10) {
            int_hour = "0" + int_hour;
        }
        if (int_minute< 10) {
            int_minute = "0" + int_minute;
        }
        if (int_second< 10) {
            int_second = "0" + int_second;
        }
        //显示时间
        $("#time_d").val(int_day);
        $("#time_h").val(int_hour);
        $("#time_m").val(int_minute);
        $("#time_s").val(int_second);
        //设置定时器
        setTimeout("show_time()", 1000);
    }
```

运行以上代码，页面预览效果如图 10-1 所示。

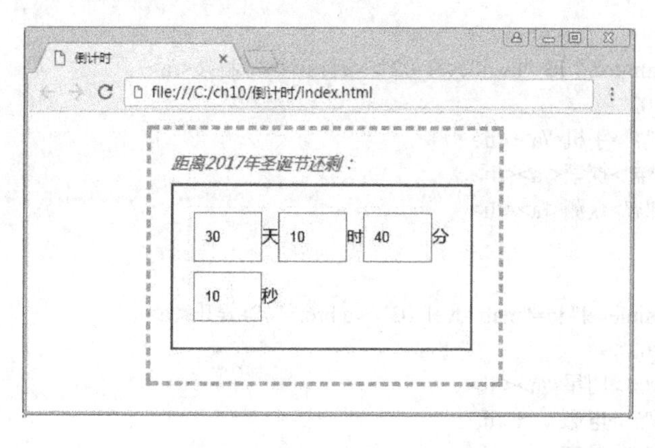

图 10-1　倒计时页面效果图

10.3.2　实例 2：下拉式菜单

在网站中经常会在页面中出现下拉式菜单，实现该特效的步骤如下。

1. HTML 语句设置

```
<!doctype html>
```

```
<!doctype html>
<html>
<head>
<meta charset="utf-8">
<title>下拉式菜单</title>
<link href="css/css.css" rel="stylesheet" type="text/css" />
<script type="text/javascript" src="js/jquery-1.4.2.js"></script>
<script type="text/javascript" src="js/slide.js"></script>
</head>
<body>
<div class="log">
<p>下拉式菜单</p>
</div>
<div id="menu">
<ul id="nav">
<li class="jquery_out">
<div class="jquery_inner">
<div class="jquery">
<span class="text">下拉式菜单演示</span><span class="smile">^_^</span>
</div>
</div>
</li>
<li class="mainlevel" id="mainlevel_01"><a href="#">新闻</a>
<ul id="sub_01">
<li><a href="#">军事</a></li>
<li><a href="#">社会</a></li>
<li><a href="#">国际</a></li>
</ul>
</li>
<li class="mainlevel" id="mainlevel_02"><a href="#">科技</a>
<ul id="sub_02">
<li><a href="#">手机</a></li>
<li><a href="#">探索</a></li>
<li><a href="#">众测</a></li>
</ul>
</li>
<li class="mainlevel" id="mainlevel_03"><a href="#">娱乐</a>
<ul id="sub_03">
<li><a href="#">明星</a></li>
<li><a href="#">电影</a></li>
<li><a href="#">星座</a></li>
</ul>
</li>
<li class="mainlevel" id="mainlevel_04"><a href="#">时尚</a>
<ul id="sub_04">
<li><a href="#">女性</a></li>
<li><a href="#">健康</a></li>
<li><a href="#">育儿</a></li>
```

```
</ul>
</li>
<div class="clear"></div>
</ul>
</div>
</body>
</html>
```

2．CSS 样式设置

建立“css.css”文件，该文件代码如下:

```
html, body, ul, li, h1, h2, h3, h4, h5, h6, p, fieldset, legend {
	padding: 0;
	margin: 0;
}
body {
	font: 12px/normal Verdana, Arial, Helvetica, sans-serif;
}
ul, li {
	list-style-type: none;
	text-transform: capitalize;
}
.clear {
	clear: both;
*display:inline;/*IE only*/
}
/*menu*/
#nav {
	margin: 0 auto 60px;
	width: 1080px;
	display: block;
}
#nav .jquery_out {
	float: left;
	line-height: 32px;
	display: block;
	border-right: 1px solid #fff;
	text-align: center;
	color: #fff;
	font: 18px/32px "微软雅黑";
	background: #062723 url(../images/slide-panel_03.png) 0 0 repeat-x;
}
#nav .jquery_out .smile {
	padding-left: 1em;
}
#nav .jquery_inner {
	margin-left: 16px;
}
#nav .jquery {
```

```
        margin-right: 1px;
        padding: 0 2em;
}
#nav .mainlevel {
        background: #ffe60c;
        float: left;
        border-right: 1px solid #fff;
        width: 140px;/*IE6 only*/
}
#nav .mainlevel a {
        color: #000;
        text-decoration: none;
        line-height: 32px;
        display: block;
        padding: 0 20px;
        width: 100px;
}
#nav .mainlevel a:hover {
        color: #fff;
        text-decoration: none;
        background: #062723 url(../images/slide-panel_03.png) 0 0 repeat-x;
}
#nav .mainlevelul {
        display: none;
        position: absolute;
}
#nav .mainlevel li {
        border-top: 1px solid #fff;
        background: #ffe60c;
        width: 140px;/*IE6 only*/
}
.log {
        text-align: center;
        color: skyblue;
        line-height: 24px;
        text-transform: capitalize;
        margin: 50px auto;
}
```

3．JavaSript 设置

引用 jQuery，并建立“slide.js”文件，该文件代码如下：

```
$(document).ready(function(){
$('li.mainlevel').mousemove(function(){
   $(this).find('ul').slideDown();//you can give it a speed
});
$('li.mainlevel').mouseleave(function(){
   $(this).find('ul').slideUp("fast");
});
});
```

运行以上代码，页面预览效果如图 10-2 所示。

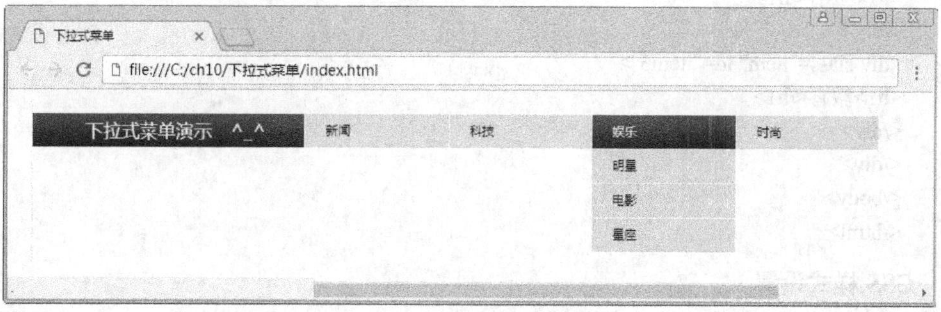

图 10-2　下拉式页面效果图

10.3.3　实例 3：右侧悬浮菜单

在网站中经常会在页面中出现右侧悬浮菜单，jQuery 实现该特效的步骤如下。

1．HTML 语句设置

```
<!doctype html>
<html>
<head>
<meta charset="utf-8">
<title>右侧悬浮菜单</title>
<link href="style.css" type="text/css" rel="stylesheet">
<script type="text/javascript" src="jquery-1.4.2.js"></script><!-- import jQuery -->
<script type="text/javascript" src="leftmenu.js"></script>
</head>
<body>
<div id="menu">
<ul>
<li><a href="#item1" class="cur">新闻</a></li>
<li><a href="#item2">科技</a></li>
<li><a href="#item3">电影</a></li>
<li><a href="#item4">生活</a></li>
<li><a href="#item5">教育</a></li>
</ul>
</div>
<div id="content">
<div class="item" id="item1">
<h1>新闻</h1>
</div>
<div class="item" id="item2">
<h1>科技</h1>
</div>
<div class="item" id="item3">
<h1>电影</h1>
</div>
```

```
<div class="item" id="item4">
<h1>生活</h1>
</div>
<div class="item" id="item5">
<h1>教育</h1>
</div>
</div>
</body>
</html>
```

2．CSS 样式设置

建立“style.css”文件，该文件代码如下：

```
#content {
    width:100%;
    height:auto;
    margin:0 auto;
}
#content div {
    width:70%;
    height:300px;
    margin:0 auto;
}
#content div#item1 {
    background-color:#906FA4
}
#content div#item2 {
    background-color:#279756
}
#content div#item3 {
    background-color:#2ce3e5
}
#content div#item4 {
    background-color:#5e57e7
}
#content div#item5 {
    background-color:#ca61ae
}
#content div h1 {
    font-size:36px;
    color:#fff;
}
#menu {
    width:88px;
    height:auto;
    position:fixed;
    top:50%;
    right:105px;
    margin-top:-135px;
```

```
}
#menu ul {
    display:block;
    list-style:none
}
#menu ul li a {
    width:88px;
    height:54px;
    line-height:54px;
    text-align:center;
    background-color:#fff;
    color:#32c96a;
    display:block
}
#menu ul li a.cur {
    background-color:#32c92a;
    color:#fff;
}
#menu ul li a:hover {
    background-color:pink;
    color:#fff;
}
```

3．JavaSript 设置

引用 jQuery，并建立“leftmenu.js”文件，该文件代码如下:

```
$(document).ready(function() {
    $(window).scroll(function() {
        var top = $(document).scrollTop();              //定义变量，获取滚动条的高度
        var menu = $("#menu");                          //定义变量，抓取#menu
        var items = $("#content").find(".item");        //定义变量，查找.item
        varcurId = "";                                  //定义变量，当前所在的楼层 item #id
        items.each(function() {
            var m = $(this);                            //定义变量，获取当前类
            varitemsTop = m.offset().top;               //定义变量，获取当前类的 top 偏移量
            if (top >itemsTop - 100) {
                curId = "#" + m.attr("id");
            } else {
                return false;
            }
        });
        //给相应的楼层设置 cur，取消其他楼层的 cur
        varcurLink = menu.find(".cur");
        if (curId&&curLink.attr("href") != curId) {
            curLink.removeClass("cur");
            menu.find("[href=" + curId + "]").addClass("cur");
        }
        // console.log(top);
    });
});
```

运行以上代码，页面预览效果如图 10-3 所示。

图 10-3　页面默认效果图

单击右侧的“电影”，页面效果如图 10-4 所示。

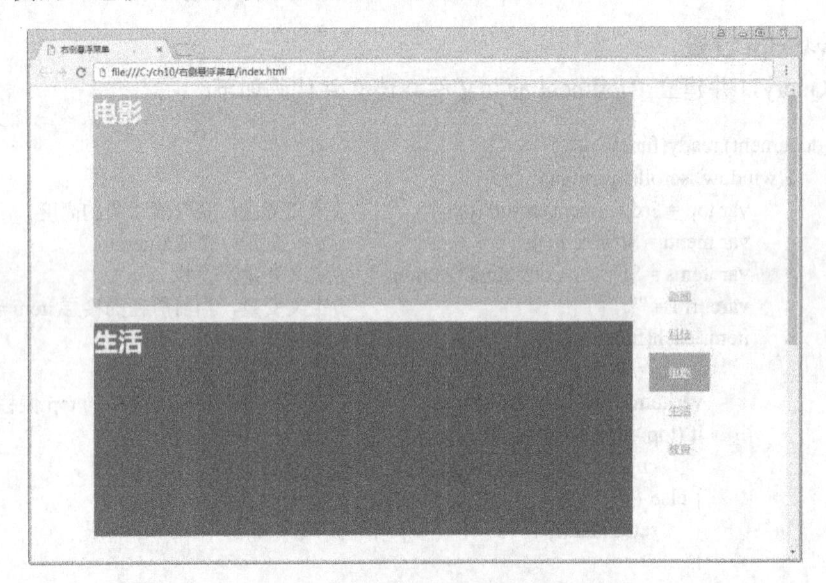

图 10-4　单击“电影”的效果图

10.4　项目实战：蒸丞文化页面 banner 轮播图的制作

10.4.1　案例效果展示

在第 9.4 节案例的基础之上，采用所学的知识，引用 jQuery，使 banner 模块实现轮播效果。当鼠标移动到轮播按钮时停止轮播，并显示当前对应的图片，当鼠标移出时继续执行自动轮播效果。页面最初效果如图 10-5 所示。

图 10-5　初始页面效果图

3s 后页面轮播，其中页面效果分别如图 10-6 和图 10-7 所示。

图 10-6　轮播效果图（一）

图 10-7　轮播效果图（二）

10.4.2　案例实现分析

根据效果图来看，该模块内部包含图片和按钮两部分，图片由无序列表定义，内部嵌套<img>标记，按钮由有序列表定义。对相关元素进行定位，页面加载时显示第 1 张图片，其他图片设置为隐藏，并设置按钮样式。最后添加代码，实现最终效果。

完成项目要分为以下几步。

第 1 步：调整该模块的 HTML 结构代码。

第 2 步：给模块设计适合的 CSS 样式表。

第 3 步：引用 jQuery，添加对应的 javaScript 代码实现动态效果。

10.4.3 案例实现过程

1．调整该模块的 HTML 语句

将 HTML 文件中调整并添加对应的 HTML 语句，代码如下：

```
<section id="pic">
<div id="po">
<div id="pol">
<imgsrc="images/banner.jpg">
<imgsrc="images/banner2.jpg">
<imgsrc="images/banner3.jpg">
<imgsrc="images/banner4.jpg">
</div>
</div>
</section>
```

运行以上代码，页面预览效果如图 10-8 所示。

图 10-8　页面效果图

2．编写该模块的样式

在对应文件夹的 style.css 中进行添加，保存至目录文件夹下。代码添加如下：

```
#banner {
    width:100%;
    height: auto;
    margin: 0 auto;
```

```
}
#banner #po {
    width: 1280px;
    overflow: hidden;
    height: 305px;
    left: 0px;
    position: relative;

}
#banner #pol {
    width: 5200px;
    height: 300px;
    position: absolute;
}
#banner img {
    width: 1280px;
    height: 300px;
    float: left;
}
```

3．添加 JavaScript 的代码

在新建文件 js01.js 中添加，保存至目录文件夹下。在 HTML 文档中引用，代码如下：

```
<script type="text/javascript" src="js/jquery-1.4.2.js"></script>
<script type="text/javascript" src="js01.js"></script>
```

在 js01.js 中添加以下代码：

```
jQuery(function($) {
    var CRT = 0;
    var w = $("#banner img").width(),
    pol = $("#pol"),
    spans = $("#num span");
    spans.hover(function() {
        var me = $(this);
        me.addClass("cut").siblings(".cut").removeClass("cut");
        spans.eq(CRT).clearQueue();
        pol.stop().animate({
            left: "-" + w * (CRT = me.index()) + "px"
        }, "slow");
    }, function() {
        anony();
    });
    varanony = function() {
        CRT++;
        CRT = CRT >spans.length - 1 ? 0 : CRT;
        spans.eq(CRT).clearQueue().delay(3000).queue(function() {
            spans.eq(CRT).triggerHandler("mouseover");
```

```
                anony();
            });
        };
        anony();
    });
```

运行以上代码，其页面将实现图片的轮播效果。

10.5 习题与项目实践

1．选择题

（1）以下不是 input 在 HTML5 的新类型的是（　　）。

A．DateTime　　B．File　　C．Color　　D．Range

（2）下列（　　）属性用于控制文本框最大字符数。

A．<input type="text" maxlength="20">　　B．<input type="text" name="20">

C．<input type="text" size="20">　　D．<input type="text" class="20">

（3）在 HTML 中，（　　）标签用于在网页中创建表单。

A．<input>　　B．<select>　　C．<table>　　D．<form>

2．实践项目

运用所学的知识，使用键盘事件随机抽取手机号码，其页面效果如图 10-9 所示。

图 10-9　随机抽取手机号码页面效果

参考文献

[1] 黑马程序员. 网页设计与制作项目教程（HTML+CSS+JavaScript）[M]. 北京：人民邮电出版社，2017.

[2] 李刚. 疯狂 HTML 5/CSS 3/JavaScript 讲义[M]. 北京：电子工业出版社，2012.

[3] 刘欢. HTML5 基础知识、核心技术与前沿案例[M]. 北京：人民邮电出版社，2016.

[4] 传智播客高教产品研发部. HTML5+CSS3 网站设计基础教程[M]. 北京：人民邮电出版社，.2016.

[5] 陈彦，张亚静. 网页设计与制作项目化实战教程[M]. 北京：人民邮电出版社，2016.

[6] 刘德山，章增安，孙美乔. HTML5+CSS3 Web 前端开发技术[M]. 北京：人民邮电出版社，2012.

[7] 传智播客高教产品研发部. HTML+CSS+JavaScript 网页制作案例教程[M]. 北京：人民邮电出版社，2015.

[8] 姬莉霞，李学相，韩颖，刘成明. HTML5+CSS3 网页设计与制作案例教程[M]. 北京：清华大学出版社，2017.

[9] 何新起，任慎存，田月梅. 网页设计与前端开发从入门到精通：Dreamweaver+Flash+Photoshop+HTML[M]. 北京：人民邮电出版社，2016.

[10] 刘玉红. HTML+CSS3 网页设计与制作案例课堂[M]. 北京：清华大学出版社，2015.

[11] 盛雪丰，兰伟. HTML5+CSS3 程序设计（慕课版）. [M]. 北京：人民邮电出版社，2017.

参考文献

[1] [illegible]
[2] [illegible]
[3] [illegible]
[4] [illegible]
[5] [illegible]
[6] [illegible]
[7] [illegible]
[8] [illegible]
[9] [illegible]
[10] [illegible]